QingShi YingZao ZeLi

中国古代物质文化丛书

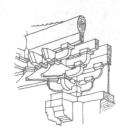

[全新插图版]

清式营造则例

梁思成 / 著

重庆出版集团 重庆出版社

图书在版编目（CIP）数据

清式营造则例 / 梁思成著. —重庆：重庆出版社，
2023.9

ISBN 978-7-229-16350-1

Ⅰ.①清… Ⅱ.①梁… Ⅲ.①建筑史 – 中国 – 清代
Ⅳ.①TU-092.49

中国国家版本馆CIP数据核字（2023）第039834号

清式营造则例
QINGSHI YINGZAO ZELI

梁思成　著

策 划 人：刘太亨
责任编辑：程凤娟
责任校对：何建云
封面设计：日日新
版式设计：冯晨宇

重庆出版集团
重庆出版社　出 版

重庆市南岸区南滨路162号1幢　邮编：400061　http://www.cqph.com
重庆市国丰印务有限责任公司印刷
重庆出版集团图书发行有限公司发行
全国新华书店经销

开本：740mm×1000mm　1/16　印张：29　字数：412千
2024年1月第1版　2024年1月第1次印刷
ISBN 978-7-229-16350-1

定价：78.00元

如有印装质量问题，请向本集团图书发行有限公司调换：023-61520678

出版说明

最近几年，众多收藏、制艺、园林、古建和品鉴类图书以图片为主，少有较为深入的文化阐释，明显忽略了"物"应有的本分与灵魂。有严重文化缺失的品鉴已使许多人的生活变得极为浮躁，为害不小，这是读书人共同面对的烦恼。真伪之辨，品格之别，只寄望于业内仅有的少数所谓的大家很不现实。那么，解决问题的方法何在呢？那就是深入研究传统文化、研读古籍中的相关经典，为此，我们整理了一批内容宏富的书目，这个书目中的绝大部分书籍均为文言古籍，没有标点，也无注释，更无白话。考虑到大部分读者可能面临的阅读障碍，我们邀请相关学者进行了注释和今译，并辑为"中国古代物质文化丛书"，予以出版。

关于我们的努力，还有几个方面需要加以说明。

一、关于选本，我们遵从以下两个基本原则：一是必须是众多行内专家一直以来的基础藏书和案头读本；二是所选古籍的内容一定要细致、深入、全面。然后按专家的建议，将相关古籍中的精要梳理后植入，以求在同一部书中集中更多先贤智慧和研习经验，最大限度地厘清一个知识门类的基础与常识，让读者真正开卷有益。而且，力求所选版本皆是善本。

二、关于体例，我们仍沿袭文言、注释、译文的三段式结构。三者同在，是满足各类读者阅读需求的最佳选择。为了注译的准确精雅，我们在编辑过程中进行了多次交叉审读，以此减少误释和错译。

三、关于插图的处理。一是完全依原著的脉络而行，忠实于内容本身，真正做到图文相应，互为补充，使每一"物"都能植根于相应的历史视点，同时又让文化的过去形态在"物象"中得以直观呈现。古籍本身的插图，更是循文而行，有的虽然做了加工，却仍以强化原图的视觉效果为原则。二是对部分无图可寻，却更需要图示的内容，则在广泛参阅大量古籍的基础上，组织画师绘制。虽然耗时费力，却能辨析分明，令人眼目生辉。

　　四、对移入的内容，在编排时都与原文作了区别，也相应起了标题。虽然它牢牢地切合于原文，遵从原文的叙述主线，却仍然可以独立成篇。再加上因图而生的图释文字，便有机地构成了点、线、面三者结合的"立体阅读模式"。"立体阅读"对该丛书所涉内容而言，无疑是妥当之选。

　　还需要说明的是，不能简单地将该丛书视为"收藏类"读本，但也不能将其视为"非收藏类读本"。因为该丛书，其实比"收藏类"更值得收藏，也更深入，却少了众多收藏类读物的急功近利，少了为收藏而收藏的平庸与肤浅。我们组织编译和出版该丛书，是为了帮助读者重获中国文化固有的"物我观"，是为了让读者重返古代高洁的"清赏"状态。清赏首先要心底"清静"；心底"清静"，人才会独具"慧眼"；而人有了"慧眼"，又何患不能鉴真识伪呢？

中国古代物质文化丛书　编辑组
2009年6月

序　言

这部书不是一部建筑史，也不是建筑的理论，只是一部老老实实，呆呆板板的营造则例——纯粹限于清代营造的则例。

既不是史，所以中国历代建筑之变迁，不在本书叙述范围之内。各部结构本身的由来和沿革，以及各时代形制特征，虽然全极有趣，与则例有密切的关系，本书也不能枝节的牵涉及之。既不是理论，所以清式建筑在结构方面、力学方面、美学方面、实用及其他方面的优劣所在，也不能在本书内从事探讨或评论。但在研究一代建筑则例之前，不能不稍有历史方面演变的认识及理论方面基本的了解。故烦内子林徽因为作绪论一章，将这历史及理论两方面，先略为申述介绍。

至于本书的主要目标，乃在将清代"官式"建筑的做法及各部分构材的名称，权衡大小、功用，并与某另一部分地位上或机能上的联络关系，试为注释，并用图样标示各部正面、侧面或断面及与他部相接的状况。图样以外，更用实物照片，标明名称，以求清晰。但这些仅以"建筑的"方面为限，至于"工程的"方面，由今日工程眼光看来，甚属幼稚简陋，对于将来不能有所贡献，故不赘。

清式则例至为严酷，每部有一定的权衡大小，虽极小，极不重要的部分，也得按照则例，不能随意。在制图之初，我本拟将每部分权衡数目全在图上注明，终因繁杂混乱，故未实行，而另作成《权衡尺寸表》，附于卷尾备查。

清式营造专用名词中有许多怪诞无稽的名称，混杂无序，难于记忆，兹选择最通用者约五百项，编成《辞解》，并注明图版或插图号数，以便参阅。各名词的定义，只能说是一种简陋的解释，尚待商榷指正。

本书所用蓝本以清工部《工程做法则例》*及拙编《营造算例》为主。《工程做法则例》是一部名实不副的书，因为它既非做法，也非则例，只是二十七种建筑物的各部尺寸单和瓦石油漆等作的算料算工算账法。这部《则例》乃是从那里边"提滤"出来的。《营造算例》本来是中国营造学社搜集的许多匠师们的秘传抄本，在标列尺寸方面的确是一部有原则的书，在权衡比例上则有计算的程式，体例比《工程做法则例》的确合用。但其主要目标在算料，而且匠师们并未曾对于任何一构材加以定义，致有许多的名词，读到时茫然不知何指。所以本书中较重要的部分，还是在指出建筑部分的名称。在我个人工作的经过里，最费劲最感困难的也就是在辨认、记忆及了解那些繁杂的各部构材名称及

---

* 清工部于雍正十二年颁行《工程做法》，后又于乾嘉年间编纂过《钦定工部则例》《工部续增做法则例》，但尚未见过《工部工程做法则例》。——郭黛姮注

详样。至今《营造算例》里还有许多怪异名词，无由知道其为何物，什么形状，有何作用的。

至于各部许多详细做法，如栱头分瓣，斗底的斜面，椽径及角梁的大小等等，在《工程做法则例》和《营造算例》里，概无说明，而匠师所授，人各不同，多笨拙不便于用。所以在本书图版及表内，皆使简单化，但在插图或文中，亦将旧法解释，以便参考。

本书脱稿于二十一年（公元1932年）三月，为着许多困难，迟至今日始克付印。在这将近两年的期间，我得着机会改正了许多错误，增补了许多遗漏，勉强成此。深知清式营造原则，断不是这短短的文字和几张的图表所能解释详尽的，只望能示其基本大概而已。直至书将成印，我尚时时由老年匠师处得到新的智识；所以本书中的错误和遗漏，仍必不少，希望读者不吝赐正。

我在这里要向中国营造学社社长朱桂辛先生表示我诚恳的谢意，若没有先生给我研究的机会和便利，并将他多年收集的许多材料供我采用，这书的完成即使幸能实现，恐怕也要推延到许多年月以后。再次，我得感谢两位老法的匠师，大木作内栱头昂嘴等部的做法乃匠师杨文起所指示，彩画作的规矩全亏匠师祖鹤洲为我详细解释。图版第拾贰、贰拾及贰拾肆*乃社友邵力工所绘，

---

* 为方便读者阅读，对原书中的图片做了重新排序。图版第拾贰对应本书中图六十，贰拾对应本书中图七十八，贰拾肆对应本书中图六十一、图六十三、图六十五。——编者注

插图中有几张照片也是他摄影的。内子林徽因在本书上为我分担的工作，除绪论外，自开始至脱稿，以后数次的增修删改，在照片之摄制及选择，图版之分配上，我实指不出彼此分工区域，最后更精心校读增削。所以至少说她便是这书一半的著者才对。

梁思成　一九三四年一月

目　录
CONTENTS

清式营造则例各件权衡尺寸表

附　营造算例

圆光门

四方亭

文源阁

游廊

月台

大墙

大墙

水池

水池

山石洞

宫门

大墙

大墙

乾隆朝·圆明园内文源阁图样

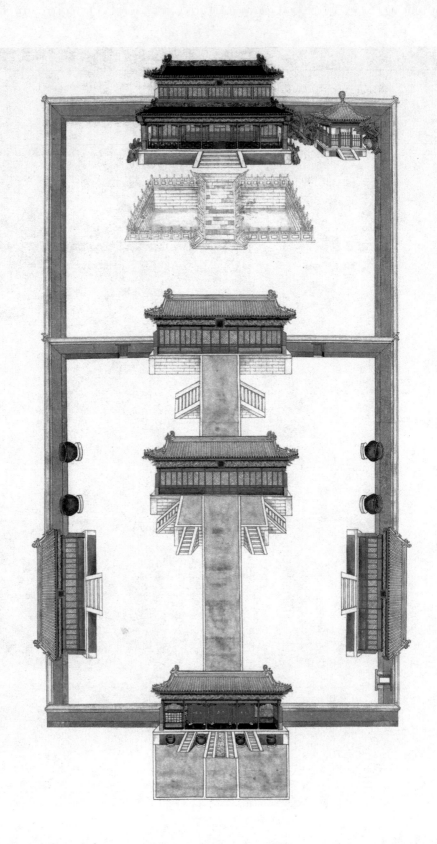

乾隆朝·文渊阁地盘立样

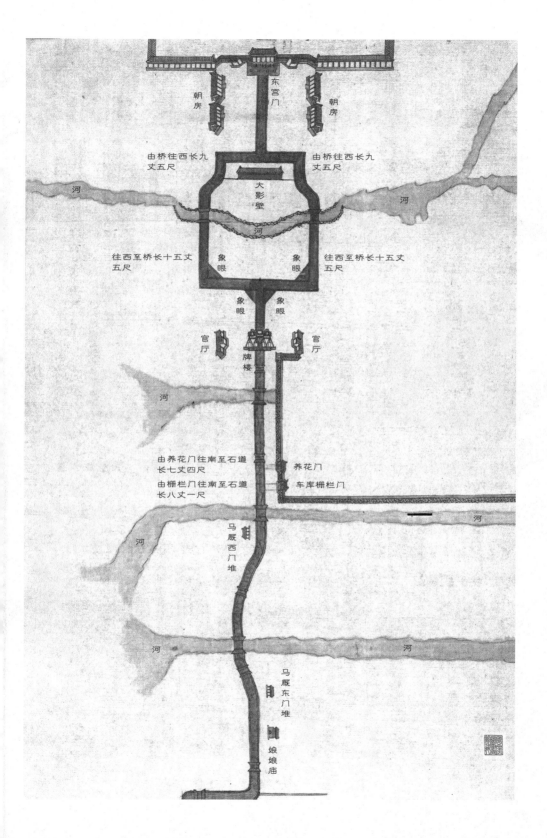

朝房

东宫门

朝房

由桥往西长九
丈五尺

由桥往西长九
丈五尺

大影壁

河

河

往西至桥长十五丈
五尺

象眼

象眼

往西至桥长十五丈
五尺

象眼

象眼

官厅

牌楼

官厅

河

由养花门往南至石道
长七丈四尺

养花门

由栅栏门往南至石道
长八丈一尺

车库栅栏门

河

河

马厩西门堆

河

河

马厩东门堆

娘娘庙

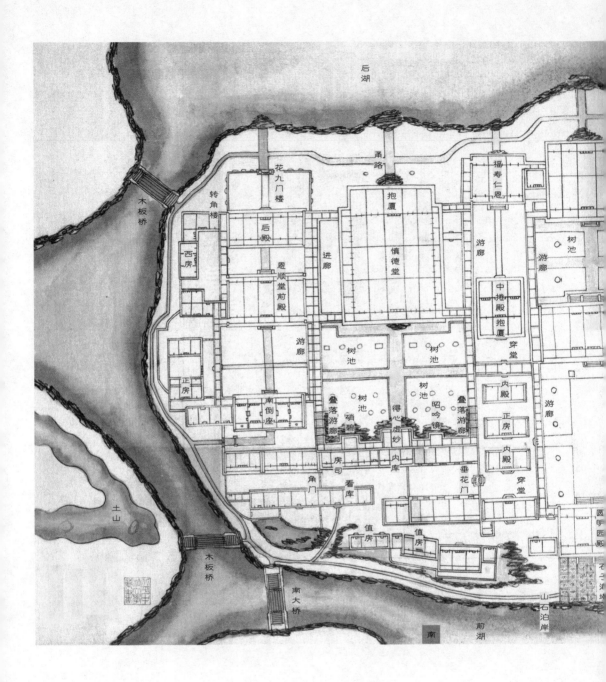

同治朝·圆明园中路天地一家春等处地盘画样

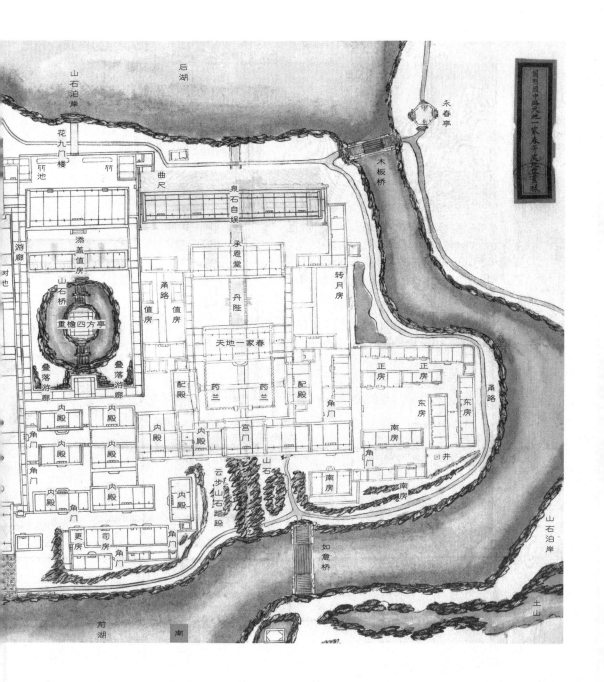

圆明园中路天地一家春等处添修画样

后湖

山石泊岸

永春亭

花九间楼

木板桥

竹池　竹池　竹

曲尺

泉石自娱

承厥堂

转月房

游廊

添盖值房

山石桥

重檐四方亭

叠落游廊

叠落游廊

甬路

值房

值房

丹陛

天地一家春

正房　正房

东房　东房

药兰　药兰

南房

东房

甬路

配殿　配殿

配殿

对也

内殿　内殿

内殿　内殿

角门

南房

南房

井

内殿

内殿

角门

角门

宫门

角门

云步山石踏跺

山石

南房

内殿

角门

角门

更房　司房

角门

如意桥

前湖

南

山石泊岸

土山

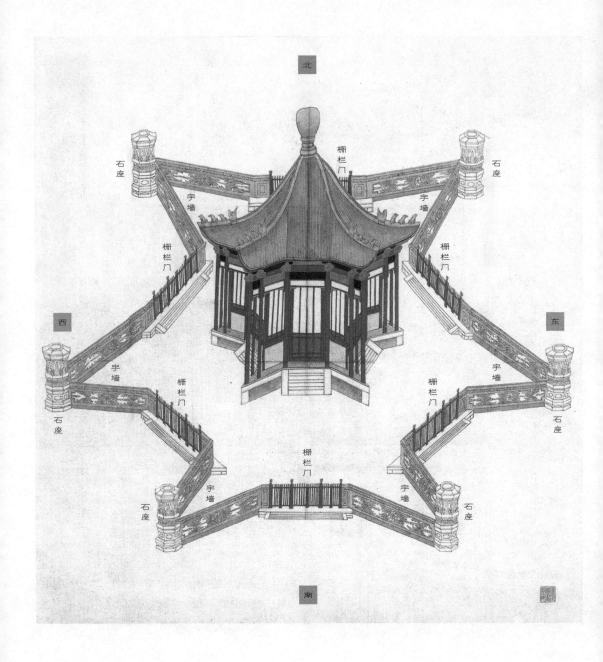

北

栅栏门

石座

宇墙

栅栏门

西

宇墙

栅栏门

石座

宇墙

石座

栅栏门

东

石座

宇墙

栅栏门

石座

宇墙

栅栏门

宇墙

石座

南

光绪朝·昙花阁一座改修单层檐图样

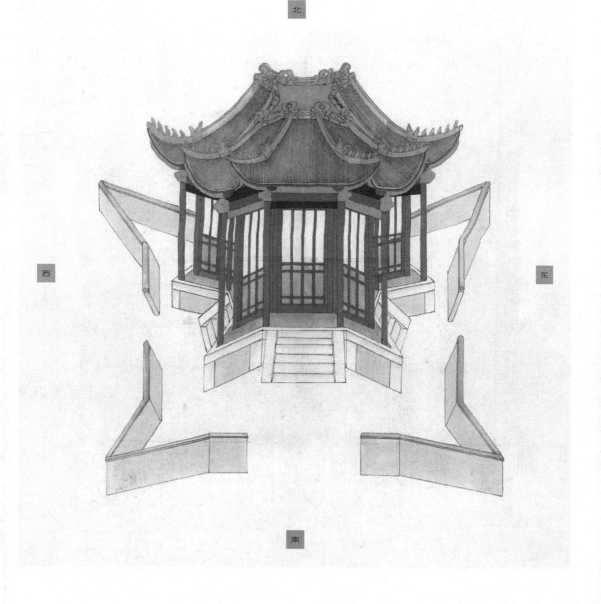

北

西

东

南

光绪朝·昙花阁一座改修单层檐图样

第一章

绪 论

The Building Regulations In The Qing Dynasty

1

一

中国建筑为东方独立系统，数千年来，继承演变，流布极广大的区域。虽然在思想及生活上，中国曾多次受外来异族的影响，发生多少变异，而中国建筑直至成熟繁衍的后代，竟仍然保存着它固有的结构方法及布置规模，始终没有失掉它的原始面目，形成一个极特殊、极长寿、极体面的建筑系统。故这系统建筑的特征，足以加以注意的，显然不单是其特殊的形式，而是产生这特殊形式的基本结构方法，和这结构法在这数千年中单纯顺序的演进。

所谓原始面目，即是我国所有建筑，由民舍以至宫殿，均由若干单个独立的建筑物集合而成；而这单个建筑物，由最古代简陋的胎形，到最近代穷奢极巧的殿宇，均始终保留着三个基本要素：台基部分，柱梁或木造部分，及屋顶部分。在外形上，三者之中，最庄严美丽，迥然殊异于他系建筑，为中国建筑博得最大荣誉的，自是屋顶部分。但在技艺上，经过最艰巨的努力，最繁复的演变，登峰造极，在科学美学两层条件下最成功的，却是支承那屋顶的柱梁部分，也就是那全部木造的骨架。这全部木造的结构法，也便是研究中国建筑的关键所在。

中国木造结构方法，最主要的就在构架之应用。北方有句通行的谚语，"墙倒房不塌"，正是这结构原则的一种表征。其用法则在构屋程序中，先用木材构成架子作为骨干，然后加上墙壁，如皮肉之附在骨上，负重部分全赖木架，毫不借重墙壁（所有门窗装修部分绝不受限制，可尽量充满木架下空隙，墙壁部分则可无限制地减少）；这种结构法与欧洲古典派建筑的结构法，在演变的程序上，互异其倾向。中国木构正统一贯享了三千多年的寿命，仍还健在。希腊古代木构建筑则在纪元前十几世纪，已被石取代，由构架变成垒石，支重部分完全倚赖"荷重墙"（墙既荷重，墙上开辟门窗处，因能减损荷重力量，遂受极大限制；门窗与墙在同建筑中乃成冲突原素）。在欧洲各派建筑中，除去最现代始盛行的钢架法，及钢筋水泥构架法外，唯有哥德式*建筑，曾经用过构架原理；但哥德式仍是垒石发券作为构架，规模与单纯木架甚是不同。哥德式中又有所谓"半木构法"则与中国构架极相类似。唯因有垒石制影响之同时存在，此种半木构法之应用，始终未能如中国构架之彻底纯净。

屋顶的特殊轮廓为中国建筑外形上显著的特征，屋檐支出的深远则又为其特点之一。为求这檐部的支出，用多层曲木承托，便在中国构架中发生了一个重要的斗栱部分；这斗栱本身的

---

* 也译作哥特式建筑，是盛行于欧洲中世纪的建筑，其建筑风格为：尖塔高耸，尖形拱门，大量运用尖肋拱顶、飞扶壁、修长的束柱等建筑元素。建筑外观雄伟，内部空间巨大，大窗户镶嵌有圣经故事的花窗玻璃，极富美感。代表建筑有德国科隆大教堂、法国巴黎圣母院、意大利米兰大教堂等。——编者注

进展，且代表了中国各时代建筑演变的大部分历程。斗栱不唯是中国建筑独有的一个部分，而且在后来还成为中国建筑独有的一种制度。就我们所知，至迟自宋始，斗栱就有了一定的大小权衡；以斗栱之一部为全部建筑物权衡的基本单位，如宋式之"材""栔"与清式之"斗口"。这制度与欧洲文艺复兴以后以希腊罗马旧物作则所制定的法式，以柱径之倍数或分数定建筑物各部一定的权衡极相类似。所以这用斗栱的构架，实是中国建筑真髓所在。

斗栱后来虽然变成构架中极复杂之一部，原始却甚简单，它的历史竟可以说与华夏文化同长。秦汉以前，在实物上，我们现在还没有发现有把握的材料，供我们研究，但在文献里，关于描写构架及斗栱的词句，则多不胜载；如臧文仲之"山节藻棁"，鲁灵光殿赋"层栌礧垝以岌峨，曲枅要绍而环句……"等。但单靠文人的辞句，没有实物的印证，由现代研究工作的眼光看去极感到不完满。没有实物我们是永没有法子真正认识，或证实，如"山节""层栌""曲枅"这些部分之为何物，但猜疑它们为木构上斗栱部分，则大概不会太谬误的。现在我们只能希望在最近的将来考古家实地挖掘工作里能有所发现，可以帮助我们更确实的了解。

实物真正之有"建筑的"价值者，现在只能上达东汉。墓壁的浮雕画像中（图一）往往有建筑的图形；山东、四川、河南多处的墓阙（图二），虽非真正的宫室，但是用石料摹仿木造的实物（早代木造建筑，因限于木料之不永久性，不能完整存在到今日，所以供给我们研究的古代实物，多半是用石料明显的摹仿木造的建筑物，且此例不单限于

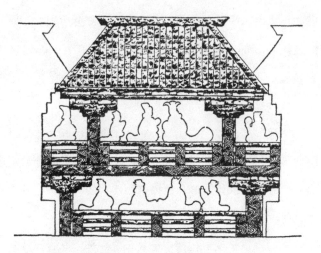

图一　汉代画像中之建筑

图二　汉代石阙

图三　山西天龙山石窟

中国古代建筑）。在这两种不同的石刻之中，构架上许多重要的基本部分，如柱、梁、额、屋顶、瓦饰等等，多已表现；斗栱更是显著，与两千年后的，在制度、权衡、大小上，虽有不同，但其基本的观念和形体，却是始终一贯的。

在云冈、龙门、天龙山诸石窟，我们得见六朝遗物。其中天龙山石窟，尤为完善（图三），石窟口凿成整个门廊，柱、额、斗栱、椽、檐、瓦，样样齐全。这是当时木造建筑忠实的石型，由此我们可以看到当时斗栱之形制，和结构雄大、简单疏朗的特征。

唐代给后人留下的实物最多是砖塔，垒砖之上又雕刻成木造部分，如柱，如阑额、斗栱。唐时木构建筑完整存在到今日，虽属可能，但在国内至今尚未发现过一个*，所以我们常依赖唐人画壁里所描画的伽蓝、殿宇来作各种参考。由西安大雁塔门楣上石刻——一幅惊人的清晰写真的描画——来研究斗栱，知已较六朝更进一步（图四）。在柱头的斗栱上有两层向外伸出的翘，翘头上已有横栱厢栱。敦煌石窟中唐五代的壁画（图五），用鲜明准确的色与线，表现出当时殿宇楼阁，凡是在建筑的外表上所看得见的结构，都极忠实的表现出来。斗栱虽是难于描画的部分，但在画里却清晰，可以看到规模。当时建筑的成熟实已可观。

全个木造实物，国内虽尚未得见唐以前物，但在日本则有多处，尚巍然存在。其中著名的，如奈良法隆寺之金堂、五重塔、和中门，乃飞鸟时代物，适当隋代，而其建造者乃是高丽东渡的匠师。奈良唐招提寺的金堂及讲堂乃唐僧鉴真法师所立，建于天平时代，适为唐肃宗至德二年**。这些都是隋唐时代中国建筑在远处得流传者，为现时研究中国建筑演变的极重要材料；尤其是唐招提寺的金堂，斗栱的结构与大雁塔石刻画中的斗栱结构，几乎完全符合——一方面证明大雁塔刻画之可靠，一方面又可以由

---

* 1937年，梁思成、林徽因先生已发现建于公元857年的山西五台山佛光寺大殿，后于20世纪50年代又发现了建于公元782年的五台山南禅寺大殿，以后又陆续发现了山西平顺天台庵大殿、山西芮城广仁王庙正殿等唐代建筑。——郭黛姮注

** 日本建筑史学会编《日本建筑史图集》一书记载唐招提寺于"天平宝字三年（公元759年）开基创寺"，金堂的营造时间为宝龟年间（公元770年）。唐肃宗至德二年相当于公元757年，此时该寺尚未开基。——郭黛姮注

图四 西安大雁塔门楣石刻

图五　敦煌壁画　《观无量寿经变》中的建筑

这实物一探当时斗栱结构之内部。

宋辽遗物甚多，即限于已经专家认识、摄影，或测绘过的各处来说，最古的已有距唐末仅数十年时的遗物。近来发现又重新刊行问世的李明仲《营造法式》一书，将北宋晚年"官式"建筑，详细地用图样说明，乃是罕中又罕的术书。于是宋代建筑蜕变的程序，步步分明。使我们对这上承汉唐，下启明清的关键，已有十分满意的把握。

元明术书虽然没有存在的，但遗物可征者，现在还有很多，不难加以相当整理。清代于雍正十二年钦定公布《工程做法则例》，凡在北平的一切公私建筑，在京师以外许多的"敕建"建筑，都崇奉则例，不敢稍异。现在北平的故宫及无数庙宇，可供

清代营造制度及方法之研究。优劣姑不论，其为我国几千年建筑
的嫡嗣，则绝无可疑。不研究中国建筑则已，如果认真研究，则
非对清代则例相当熟识不可。在年代上既不太远，术书遗物又最
完全，先着手研究清代，是势所必然。有一近代建筑知识作根
底，研究古代建筑时，在比较上便不至茫然无所依傍，所以研究
清式则例，也是研究中国建筑史者所必须经过的第一步。

二

　　以现代眼光，重新注意到中国建筑的一般人，虽然尊崇中
国建筑特殊外形的美丽，却常忽视其结构上之价值。这忽视的原
因，常常由于笼统地对中国建筑存一种不满的成见。这不满的成
见中最重要的成分，是觉得中国木造建筑之不能永久。其所以不
能永久的主因，究为材料本身或是其构造法的简陋，却未尝深加
探讨。中国建筑在平面上是离散的，若干座独立的建筑物，分配
在院宇各方，所以虽然最主要的雄伟宫殿，若是以一座单独的结
构，与欧洲任何全座负盛名的石造建筑物比较起来，显然小而
简单，似有逊色。这个无形中也影响到近人对本国建筑的怀疑或
蔑视。

　　中国建筑既然有上述两特征；以木材作为主要结构材料，在
平面上是离散的独立的单座建筑物，严格的，我们便不应以单座
建筑作为单位，与欧美全座石造繁重的建筑物作任何比较。但是

若以今日西洋建筑学和美学的眼光来观察中国建筑本身之所以如是，和其结构历来所本的原则，及其所取的途径，则这统系建筑的内容，的确是最经得起严酷的分析而无所惭愧的。

我们知道一座完善的建筑，必须具有三个要素：适用、坚固、美观。但是这三个条件都没有绝对的标准的。因为任何建筑皆不能脱离产生它的时代和环境来讲的；其实建筑本身常常是时代环境的写照。建筑里一定不可避免的，会反映着各时代的智识、技能、思想、制度、习惯，和各地方的地理气候。所以所谓适用者，只是适合于当时当地人民生活习惯气候环境而讲。所谓坚固，更不能脱离材料本质而论；建筑艺术是产生在极酷刻的物理限制之下，天然材料种类很多，不一定都凑巧的被人采用，被选择采用的材料，更不一定就是最坚固，最容易驾驭的。既被选用的材料，人们又常常习惯的继续将就它，到极长久的时间，虽然在另一方面，或者又引用其他材料、方法，在可能范围内来补救前者的不足。所以建筑艺术的进展，大部也就是人们选择、驾驭、征服天然材料的试验经过。所谓建筑的坚固，只是不违背其所用材料之合理的结构原则，运用通常智识技巧，使其在普通环境之下——兵火例外——能有相当永久的寿命的。例如石料本身比木料坚固，然在中国用木的方法竟达极高度的圆满，而用石的方法甚不妥当，且建筑上各种问题常不能独用石料解决，即有用石料处亦常发生弊病，反比木质的部分容易损毁。

至于论建筑上的美，浅而易见的，当然是其轮廓、色彩、材质等，但美的大部分精神所在，却蕴于其权衡中；长与短之比，平面上各大小部分之分配，立体上各体积各部分之轻重均等，所谓增一分则太长，减一分则太短的玄妙。但建筑既是主要解决生活上的各种实际问题，而用材料所结构出来的物体，所以无论美的精神多缥缈难以捉摸，建筑上的美，是不能脱离合理的、有机能的、有作用的结构而独立。能呈现平稳、舒适、自然的外象；能诚实地袒露内部有机的结构、各部的功用，及全部的组织；不事掩饰；不矫揉造作；能自然的发挥其所用材料的本质的特性；只设施雕饰于必需的结构部分，以求更和悦的轮廓，更调谐的色彩；不勉强结构出多余的装饰物来增加华丽；不滥用曲线或色彩来求媚于庸俗；这些便是"建筑美"所包含的各条件。

中国建筑，不容疑义的，曾经具备过以上所说的三个要素：适用、坚固、美观。在木料限制下经营结构"权衡俊美的"，"坚固"的各种建筑物，来适应当时当地的种种生活习惯的需求。我们只说其"曾经"具备过这三要素；因为中国现代生活种种与旧日积渐不同。所以旧制建筑的各种分配，随着便渐不适用。尤其是因政治制度和社会组织忽然改革，迥然与先前不同；一方面许多建筑物完全失掉原来功用，——如宫殿、庙宇、官衙、城楼等等；——一方面又需要因新组织而产生的许多公共建筑——如学校、医院、工厂、驿站、图书馆、体育馆、博物馆、商场等等；——在适用一条下，现在既完全的换了新问题，旧的答案之不能适应，自是理之当然。

中国建筑坚固问题，在木料本质的限制之下，实是成功的，下文分析里，更可证明其在技艺上，有过极艰巨的努力，而得到许多圆满，且可骄傲的成绩。如"梁架"，如"斗栱"，如"翼角翘起"种种结构做法及用材。直至最近代科学猛进，坚固标准骤然提高之后，木造建筑之不永久性，才令人感到不满意。但是近代新发明的科学材料，如钢架及钢骨水泥，作木石的更经济更永久的替代，其所应用的结构原则，却正与我们历来木造结构所本的原则符合。所以即使木料本身有遗憾，因木料所产生的中国结构制度的价值则仍然存在，且这制度的设施，将继续应用在新材料上，效劳于我国将来的新建筑。这一点实在是值得注意的。

已往建筑即使因人类生活状态之更换。至失去原来功用，其历史价值不论，其权衡俊秀或魁伟，结构灵活或诚朴，其纯美术的价值仍显然绝不能讳认的。古埃及的陵殿，希腊的神庙，中世纪的堡垒，文艺复兴中的宫苑，皆是建筑中的至宝，虽然其原始作用已全失去。虽然建筑的美术价值不会因原始作用失去而低减，但是这建筑的"美"却不能脱离适当的，有机的，有作用的结构而独立。

中国建筑的美就是合于这原则；其轮廓的和谐，权衡的俊秀伟丽，大部分是有机、有用的，结构所直接产生的结果。并非因其有色彩，或因其形式特殊，我们才推崇中国建筑；而是因产生这特殊式样的内部是智慧的组织，诚实的努力。中国木造构架中凡是梁、栋、檩、椽及其承托、关联的结构部分，全部裸露无遗；或稍经修饰，或略加点缀，大小错杂，功用昭然。

三

虽然中国建筑有如上述的好处，但在这三千年中，各时期差别很大，我们不能笼统地一律看待。大凡一种艺术的始期，都是简单的创造，直率的尝试；规模粗具之后，才节节进步使达完善，那时期的演变常是生气勃勃的。成熟期既达，必有相当时期因承相袭，规定则例，即使对前制有所更改，亦仅限于琐节。单在琐节上用心"过犹不及"地增繁弄巧，久而久之，原始骨干精神必至全然失掉，变成无意义的形式。中国建筑艺术在这一点上也不例外，其演进和退化的现象极明显的，在各朝代的结构中，可以看得出来。唐以前的，我们没有实物作根据，但以我们所知道的早唐和宋初实物比较，其间显明的进步，使我们相信这时期必仍是生气勃勃，一日千里的时期。结构中含蕴早期的直率及魄力，而在技艺方面又渐精审成熟。以宋代头一百年实物和北宋末年所规定的则例（宋李明仲《营造法式》）比看，它们相差之处，恰恰又证实成熟期到达后，艺术的运命又难免趋向退化，但建筑物的建造不易，且需时日，它的寿命最短亦以数十年，半世纪计算。所以演进退化，也都比较和缓转折。所以由南宋而元而明而清八百余年间，结构上的变化，虽无疑地均趋向退步，但中间尚有起落的波澜，结构上各细部虽多已变成非结构的形式，用材方面虽已渐渐过当的不经济，大部分骨干却仍保留着原始结构的功用，构架的精神尚挺秀健在。

现在且将中国构架中大小结构各部作个简单的分析，再将几个部分的演变略为申述，俾研究清式则例的读者，稍识那些严格规定的大小部分的前身，且知分别何者为功用的，魁伟诚实的骨干，何者为功用部分之堕落，成为纤巧非结构的装饰物。即引用清式则例之时，若需酌量增减变换，亦可因稍知其本来功用而有所凭借，或恢复其结构功用的重要，或矫正其纤细取巧之不适当者，或裁削其不智慧的奢侈的用材。在清制权衡上既知其然，亦可稍知其所以然。

构架　木造构架所用的方法，是在四根立柱的上端，用两横梁两横枋周围牵制成一间。再在两梁之上架起层叠的梁架，以支桁；桁通一间之左右两端，从梁架顶上脊瓜柱上，逐级降落，至前后枋上为止。瓦坡曲线即由此而定。桁上钉椽，排比并列，以承望板；望板以上始铺瓦作，这是构架制骨干最简单的说法。这"间"所以是中国建筑的一个单位；每座建筑物都是由一间或多间合成的。

这构架方法之影响至其外表式样的，有以下最明显的几点：（一）高度受木材长短之限制，绝不出木材可能的范围。假使有高至二层以上的建筑，则每层自成一构架，相叠构成，如希腊、罗马之叠柱式。（二）即极庄严的建筑，也呈现绝对玲珑的外表。结构上无论建筑之大小，绝不需要坚厚的负重墙，除非故意为表现雄伟时，如城楼等建筑，酌量的增厚。（三）门窗大小可以不受限制；柱与柱之间可以全部安装透光线的小木作一门屏窗扇之类，使室内有充分的光线。不似垒石建筑门窗之为负重墙上的洞，门窗之大小与墙之坚弱是成反比例的。（四）层叠的梁架逐层增高，成"举架法"（详见第三章及图四十七），使屋顶瓦坡自然地、结构地获得一种特别的斜曲线。

斗栱　　中国构架中最显著且独有的特征便是屋顶与立柱间过渡的斗栱。椽出为檐，檐承于檐桁上，为求檐伸出深远，故用重叠的曲木——翘——向外支出，以承挑檐桁。为求减少桁与翘相交处的剪力，故在翘头加横的曲木——栱。在栱之两端或栱与翘相交处，用斗形木块——斗——垫托于上下两层栱或翘之间。这多数曲木与斗形木块结合在一起，用以支撑伸出的檐者，谓之斗栱。

这檐下斗栱的职能，是使房檐的重量渐次集中下来直到柱的上面。但斗栱亦不限于檐下，建筑物内部柱头上亦多用之，所以斗栱不分内外，实是横展结构与立柱间最重要的关节。

在中国建筑演变中，斗栱的变化极为显著，竟能大部分的代表各时期建筑技艺的程度及趋向。最早的斗栱实物我们没有木造的，但由仿木造的汉石阙上看，这种斗栱，明显的较后代简单得多；由斗上伸出横栱，栱之两端承檐桁。不止我们不见向外支出的翘，即和清式最简单的"一斗三升"比较，中间的一升亦未形成（虽有，亦仅为一小斗介于栱之两端）。直至北魏北齐如云冈天龙山石窟前门，始有斗栱像今日的一斗三升之制。唐大雁塔石刻门楣上所画斗栱，给予我们证据，唐时已有前面向外支出的翘（宋称华栱），且是双层，上层托着横栱，然后承桁。关于唐代斗栱形状，我们所知道的，不只限于大雁塔石刻，鉴真所建奈良唐招提寺金堂，其斗栱结构与大雁塔石刻极相似，由此我们也稍知此种斗栱后尾的结束。进化的斗栱中最有机的部分，"昂"，亦由这里初次得见（昂的功用详见下文）。

国内我们所知道最古的斗栱结构，则是思成前年在河北蓟县所发现的独乐寺的观音阁（图六），阁为北宋初年（公元984年）*物，其斗栱结构的雄伟、诚实，一望而知其为有功用有机能的组织。这个斗栱中两昂斜起，向外伸出特长，以支深远的出檐，后尾斜削挑承梁底，如是故这斗栱上有一种应力；以昂为横杆，以大斗为支点，前檐为荷载，而使昂后尾下金桁**上的重量下压维持其均衡。斗栱成为一种有机的结构，可以负担屋顶的荷载。

由建筑物外表之全部看来，独乐寺观音阁与敦煌的五代壁画极相似，连斗栱的构造及分布亦极相同。以此作最古斗栱之实例，向下跟着时代看斗栱演变的步骤，以至清代，我们可以看出一个一定的倾向，因而可以定清式斗栱在结构和美术上的地位。

图七是辽宋元明清斗栱比较图，不必细看，即可见其（一）由大而小；（二）由简而繁；（三）由雄壮而纤巧；（四）由结构的而装饰的；（五）由真结构的而成假刻的部分如昂部；

---

* 此年号称辽统和二年更为确切。——郭黛姮注

** 此处的"下金桁"称谓系清代建筑名词，应称作"下平槫"。——郭黛姮注

图六　蓟县独乐寺观音阁

（六）分布由疏朗而繁密。

　　图中斗栱a及b都是辽圣宗朝物（图七），可以说是北宋初年的作品。其高度约占柱高之半至五分之二。f柱与b柱同高，斗栱出踩较多一踩，按《工程做法则例》的尺寸，则斗栱高只及柱高之四分之一。而辽清间的其他斗栱如c，d，e，f，年代逾后，则斗栱与柱高之比逾小。在比例上如此，实际尺寸亦如此。于是后代的斗栱，日趋繁杂纤巧，斗栱的功用，日渐消失；如斗栱原为支檐之用，至清代则将挑檐桁放在梁头上，其支出远度无所赖于层层支出的曲木（翘或昂）。而辽宋斗栱，如a至d各图，均为一种

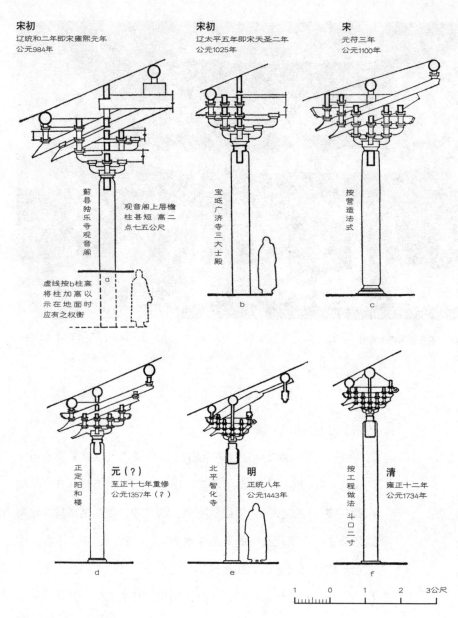

宋初
辽统和二年即宋雍熙元年
公元984年

宋初
辽太平五年即宋天圣二年
公元1025年

宋
元符三年
公元1100年

蓟县独乐寺观音阁

观音阁上层檐柱甚短 高二点七五公尺

虚线按b柱高将柱加高以示在地面时应有之权衡

a

宝坻广济寺三大士殿

b

按营造法式

c

正定阳和楼

d

元（?）
至正十七年重修
公元1357年（?）

北平智化寺

e

明
正统八年
公元1443年

按工程做法 斗口二寸

f

清
雍正十二年
公元1734年

1 0 1 2 3公尺

图七 宋、元、明、清斗栱之比较

有机的结构，负责承受檐及屋顶的荷载。明清以后的斗栱，除在柱头上者尚有相当结构机能外，其平身科已成为半装饰品了。至于斗栱之分布，在唐画中及独乐寺所见，柱头与柱头之间，率只用补间斗栱（清称平身科）一朵（攒）；《营造法式》规定当心间用两朵，次梢间用一朵。至明清以斗口十一分定攒档，两柱之间，可以用到八攒平身科，密密的排列，不止全没有结构价值，本身反成为额枋上重累，比起宋建，雄壮豪劲相差太多了。

梁架用材的力学问题，清式较古式及现代通用的结构法，都有个显著的大缺点。现代用木梁，多使梁高与宽作二与一或三与二之比，以求其最经济最得力的权衡。宋《营造法式》也规定为三与二之比。《工程做法则例》则定为十与八或十二与十之比，其断面近乎正方形，又是个不科学不经济的用材法。

屋顶　　历来被视为极特异极神秘之中国屋顶曲线，其实只是结构上直率自然的结果，并没有甚么超出力学原则以外和矫揉造作之处，同时在实用及美观上皆异常的成功。这种屋顶全部的曲线及轮廓，上部巍然高耸，檐部如翼轻展，使本来极无趣，极笨拙的实际部分，成为整个建筑物美丽的冠冕，是别系建筑所没有的特征。

因雨水和光线的切要实题，屋顶早就扩张出檐的部分。出檐远，檐沿则亦低压，阻碍光线，且雨水顺势急流，檐下亦发生溅水问题。为解决这两个问题，于是有飞檐的发明：用双层椽子，上层椽子微曲，使檐沿向上稍翻成曲线。到屋角时，更同时向左右抬高，使屋角之檐加甚其仰翻曲度。这"翼角翘起"，在结构上是极合理、极自然的布置，我们竟可以说：屋角的翘起是结构法所促成的（其结构法详见第三章及图四十八）。因为在屋角两檐相交处的那根主要构材——"角梁"及上段"由戗"——是较椽子大得很多的木材，其方向是与建筑物正面成四十五度的，所以那并排一列椽子，与建筑物正面成直角的，到了靠屋角处必须积渐开斜，使渐平行于角梁，并使最后一根直到紧贴在角梁旁边。但又因椽子同这角梁的大小悬殊，要使椽子上皮与角梁上皮平，以铺望板，则必须将这开舒的几根椽子依次抬高，在底下垫"枕头木"。凡此种种皆是结构上的问题适当地被技巧解决了的。

这道曲线在结构上几乎是不可信的简单和自然；而同时在美观上不知增加多少神韵。不过我们须注意过当或极端的倾向，常将本来自然合理的结构变成取巧和复杂。这过当的倾向，表面上且呈现出脆弱虚矫的弱点，为审美者所不取。但一般人常以愈巧愈繁必是愈美，无形中多鼓励这种倾向。南方手艺灵活的地方，飞檐及翘角均特别过当，外观上虽有浪漫的姿态，容易引人赞美，但到底不及北方现代所常见的庄重恰当，合于审美的真纯条件。

屋顶的曲线不只限于"翼角翘起"与"飞檐"，即瓦坡的全部，也是微曲的不是一片直的斜坡；这曲线之由来乃从梁架逐层加高而成，称为"举架"（详见第三章及图四十七），使屋顶斜度越上越峻峭，越下越和缓。《考工记》"……轮人为盖……上欲尊而宇欲卑，上尊而宇卑，则吐水疾而溜远"，很明白地解释这种屋顶实际上的效用。在外观上又因这"上尊而宇卑"，可以矫正本来屋脊因透视而减低的倾向，使屋顶仍得巍然屹立，增加外表轮廓上的美。

至于屋顶上许多装饰物，在结构上也有它们的功用，或是曾经有过功用的。诚实地来装饰一个结构部分，而不肯勉强地来掩蔽一个结构枢纽或关节，是中国建筑最长之处；在屋顶瓦饰上，这原则仍是适用的。脊瓦是两坡接缝处重要的保护者，值得相当的注意，所以有正脊垂脊等部之应用。又因其位置之重要，略异其大小，所以正脊比垂脊略大。正脊上的正吻和垂脊上的走兽等，无疑的也曾是结构部分。我们虽然没有证据，但我们若假定正吻原是管着脊部木架及脊外瓦盖的一个总关键，也不算一种太离奇的幻想；虽然正吻形式的原始，据说是因为柏梁台灾后，方士说"南海有鱼虬，尾似鸱，激浪降雨"，所以做成鸱尾象，以厌火祥的。垂脊下半的走兽仙人，或是斜脊上钉头经过装饰以后的变形。每行瓦陇前头一块上面至今尚有盖钉头的钉帽，这钉头是防止瓦陇下溜的。垂脊上饰物本来必不如清式复杂，敦煌壁画里常见用两座"宝珠"，显然像木钉的上部略经雕饰的。垂兽在斜脊上段之末，正分划底下骨架里由戗与角梁的节段，使这个瓦脊上饰物，在结构方面又增一种意义，不纯出于偶然。

台基　　台基在中国建筑里也是特别发达的一部，也有悠久的历史。《史记》里"尧之有天下也，堂高三尺"。汉有三阶之制，左墄右平；三阶就是基台，墄即台阶的踏道，平即御路。这台基部分如希腊建筑的台基一样，是建筑本身之一部，而不可脱离的。在普通建筑里，台基已是本身中之一部，而在宫殿庙宇中尤为重要。如北平故宫三殿，下有白石崇台三重，为三殿作基座，如汉之三阶。这正足以表示中国建筑历来在布局上也是费了精详的较量，用这舒展的基座，来托衬壮伟巍峨的宫殿。在这点上日本徒知摹仿中国建筑的上部，而不采用底下舒展的基座，致其建筑物常呈上重下轻之势。近时新建筑亦常有只注重摹仿旧式屋顶而摒弃底下基座的。所以那些多层的所谓仿宫殿式的崇楼华宇，许多是生硬的直出泥上，令人生不快之感。

关于台基的演变，我不在此赘述，只提出一个最值得注意之点来以供读清式则例时参考。台基有两种，一种平削方整的，另一种上下加枭混，清式称须弥座台基。这须弥座台基就是台基而加雕饰者，唐时已有，见于壁画，宋式更有见于实物的，且详载于《营造法式》中。但清式须弥座台基与唐宋的比较有个大不相同处；清式称"束腰"的部分，介于上下枭混之间，是一条细窄长道，在前时却是较大的主要部分，可以说是整个台基的主体。所以唐宋的须弥座台基一望而知是一座台基上下加雕饰者，而清式的上下枭混与束腰竟是不分宾主，使台基失掉主体而纯像雕纹，在外表上大减其原来雄厚力量。在这一点上我们便可以看出清式在雕饰方面加增华丽，反倒失掉主干精神，实是个不可讳认的事实。

色彩　色彩在中国建筑上所占的位置，比在别式建筑中重要得多，所以也成为中国建筑主要特征之一。油漆涂在木料上本来为的是避免风日雨雪的侵蚀；因其色彩分配得当，所以又兼收实用与美观上的长处，不能单以色彩作奇特繁杂之表现。中国建筑上色彩之分配，是非常慎重的。檐下阴影掩映部分，主要色彩多为"冷色"，如青蓝碧绿，略加金点。柱及墙壁则以丹赤为其主色，与檐下幽阴里冷色的彩画正相反其格调。有时庙宇的柱廊竟以黑色为主，与阶陛的白色相映衬。这种色彩的操纵可谓轻重得当，极含蓄的能事。我们建筑既为用彩色的，设使这些色彩竟滥用于建筑之全部，使上下耀目辉煌，势必鄙俗妖冶，乃至野蛮，无所谓美丽和谐或庄严了。琉璃于汉代自罽宾*传入中国；用于屋顶当始于北魏，明清两代，应用尤广，这个由外国传来的宝贵建筑材料，更使中国建筑放一异彩。本来轮廓已极优美的屋宇，再加以琉璃色彩的宏丽，那建筑的冠冕便几无瑕疵可指。但在瓦色的分配上也是因为操纵得宜；尊重纯色的庄严，避免杂色的猥琐，才能如此成功。琉璃瓦即偶有用多色的例，亦只限于庭园小建筑物上面**且用色并不过滥，所砌花样亦能单简不奢。既用色彩又能俭约，实是我们建筑艺术中值得自豪的一点。

平面　关于中国建筑最后还有个极重要的讨论：那就是它的平面布置问题。但这个问题广大复杂，不包括于本绪论范围之内，现在不能涉及。不过有一点是研究清式则例者不可不知的，当在此略一提到。凡单独一座建筑物的平面布置，依照清《工部

---

* 罽（jì）宾，西域国名。——编者注
** 还见于佛寺大殿和皇家园林中的殿宇，如圆明园的方壶胜境建筑群组中的每座建筑，所施琉璃颜色各不相同，且均用剪边形式，别具一格。——郭黛姮注

工程做法》所规定，虽其种类似乎众多不等，但到底是归纳到极呆板，极简单的定例。所有均以四柱牵制成一间的原则为主体的，所以每座建筑物中柱的分布是极规则的。但就我们所知道宋代单座遗物的平面看来，其布置非常活动，比起清式的单座平面自由得多了。宋遗物中虽多是庙宇，但其殿里供佛设座的地方，两旁供立罗汉的地方，每处不同。在同一殿中，柱之大小有几种不同的，正间、梢间柱的数目地位亦均不同的（参看中国营造学社各期《汇刊》辽宋遗物报告）。

所以宋式不止上部结构如斗栱斜昂是有机的组织，即其平面亦为灵活有功用的布置。现代建筑在平面上需要极端的灵活变化，凡是试验采用中国旧式建筑改为现代用的建筑师们，更不能不稍稍知道清式以外的单座平面，以备参考。

工程 现在讲到中国旧的工程学，本是对于现代建筑师们无所补益的，并无研究的价值。只是其中有几种弱点，不妨举出供读者注意而已。

（一）清代匠人对于木料，尤其是梁，往往用得太费。这点上文已讨论过。他们显然不明了横梁载重的力量只与梁高成正比例，而与梁宽的关系较小。所以梁的宽度，由近代工程学的眼光看来，往往嫌其太过。同时匠师对于梁的尺寸，因没有计算木力的方法，不得不尽量放大，用极高的安全率，以避免危险。结果不但是木料之大靡费，而且因梁本身重量太重，以致影响及于下部的坚固。

（二）中国匠师素不用三角形。他们虽知道三角形是唯一不变动几何形，但对于这原则却极少应用。在清式构架中，上部既有过重的梁，又没有用三角形支撑的柱，所以清代的建筑，经过不甚长久的岁月，便有倾斜的危险。北平街上随处有这种已倾斜而用砖墩或木柱支撑的房子。

（三）地基太浅是中国建筑的一个大病。普通则例规定是台明高之一半，下面垫几步灰土。这种做法很不彻底，尤其是在北方，地基若不刨到冰线以下，建筑物在安全方面，一定要发生问题。

好在这几个缺点，在新建筑师手里，根本就不成问题。我们只怕不了解，了解之后，去避免或纠正它是很容易的。

上文已说到艺术有勃起，呆滞，衰落，各种时期，就中国建筑讲，宋代已是规定则例的时期，留下《营造法式》一书；明代的《营造正式》虽未发见，清代的《工程做法则例》却极完整。所以就我们所确知的则例，已有将近千年的根基了。这九百多年之间，建筑的气魄和结构之直率，的确一代不如一代，但是我认为还在抄袭时期；原始精神尚大部保存，未能说是堕落。可巧在这时间，有新材料新方法在欧美产生，其基本原则适与中国几千年来的构架制同一学理。而现代工厂，学校，医院，及其他需要光线和空气的建筑，其墙壁门窗之配置，其铁筋混凝土及钢骨的构架，除去材料不同外，基本方法与中国固有的方法是相同的。这正是中国老建筑产生新生命的时期。在这时期，中国的新建筑师对于他祖先留下的一份产业实在应当有个充分的认识。因此思成将他所知道的比较详尽的清式则例整理出来，以供建筑师们和建筑学生们参考，他嘱我为作绪论，申述中国建筑之沿革，并略论其优劣，我对于中国建筑沿革所识几微，优劣的评论，更非所敢。姑草此数千言，拉杂成此一篇，只怕对《清式则例》读者无所裨益但乱听闻。不过我敢对读者提醒一声，规矩只是匠人的引导，创造的建筑师们和建筑学生们，虽须要明了过去的传统规矩，却不要盲从则例，束缚自己的创造力。我们要记着一句普通谚语："尽信书不如无书。"

　　　　　　　　　　　　　　　　林徽因　一九三四年一月

第二章

平　面
────

The Building Regulations
In The Qing Dynasty

　　一座建筑物的平面有两种度量——宽与深；两者之中，较长者叫宽，较短者叫深。中国建筑因特有的构架制度，先用立柱横梁构成屋架，然后加筑墙壁或槅扇，所以柱之分布，便成为平面配置上最重要的一个原素，凡在四柱之中的面积，都称为间。间之宽（在建筑物长面之长度）称为面阔；全建筑物若干间合起来的长度称通面阔。间之深（在建筑物短面之长度）称为进深；若干间合起来的长度称通进深（图八）。

　　这间就是建筑平面上的最低单位，建筑物的大小就以间的大小和多寡而定。普通居中开门的一间叫做明间，明间两旁为次间，次间之外为梢间，梢间之外为尽间，全建筑物的四周或前后还可以有廊子，左右还可以加套间。

　　间的面阔和进深，按需用的广狭，和木材的长短大小而定。但有斗栱的大式大木（见第三章），面阔进深则按斗栱攒数定。次间较明间可收（即少）一攒，梢间可与次间同，或更收一攒。廊深普通以二攒为最多。

　　平面的形式以长方形为最普通，举凡北平故宫主要宫殿（图十一及图十二）或一般平民住宅，都以长方形为主。正方形也有用作主要建筑的，如中和殿（图十三及图十四）及辟雍。六角形（图十五）八角形多半是点缀庭园的建筑。圆形却大半是隆重的大建筑物，如天坛的祈年殿（图十六及图十七）和皇穹宇。复杂的形体如城墙上的角楼是曲尺形（图十八及图十九）或十字形（图二十及图二十一），或如带雨搭的箭楼（图二十二及图二十三），都是多数的长方形相聚而成。

普通平面均齐的配置方法，不论宫殿庙宇或住宅，均由若干座的建筑物合成（图九及图十）。主要的建筑物居中，多南向，称正殿或正房。在正殿之前分列左右面相向者为配殿或厢房（与正殿相对者为前殿或倒座）。这四座共包括的范围称一院。一处住宅，宫殿或庙宇，多由一院或多院合成。一院之四面都有房屋者，称四合；或有例外，只有单面厢房，或无倒座，只是三面有房屋者，称三合。其他主要部分的布置，原则仍是不改。至于完全不均齐的配置，如离宫别馆，庭园斋舍，地位方向皆因地随宜设计，绝不受规例的拘束。

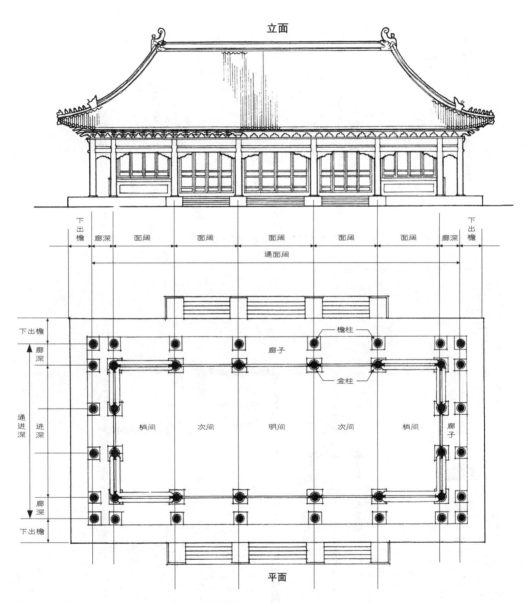

图八　面阔进深图（九檩单檐庑殿作例）

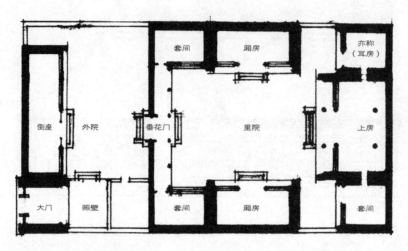

图九　四合住宅平面各部分名称

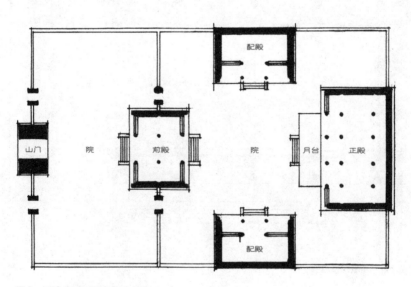

图十　四合寺观平面各部分名称

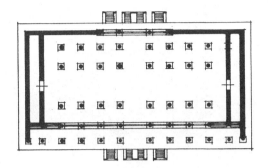

图十一　长方形（太和殿）

图十二　太和殿

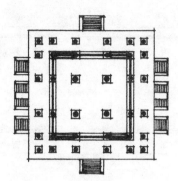

图十三 四方形（中和殿）

图十四 中和殿

图十五　北海琼岛　六角亭

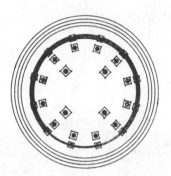

图十六　圆形（天坛祈年殿）

图十七　祈年殿

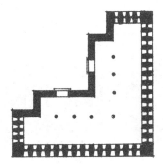

图十八　曲尺形（北平东南角楼）

图十九　北平东南角楼

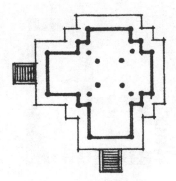

图二十　十字形（紫禁城角楼）

图二十一　紫禁城角楼

图二十二　凸字形（阜成门箭楼）

图二十三　德胜门箭楼

第三章

大　木 —————

　　大木是指建筑物一切骨干木架的总名称。大小形制有两种，有斗栱的大式*和没有斗栱的小式。在结构上可以分作三大部：竖的支重部分——柱和横的被支的部分——梁桁椽及其他附属部分，及两者间过渡部分——斗栱。

第一节　斗　栱

　　斗栱是中国系建筑所特有的形制，是较大建筑物的柱与屋顶间之过渡部分，其功用在承受上部支出的屋檐，将其重量或直接集中到柱上，或间接的先纳至额枋上再转到柱上。凡是重要或带纪念性的建筑物，大半部都有斗栱（图二十四）。

　　在建筑物的部位关系上，斗栱共有三种不同的位置：（一）在柱之上；（二）在屋角柱头上；（三）在柱间额枋之上。这三种各有专名**，叫做（一）柱头科（图二十五及图二十六）；（二）

＊　无斗栱的建筑也有大式，据清《工部工程做法》载，有16例为无斗栱大式建筑，在其所举27例中占有三分之二以上的篇幅，而小式建筑仅有4例，有斗栱大式仅有7例。——郭黛姮注

＊＊　柱头科、角科、平身科为清式木建筑构件的专名，宋式分别称为柱头铺作、转角铺作、补间铺作。——编者注

（一）柱头科（柱头铺作）

　　柱头科为桃尖梁头与柱头的垫托部分，位于柱头上，承载梁头所受的重量，并传递给柱身。

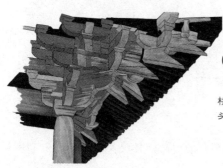

（二）角科（转角铺作）

　　角科为承接转角部位荷载的斗栱，位于转角柱上，其结构比柱头科和平身科复杂。

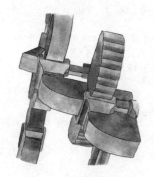

（三）平身科（补间铺作）

　　平身科位于额枋或平板枋上，结构作用远逊于柱头科，是一种不甚合理的装饰性构件。

图二十四　山西五台山佛光寺大殿（三种不同位置的斗栱）

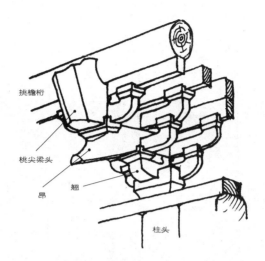

挑檐桁

桃尖梁头

昂　　翘

柱头

图二十五　柱头科各部分名称

角科（图二十七及图二十八）；（三）平身科（图二十九及图三十）。斗
栱的结构上有四种重要的分件（图三十一及图三十二）。略似弓形，
位置与建筑物表面平行的叫做栱；形式与栱相同，而方向与栱成
正角（即与建筑物表面成正角）的叫做翘；翘之向外一端特别加长，
斜向下垂的叫做昂；在栱与翘（或昂）的相交处，在栱的两端，介
于上下两层的栱间，有斗形立方块叫做升。在翘（或昂）的两端，
介于上下两层翘（或昂）间的斗形方块叫做斗。升与斗的区别在它
们的位置和上面开的卯口；升内只承受一面的栱或枋，所以只开
一面口，称顺身口，斗则承受相交的栱与翘昂，上面开十字口。

　　栱有正心栱和单材栱之别，按位置而定。凡在檐柱中心线
上，与建筑物表面平行的，都叫正心栱，正心栱一面向外，一面
向里，在栱的纵中线上，要加上一道槽，以安垫栱板，所以正心

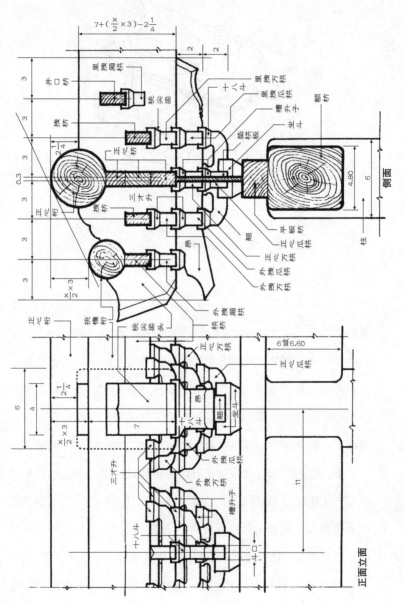

图二十六 柱头斗拱（1）

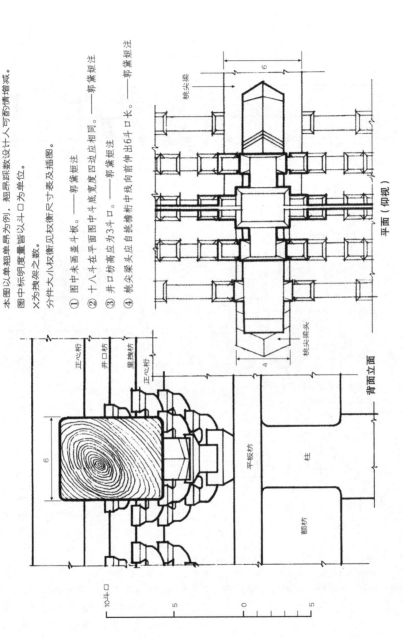

本图以单昂单翘单昂为例，翘昂踩数设计人可酌情增减。

图中标明度量皆以斗口为单位。

x为搜架之数。

分件大小权衡见权衡尺寸表及插图。

① 图中未画盖斗板。——郭黛姮注

② 十八斗在平面图中斗底宽度四边应相同。——郭黛姮注

③ 井口枋高应为3斗口。——郭黛姮注

④ 桃尖梁头应自挑檐桁中线向前伸出6斗口长。——郭黛姮注

平面（仰视）

桃尖梁

桃尖梁头

背面立面

正心桁

井口枋

里拽枋

正心桁

平板枋

柱

额枋

图二十六　柱头斗栱（2）

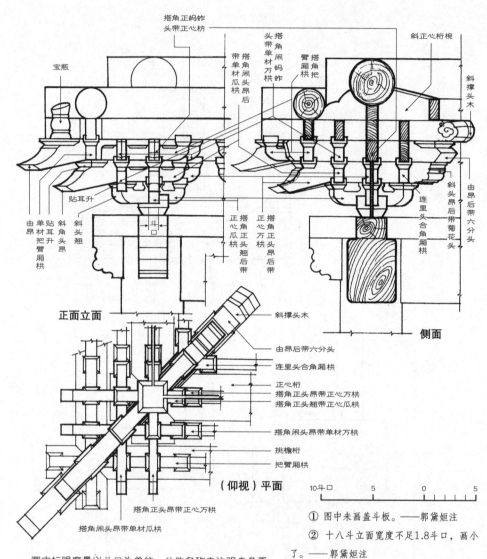

搭角正蚂蚱头带正心枋

搭角闹蚂蚱头带单材万拱

搭角闹头昂带单材瓜拱后

宝瓶

斜正心桁椀

臂厢拱把

搭角闹昂把

斜撑头木

由昂后带六分头

斜头昂后带菊花头

连里头合角厢拱

贴耳升

斗口

斜角头昂

斜角翘

搭角正头翘带正心瓜拱

搭角正头昂带正心万拱

搭角正头翘后带

由昂

单材把臂厢拱贴耳升

正面立面

侧面

斜撑头木

由昂后带六分头

连里头合角厢拱

正心桁

搭角正头翘带正心万拱

搭角正头翘带正心瓜拱

搭角闹头昂带单材万拱

挑檐桁

把臂厢拱

搭角正头昂带正心万拱

（仰视）平面

搭角闹头昂带单材瓜拱

10斗口　　　　5　　　　0　　　　5

① 图中未画盖斗板。——郭黛姮注

② 十八斗立面宽度不足1.8斗口，画小了。——郭黛姮注

③ 井口枋高应为3斗口。——郭黛姮注

④ "连里头合角厢拱"应为"里连头合角单材瓜拱"，其上有"里连头合角单材万拱"，再上才是枋子。——郭黛姮注

　　图中标明度量以斗口为单位。分件名称未注明者参看图二十六。分件大小权衡见权衡尺寸表及插图。本图以单翘单昂五踩为例，翘昂踩数设计人可酌情增减，参看本书图八。

图二十七　角科斗栱

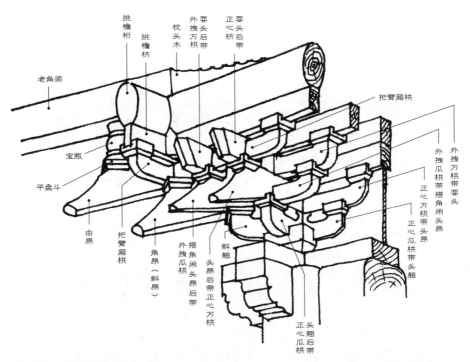

老角梁

宝瓶

平盘斗

由昂

把臂厢栱

挑檐桁

挑檐枋

枕头木

外拽万栱

耍头后带

正心枋

耍头后带

把臂厢栱

外拽万栱带耍头

外拽瓜栱带搭角闹头昂

正心万栱带头昂

正心瓜栱带头翘

角昂（斜昂）

搭角闹头昂后带

外拽瓜栱

头昂后带正心万栱

斜翘

正心瓜栱

正心翘后带

图二十八　角科各部分名称

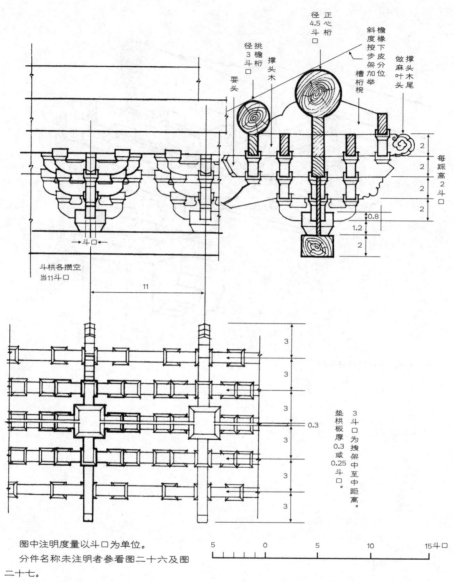

图中注明度量以斗口为单位。

分件名称未注明者参看图二十六及图二十七。

分件大小权衡见权衡尺寸表及插图。

本图以单翘单昂五踩为例，翘昂踩数可由设计人酌情增减参看本书图八。

① 图中未画盖斗板。——郭黛姮注

② 十八斗宽度不足1.8斗口。——郭黛姮注

③ 井口枋应高3斗口。——郭黛姮注

图二十九 平身斗栱

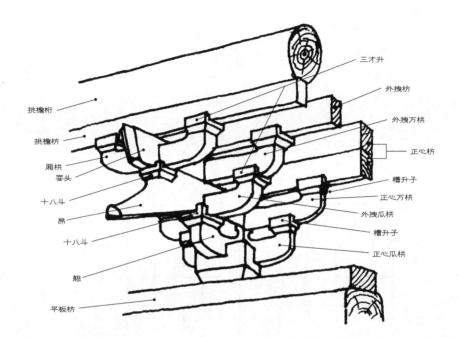

三才升

外拽枋

外拽万栱

正心枋

槽升子

正心万栱

外拽瓜栱

槽升子

正心瓜栱

挑檐桁

挑檐枋

厢栱

耍头

十八斗

昂

十八斗

翘

平板枋

图三十 平身科各部分名称

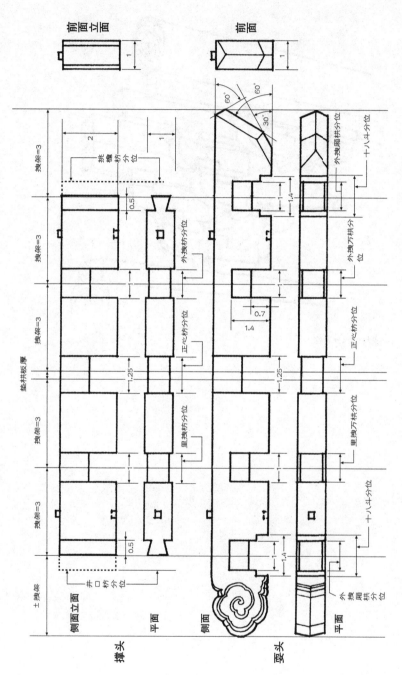

图三十一 斗栱分件一（1）

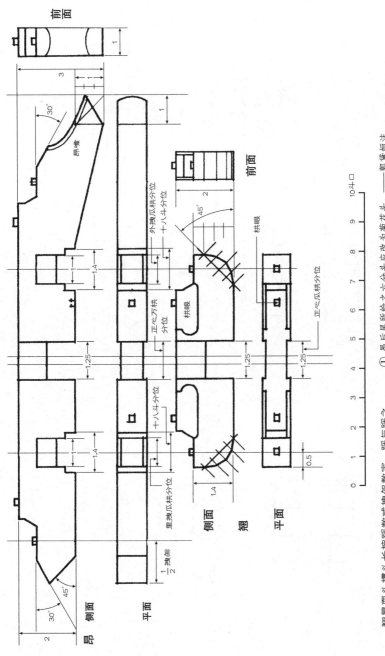

翘昂要头撑头长按踩数或撑架数定。踩与踩之
间为一撑架，长按3斗口。本图以单翘单昂平身斗
拱为例。度量皆以斗口为单位。

① 昂后尾所绘之六分头应改为菊花头。 ——郭黛姮注
② 要头后尾所绘之麻叶头应改为六分头。 ——郭黛姮注
③ 撑头后尾所绘之燕尾榫应改为麻叶头。 ——郭黛姮注
④ 该图为"平身科斗拱分件"。 ——郭黛姮注

图三十一 斗拱分件一（2）

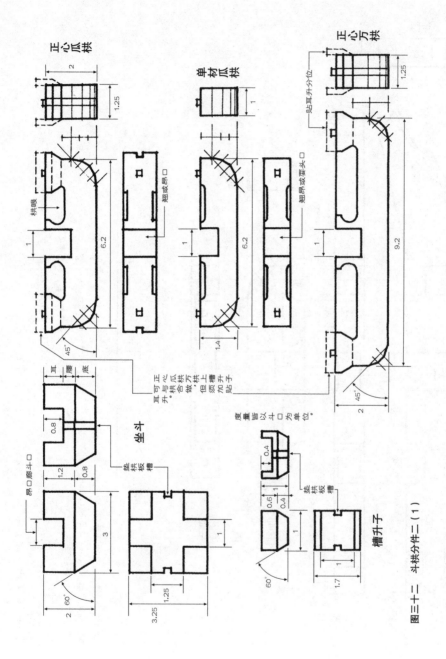

图三十二 斗栱分件二（1）

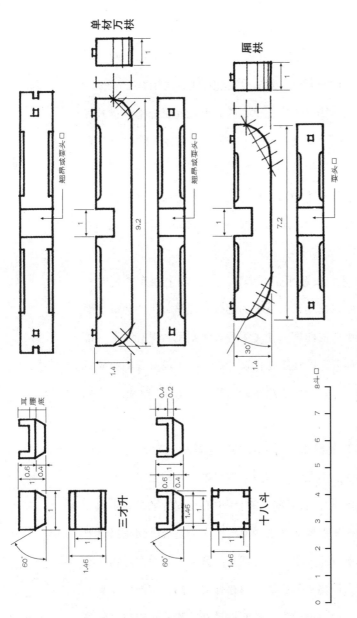

① 坐斗长、宽皆为3斗口,左右开口宽为1.24斗口。——郭黛姮注

② 槽升子和三才升迎面宽皆为1.3斗口,槽升子的斗口宽为1.24斗口。——郭黛姮注

③ 十八斗迎面宽为1.8斗口,进深宽1.48斗口。——郭黛姮注

④ 正心瓜栱、万栱厚度皆为1.24斗口。——郭黛姮注

⑤ 该图为"平身科斗栱分件"。——郭黛姮注

图三十二 斗栱分件二(2)

栱之厚要比单材栱之厚多这垫板之厚。其余不在正心线上的都叫单材栱；在檐柱中心线以外者叫外拽栱，在以里者叫里拽栱。

栱以长短分三等：瓜栱、万栱、厢栱。瓜栱最短，厢栱次之，万栱最长。瓜栱和万栱，除非没有翘昂不往外出踩（见下文）的斗栱，每多相叠并用：瓜栱在下，托着万栱在正心上或里外拽上。在正心上的叫正心瓜栱，正心万栱；在里外拽的叫单材瓜栱，单材万栱；——若更求准确，便叫里拽瓜栱、外拽瓜栱和里拽万栱、外拽万栱。至于厢栱，却总是安在最上层翘昂之最外或最里端上，绝没有放在正心上的时候，所以只分里外，而无正心单材之别。

栱的中间有与昂或翘相交的卯口；栱两端上面有承托升子的分位。在升与卯口之间，弯下去的部分叫栱眼，栱的两端下面曲卷处叫栱弯。栱弯的曲度，在《工程做法则例》里有所谓"瓜四""万三""厢五"的规矩，使栱弯成为几小段直线的小瓣，以便制造（图三十三）。为便于绘图计，我更另为规定（图三十一及图三十二）。

与栱成正角形的横木叫做翘或昂。翘昂的长短以支出之远近而定；在下层的支出最少，越往上支出越远。每支出一层，在里外两面各加一排栱，叫做踩。踩与踩中心线间的平距离叫做一拽架；翘昂的长短就以拽架之多少而定。在最上层的翘或昂之上更有两层与翘昂平行而大小亦与之相同的分件，其中在下的叫要头，在上的叫撑头；要头前后两端露在外面，都有雕饰；撑头外端不露在外面，只摆在里面，将外面的挑檐枋和里面的井口枋撑住，但后尾却露出刻作麻叶头。撑头之上更有桁椀，其上斫作半圆形槽，大小同桁径，以承受桁或檩。

翘的形式与栱完全相同。更有功用与翘相同，而在向外一端特别加长，向下伸出的，叫做昂。伸出的部分叫做昂嘴。昂的向里一端或曲卷如翘或栱，或做成六分头或霸王拳[*]一类的雕饰。要头的外端往往做成蚂蚱头，里端做成麻叶头^{**}。这许多的形制和大小都有一定的做法（图三十三）。

凡是上下二层栱间，或枋子与翘或昂之间，有斗形的方块，垫在二者之间，叫做斗或升。在全攒斗栱之最下一层，在正心瓜栱与头翘或头昂之下的叫坐斗，也叫大斗，是全攒重量之集中点。在里外拽栱之两端，托着上一层的栱或枋子的叫三才升；在正心栱之两端。托着上一层的栱或枋子的叫槽升子；在翘或昂之两端，托着上一层栱与翘昂相交点的叫十八斗。

坐斗之上，有十字的卯口，以承受瓜栱和头层的翘或昂。这承受翘或昂的口叫做斗口，是有斗栱的建筑（大式大木）各件尺寸权衡的基本单位。例如柱径六斗口，高六十斗口；坐斗高二斗口，长宽各三斗口；或是每拽架长三斗口等等的比例和全攒斗栱，乃至全屋大木的权衡，都是按斗口而定的（见各件权衡尺寸表）。

---

* 　在古代建筑方面，是额枋在角柱处出头的一种艺术处理样式。

** 麻叶头是翘、昂后尾的一种雕饰，其做法有所谓"三弯九转"之说。中心之外的三层弧线为"三弯"，每两弧线相接处叫转，九处相接，故为"九转"。麻叶头俗称似云头或麻叶云。

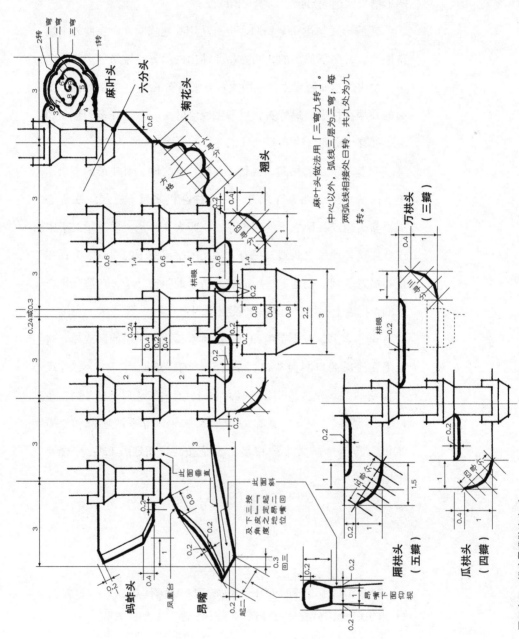

图三十三 栱头昂嘴做法（1）

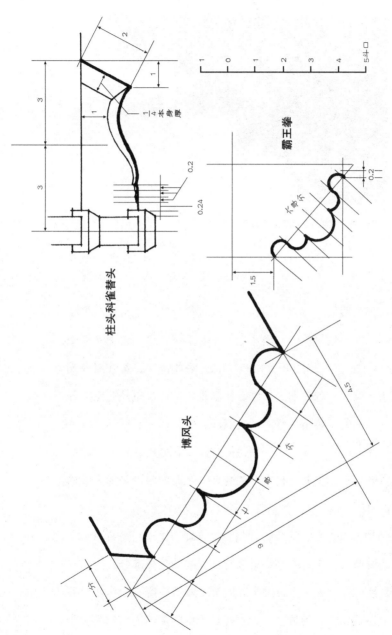

柱头科雀替头

霸王拳

博风头

本身厚

图中正心瓜栱、万栱、正心枋等构件的厚度皆为1.24斗口，坐斗斗耳宽为0.88斗口。——郭黛姮注

图三十三　栱头昂嘴做法（2）

图三十四　一斗三升斗栱（西朝房）

　　斗栱因层数或拽架之增减，可以有极简单的，也可以推增出极复杂的。其中最简单的，坐斗上安正心瓜栱一道，栱上安三个槽升子，谓之一斗三升（图三十四）。以正心栱为中，每往里外支出一拽架，就多一踩，谓之出踩。例如正心一踩，里外各出一踩者谓之三踩；里外各出两踩者谓之五踩，以此递加可以加到九踩乃至十一踩（图三十五）。至于翘昂的分配，则有单翘单昂、单翘重昂、重翘重昂、重翘三昂等等的变换。翘昂的多少是随出踩的多少而定的。

　　由结构方面看来，柱头科和角科是合理的做法，平身科是不甚合理的装饰。柱头科是桃尖梁头与柱头间的垫托部分，所以柱头科的头翘或头昂比平身科的头翘或头昂厚加一倍（二斗口），并且越往上层越加厚；到最上层就直接承受由内部伸出来的桃尖梁头；而梁头之厚，则为四斗口（图二十五及图二十六）。

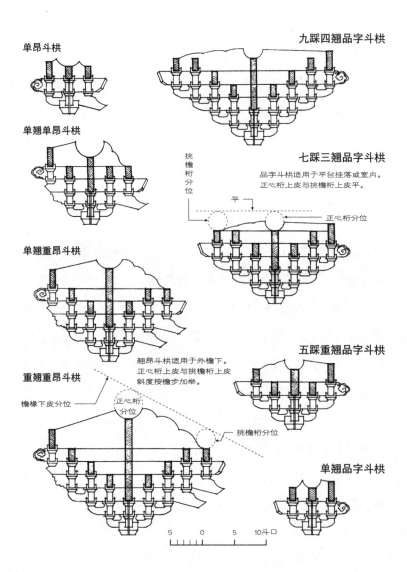

图三十五　斗栱出踩图

　　两柱头科之间，放在额枋及平板枋上的斗栱，谓之平身科（图二十九及图三十）；其功用远不及柱头科之重要，差不多是一种纯粹的装饰品。结构与柱头科微有不同；柱头科的桃尖梁头位置，在平身科则为耍头，上面再加撑头木（两者合起来的高度与桃尖梁头高度同）。耍头只厚一斗口，平身科的翘与昂也只厚一斗口。

　　角科（图二十七及图二十八）在角柱之上，地位特殊。普通的斗栱只有一个外面一个里面，角科却同时有两个外面；而且同时左方的正面就是右方的侧面，右方的正面也是左方的侧面；于是在正面做栱的转角就是昂或翘。不唯正心线上如此，就是外拽各栱也如此；例如正面的外拽瓜栱万栱，在侧面伸出为两层翘或昂，而按地位之不同，叫做搭角闹头翘或搭角闹二翘，但在他面则名外拽瓜栱，外拽万栱，仅厢栱过角后称把臂厢栱。除正侧两面外，在斜角线上，又有斜昂或斜翘，与各层翘昂平；与耍头平处则有由昂，上安宝瓶，以承受上部支出的角梁，整个成为一个有机能的结构。各部分专名都在图二十五至图三十中注明。

　　溜金斗是一种特殊的斗栱。自中线以外，与普通斗栱完全相同。中线以里，自耍头以上，连撑头和桁椀，都在后面特别加长，顺着举架的角度向上斜起秤杆，以承受上一架的桁或檩。各层秤杆之间，横着安栱或三福云，直着用伏莲销，销成一起（图三十六及图三十七）。

　　斗栱之全部统称曰攒，两攒间的距离通常是十一斗口。在城楼等大建筑物上也有十二斗口的。这完全是权衡的问题，应该由设计人自己决定。

　　一攒斗栱之中，里外拽各加一踩时，上下就加了一翘或一昂。无论一攒共有几踩，在最里最外两极端上只有一层厢栱，外拽厢栱之上就是挑檐枋，枋上就是挑檐桁。其余各踩都只有两层栱，瓜栱在下，万栱在上；万栱之上就是枋子，在正心的叫正心枋，在里外拽的叫拽枋。无论踩数多少，正心万栱以上就层层的用枋子叠上，一直到正心桁之下面（图二十六、图二十七、图二十九）。

第二节　构　架

柱有五种位置（图三十八）：（一）檐柱，凡是檐下最外一列的柱子都是。（二）金柱，在檐柱以内的柱子，除在建筑物纵中线上的都是。金柱又有里外之别，离檐柱近的是外金柱，远的是里金柱。重檐大殿里，在普通金柱的地位上，支着上檐的是重檐金柱。（三）在建筑物纵中线上，顶着屋脊，而不在山墙（即建筑物狭面的墙）里的是中柱。（四）在山墙的正中，一直顶到屋脊的是山柱。（五）放在横梁上，下端不着地，而上端的功用和位置与檐柱金柱相同的是童柱。

面阔进深是根据柱子的地位而定，而柱子的地位又是按柁梁之长短及重量的分配而定。所以大木的结构与平面的布置，相互有因果关系，而柱子之地位，足以影响到全部所有的结构。

柱子的下端立在地上，上端顶着柁梁；或垫着斗栱顶着柁梁。在每个柱头（即柱上端）与另一柱头之间，有连贯两柱间的横

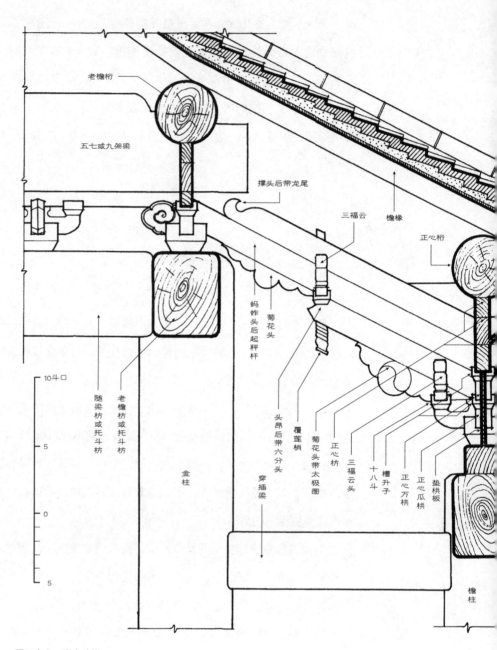

老檐桁

五七或九架梁

撑头后带龙尾

三福云

檐椽

正心桁

蚂蚱头后起秤杆

菊花头

随梁枋或托斗枋

老檐枋或托斗枋

金柱

头昂后带六分头

覆莲梢

菊花头带太极图

穿插梁

正心枋

三福云头

十八斗

槽升子

正心万栱

正心瓜栱

垫栱板

檐柱

10斗口

5

0

5

图三十六　溜金斗栱

图三十七 溜金斗栱（营造学社模型）

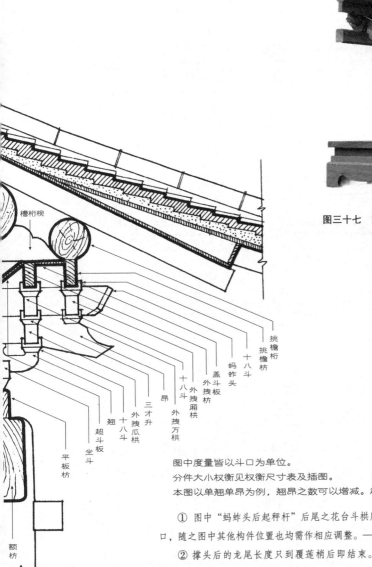

槽桁椀

挑檐桁
挑檐枋
蚂蚱头
盖斗板
外拽厢枋
外拽板
十八斗
昂
十八斗
外拽万栱
三才升
外拽瓜栱
十八斗
翘
超斗板
坐斗
平板枋
额枋

图中度量皆以斗口为单位。

分件大小权衡见权衡尺寸表及插图。

本图以单翘单昂为例，翘昂之数可以增减。起秤杆皆由蚂蚱头后带起。

　①图中"蚂蚱头后起秤杆"后尾之花台斗栱所承木枋太高，此处木枋仅高2斗口，随之图中其他构件位置也均需作相应调整。——郭黛姮注

　②撑头后的龙尾长度只到覆莲梢后即结束。——郭黛姮注

　③里跳翘头所承之栱一般为麻叶云栱。——郭黛姮注

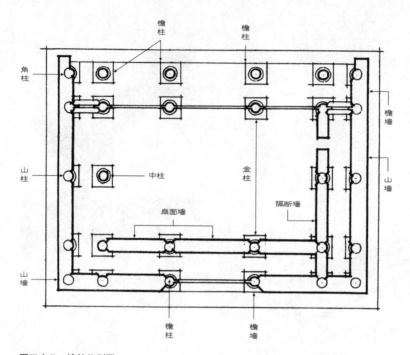

图三十八　墙柱位别图

木叫额枋或檐枋，其长度按面阔。在较大的建筑物上，有用上下两层额枋的，叫做大额枋及小额枋（图三十九）。大小额枋之间有立着的板叫做由额垫板。大额枋的上皮与柱头平，其上再加上一层平板枋，枋上排列各攒斗栱，斗栱之上放梁，梁上放桁（亦称檩，大式称桁，小式称檩）。较小的建筑物不用斗栱，梁头直接放在柱上。梁头上放檐檩，柱头间则用檐枋连贯，檐檩与檐枋之间则加垫板，称檐垫板。按进深连贯两柱头间的横木，地位功用与额枋同的，叫随梁枋，但在小式大木，常只有梁而没有随梁枋。

若建筑物是重檐的，金柱须加高以支上檐。其柱头之间也有两层的额枋和垫板，不过大额枋改叫上额枋，小额枋上又加许多的洞以承受下檐的檐椽，叫做承椽枋（图四十）。

梁的功用是承受由上面桁檩传下的屋顶的重量，再向下传到柱上，然后下到地上去。在有廊的建筑上，主要的梁多半由前后两金柱承住；在金柱与檐柱之间，另有次要的短梁，在有斗栱的建筑中叫桃尖梁（图三十九），在无斗栱的建筑中叫抱头梁（图四十一）。这短梁并不承受上面的重量，其功用乃在将金柱与檐柱前后勾搭住，不过廊子太宽时，桃尖梁上还可以再加一根瓜柱，一条梁和一条桁。在这种情形之下，下层的叫双步梁，上层的叫单步梁，而双步梁除勾搭之外，也有载重的机能了。柱头科上既有桃尖梁头，便没有耍头和撑头（见本章第一节），桃尖梁头高合耍头和撑头两部合并的全高，所以桃尖梁的下皮是与平身斗栱耍头的下皮平的。桃尖梁宽六斗口，梁头则宽四斗口，柱头科坐斗上斗口宽加倍（二斗口）与梁头宽度尚差二斗口，所以自头翘或头昂以上，翘或昂嘴之宽须渐渐加大，直到与桃尖梁头同宽为度（图二十六）。抱头梁宽按檐柱径加二寸，梁头与梁身同宽（不像桃尖梁头之较小于梁身）。梁头做椀以承檐檩。

桃尖梁和抱头梁的下边，又有一条较小的梁，与桃尖梁及抱头梁平行，功用完全在增加檐柱与金柱间勾搭之力，以补大梁之不足，在桃尖梁下的叫桃尖随梁，在抱头梁下的叫穿插枋（图四十二），在角檐柱和角金柱间叫做斜插金枋。

主要的梁两端放在前后两金柱上，若没有廊就放在两檐柱上，梁的长短随进深定。由这根梁上用两短柱或短墩又支一根较短的梁，或更再上再支，成为梁架。最下一层最长一根梁称大

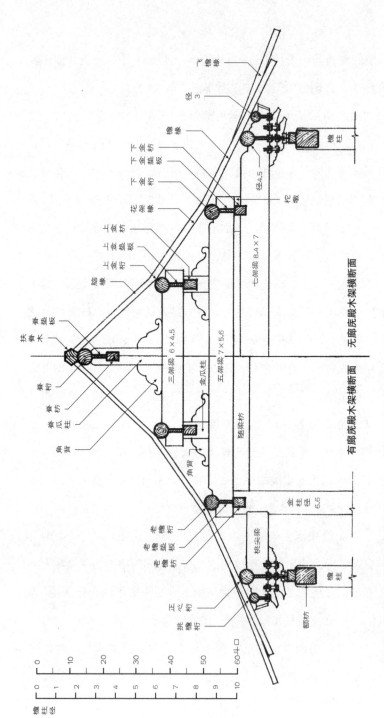

歇山顶顺扒梁位置应提高，下皮到正心桁中，使此梁尾一端搭在正心

桁，另一端搭在七架梁上。踩步金位置也相应提高。——郭黛姮注

图三十九　庑殿与歇山横断面比较（1）

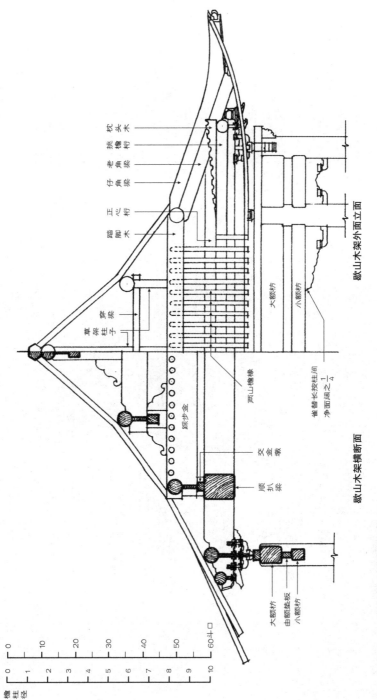

枕头木

挑檐桁

老角梁

仔角梁

正心桁

踏脚木

桃尖梁

草架柱子

两山檐椽

跺步金

交金墩

顺扒梁

歇山木架外面立面

歇山木架横断面

大额枋

小额枋

雀替长按柱间净面阔之 $\frac{1}{4}$

大额枋

由额垫板

小额枋

檐柱径

0
10
20
30
40
50
60斗口

0
1
2
3
4
5
6
7
8
9
10

图三十九　庑殿与歇山横断面比较（2）

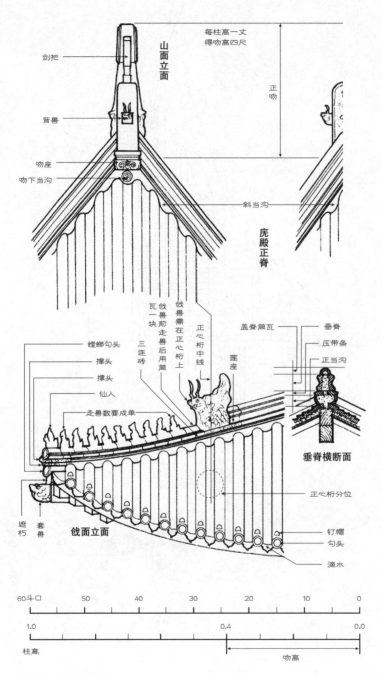

山面立面

剑把

背兽

吻座

吻下当沟

每柱高一丈
得吻高四尺

正吻

斜当沟

庑殿正脊

螳螂勾头

撺头

撺头

仙人

走兽数要成单

三连砖

瓦一块

戗兽前走兽后用筒

戗兽需在正心桁上

正心桁中线

盖脊筒瓦

垂脊

压带条

正当沟

莲座

遮朽

套兽

戗面立面

垂脊横断面

正心桁分位

钉帽

勾头

滴水

| 60斗口 | 50 | 40 | 30 | 20 | 10 | 0 |

| 1.0 | | | 0.4 | | 0.0 |

柱高

吻高

图四十　庑殿琉璃作（1）

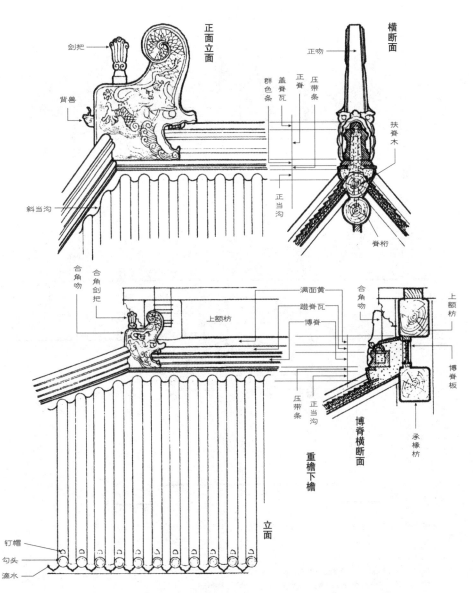

正面立面

剑把

背兽

斜当沟

横断面

正吻

群色条
盖脊瓦
正脊
压带条

扶脊木

正当沟

脊檩

合角吻

合角剑把

满面黄

蹬脊瓦

合角吻

上额枋

上额枋

博脊

博脊

上额枋

压带条

正当沟

博脊板

承椽枋

博脊横断面

重檐下檐

立面

钉帽

勾头

滴水

　　琉璃共有八样大小，每样有标准尺寸。按柱高 $\frac{2}{5}$ 定吻高，然后用高度相符或相近正吻定样数。参看琉璃尺寸表。

图四十　庑殿琉璃作（2）

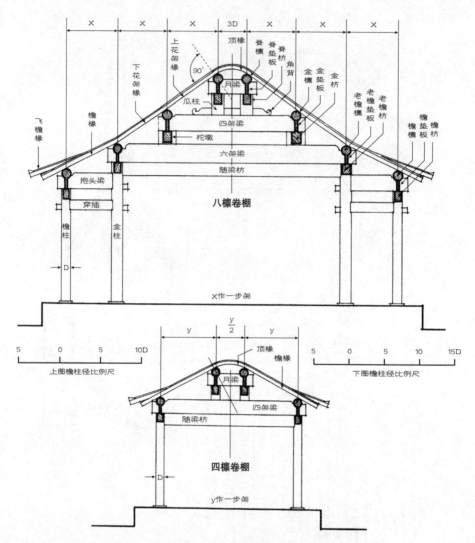

八檩卷棚

四檩卷棚

上图檐柱径比例尺

下图檐柱径比例尺

弯椽子名顶椽，自脊檩中心通一直线与上花架椽成正角，以此线与进深中线相
交处为中，以此中至上花架椽与脊檩相切处为半径，两脊之间的弧即顶椽下皮线。

大式大木之桁，小式谓之檩。

单脊小式大木之脊檩枋垫板与大式同，其余各金檐檩枋垫板与本图同。

檩数若成双，便有两根脊檩，上用弯椽子，谓之卷棚式。

图四十一 卷棚木架横断面

图四十二 墙柱位别图

图四十三 七架梁（南海瀛台）

图四十四　五架梁（南海瀛台）

图四十五　卷棚式月梁（南海瀛台）

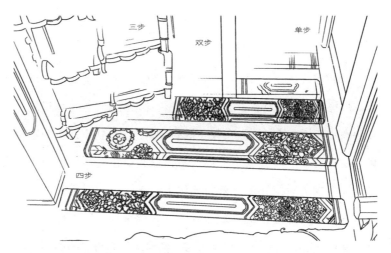

图四十六　中柱用梁及溜金斗栱后尾（社稷街门）

柁，次级较短一根称二柁。有三层时最上最短一根称三柁。各柁也可按本身所负桁或檩子的总数目，称为"几架梁"。如所负共有七檩，则称七架梁，其上一层则称五架梁。由大柁均分作若干步架（普通多用五六尺），二柁三柁每层梁之缩短便以每次两端均缩短一步架为准则。每层梁的两端均挖出桁椀以承桁或檩。桁的方向与梁成正角，而同平行于地面。两层梁架中间所支短柱高度过其本身之长宽的称瓜柱，高度减于其本身的长宽者称柁墩。瓜柱又按地位分为金瓜柱与脊瓜柱两种（图三十九）。柁梁按步架的多少分为九架梁、七架梁（图四十三）、五架梁（图四十四）或三架梁。间或有四架或六架的，这种双数架的梁多没有屋脊，脊部做成圆形叫卷棚式，也叫元宝脊（图四十五）。卷棚式顶层的梁叫月梁，月梁上的瓜柱叫顶瓜柱（图四十一）。凡是瓜柱都有角背支撑，以免倾斜，若纵中线上有中柱，则梁之内端，都安在中柱上（图四十六）。

桁檩放在各梁头上，上承椽子。梁头之下有柁墩或瓜柱顶着，瓜柱或柁墩又放在下一层梁之上。有斗栱者桁径按斗口定，无斗栱者则与檐柱径同。在有斗栱的建筑，正心枋上的桁叫正心桁，挑檐枋上的叫挑檐桁，挑檐桁径三斗口，正心桁径四斗口半。无斗栱的建筑在正心桁的地位上有檐檩，就无所谓挑檐桁了。在屋脊上的是脊桁（或脊檩）。在重檐金柱上的老檐桁——其实就是上檐的正心桁。在脊桁与老檐桁或正心桁之间的都是金桁，若有多数的金桁，则以上中下别之（图三十九）。

在每条桁下面与桁平行的，有垫板或枋。除正心枋挑檐枋已在上文说过外，金桁下有金垫板和金枋。金枋是左右两架梁头下瓜柱间的联络材，其上皮与瓜柱上皮平。在桁下枋上的空当，就是垫板的位置；有斗栱者高按四斗口，无斗栱者按半柱径加一寸，即所谓平水，就是梁头下皮至桁下皮之高度。脊桁下有脊枋和脊垫板，都是脊瓜柱与脊瓜柱间的联络材，其高厚与金枋金垫板同。

椽子是圆的或方的木条，密密的排列，放在桁与桁之间，每根的方向与桁成正角，以承受屋顶的望板和瓦。最上一排与扶脊木接触的叫脑椽；卷棚式（图四十一）没有脊桁，而在两根顶金桁间的称蝼蝈椽或顶椽。在各金桁上的都是花架椽，也因地位而有上下或上中下之别。最下一步的椽子称檐椽，一端放在金桁上（若是重檐则放在上檐的承椽枋上），一端伸出檐桁以外，谓之出檐。檐椽的外端上，除非是极小的建筑，多半加一排飞椽。出檐之远近是

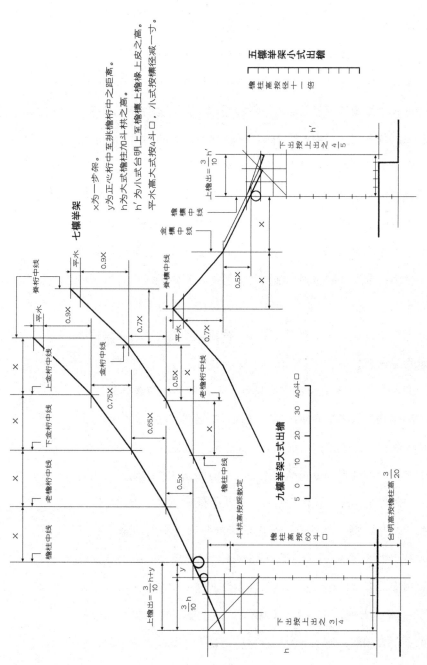

图四十七 举架出檐法

按檐柱高三分之一或十分之三（图四十七）。

在每层桁（或檩）之上，更有所谓椽椀者，与桁平行，紧放在桁上面。这椽椀是一根木头，按着椽子排列的疏密，在上面做成一排洞，使椽子穿过以免得左右移动。在脊桁之上，则用一条断面成六角形的扶脊木（图三十九），在前后向下的斜面上，也做成一排的洞，以承受脑椽之上端。但到檐椽的下端，则在其上用连檐将各椽头连住，在檐椽上的称小连檐，在飞檐椽上的叫大连檐。在每两根飞椽之间，正在小连檐的上边，用一通长的木头，高等于一椽径加1.5望板厚，宽为一椽径，上按飞檐椽分位作出凹槽，将飞椽卡入，同时即把椽间空当封住，叫做里口木。当遇到了翼角起翘处，改用小连檐和小块板封住椽挡，此即闸挡板。椽子之上铺望板。大连檐上面安瓦口；按瓦每陇的大小做成椀子，以承受每陇最下一瓦。

角梁是向下倾斜而在平面投影上也是斜角放置的木梁，与建筑物正侧面的檐桁各成四十五度角。角梁共有两层，上层称仔角梁，伏在下层老角梁上面，其关系正同飞椽之伏在檐椽上面一样。老角梁前端直接放在檐桁上——正面侧面两檐桁成正角相交处——外端更伸出，较檐椽略长，梁头做成霸王拳一类的雕饰；后端上皮按桁径一半做成桁椀托承正侧两面相交的两金桁的下皮。仔角梁前端长过老角梁，如飞椽之长于檐椽，头上有套兽榫，做安放套兽的地方；后端放在正侧面金桁相交点之上，故在其下皮做成桁椀，覆在两金桁相交处的上皮。这角梁与檐椽所占的地位极相似，所不同的只在材料之较大，断面是方形的，和四十五度斜角放置的方向。

屋角曲起的结构，全在檐椽与角梁间关系所使然（图四十八）。檐椽前端是放在桁上的，老角梁也是放在桁上的：然而老角梁的高，为椽径三倍，所以老角梁上皮比檐椽上皮高出两椽径。为使它们上皮均平，以便铺望板，所以须将靠近老角梁的多根椽子，渐次抬高，使离开桁的上皮，使紧靠角梁的最末根椽子上皮，达到同角梁上皮均平的地位。而在这渐次抬高的椽子底下，与桁逐渐离开的空当内，垫上一块三角形的木头，称衬头木或枕头木。而同时在平面上，这几根椽子，也渐次变更其方向，直至末根椽子与四十五度角上放置的角梁平行紧贴为止。衬头木（或枕头木）长同檐步，一头高，一头低，成为细长的三角形，上有椽椀，以承受椽子。高的一头上面放檐椽，这椽的上皮则与老角梁平；低的一头垫在第一根起始抬高的椽子之下。由建筑物的立面看，这行并排的椽头，便自然地成微微向上的曲线。

飞椽部分与仔角梁的关系，却稍有不同。檐椽之上，用望板及小连檐，因此将飞椽垫起少些；再加飞椽上面望板，飞椽上皮仍不能同仔角梁上皮平。故此仔角梁微微突起，高过望板，用以承脊瓦。仔角梁和飞椽一样，并不是直条木料，下端是故意刻成微微向上的弯曲，使前檐翘起的。

在平面上，这些平行排列的椽子，到了转角部分，由梢间的角金柱起；便依次加增斜度，直至紧靠角梁一根与角梁平行；前面已说到，但注意同时这些椽子也逐渐加长，直至仔角梁止，在正面及侧面投影上较前面飞椽长出三椽径。这转角部分从各方向看来均像鸟翼的开展；这部分的檐椽即称为翼角檐椽，飞椽则更因其翘起，称为翼角翘飞椽。

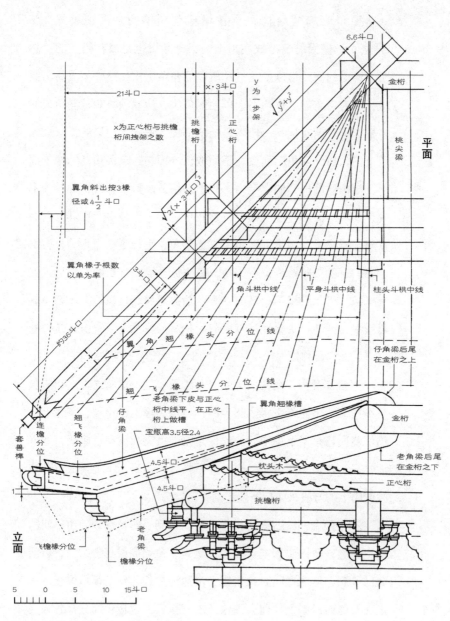

平面

立面

6.6斗口

金桁

桃尖梁

21斗口

x·3斗口

y为一步架

$\sqrt{y^2+y^3}$

挑檐桁

正心桁

x为正心桁与挑檐
桁间搜架之数

翼角斜出按3椽
径或$4\frac{1}{2}$斗口

$2(x·3斗口)^3$

3斗口

翼角椽子根数
以单为率

角斗拱中线

平身斗拱中线

柱头斗拱中线

约36斗口

仔角梁后尾
在金桁之上

翼角翘椽头分位线

翼角翘椽槽

金桁

椽头分位线

飞檐椽下皮与正心
桁中线平，在正心
桁上做槽

老角梁下皮与正心
桁中线平，在正心
桁上做槽

宝瓶高3.5径2.4

老角梁后尾
在金桁之下

连檐分位

翘飞椽
分位

仔角
梁

4.5斗口

枕头木

正心桁

4.5斗口

挑檐桁

套兽榫

飞檐椽分位

老角梁

檐椽分位

5　0　　5　　　10　　15斗口

图中翼角翘椽槽后部太窄，应与前部等宽。——郭黛姮注

图四十八　翼角檐结构图

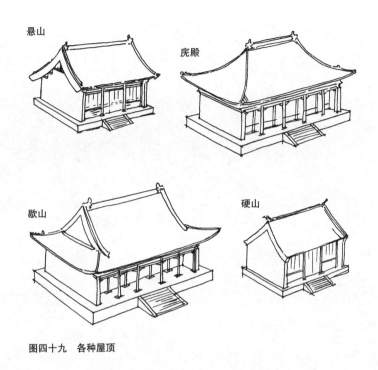

图四十九 各种屋顶

　　大木的结构因房顶形式之不同，方法也略异。房顶的形式，最普通者约有四种（图四十九）。其不同处全在左右两端——两山——的做法。

　　（一）庑殿 庑殿是屋顶前后左右四面都有斜坡的建筑〔图三十九（1）、图四十、图五十〕，共有五脊：因为面阔较长于进深，所以前后两坡相交而成正脊，而左右两坡只同前后坡相交而成四垂脊。故庑殿也常称为五脊殿。在庑殿的构架，其主要梁架和桁枋，都是前后两坡下骨干的构架；至于左右两坡之下，亦须

图五十　单檐庑殿顶（太庙门）

有两山金桁，在与前后金桁相同的地位，以承两山的椽子。这两山每步的桁与前后每步的桁，在四垂脊分位之下，成正角相交。各层山桁上，在前后每层金桁的中线上，在它们下面，与之平行的，有各层顺扒梁。顺扒梁分上下，乃至上中下层，每层都是一头放在桁上，一头放在柁上。例如两山老檐桁上就安下金顺扒梁，在下金顺扒梁上退入一步架处安柁墩，以承托两山下金桁，与前或后下金桁的相交点。再在前后上金桁的中线上，在它们的上面，安上金顺扒梁，伏在两山下金桁之上；其上再照下金顺扒梁上的办法，退入一步架处，安瓜柱，以承托两山上金桁与前或后上金桁的相交点（图五十一）。顺扒梁上，承托山金桁与前后金

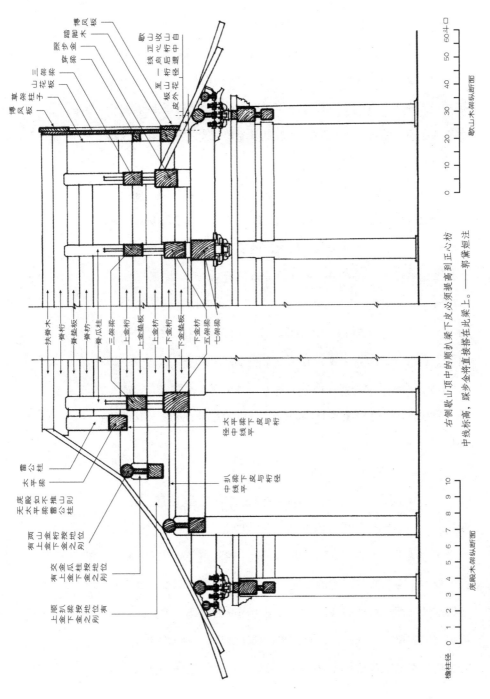

图五十一　庑殿与歇山纵断面比较

桁相交点的柁墩称交金墩，瓜柱称交金瓜柱。两山各桁与前后各桁相交处是放由戗的地位。由戗就是角梁的继续者，是四垂脊的骨干。由戗在各步架上并不一定须一直线相衔接，一方面有举架，一方面还可有推山，使它立面和平面的投影都是曲线，关于举架的方法，将在下文说明。推山只是庑殿所有，所以在这里解释（图五十二）。

假使两山的坡度与前后的坡度完全相同，则垂脊的平面投影及四十五度角线上之立面投影都是直线。为求免去这种机械性的呆板，所以将正脊两端加长，使两山的坡度，较峻于前后坡度，于是无论由任何方面看去，垂脊都是曲线了（图五十二、图五十三、图五十四）。类似这种微妙的作法，在希腊和歌德式建筑里是时时看见的。因山尖推出，脊桁也跟着加长，悬空在梁架的中线以外。在这种情形之下须在脊桁悬空一端之下加一道太平梁（图五十一），长两步架，放在前后上金桁之上；在太平梁之上，加一根雷公柱，以支住脊桁这悬空的一端，和它上面的正吻及其他琉璃瓦。

（二）**硬山** 只有前后两坡，左右两端是两面立墙（图五十五），叫做山墙。山墙内部也有木架的骨干，立着的有前后檐柱和正中的山柱（图三十八）。山柱下端立在两山台基之上，上端托着脊檩。在与大柁同高的位置，有由檐柱至中柱的梁；其上在各架梁的高度，按步架减短，有各根梁构成的梁架，称为排山，排山各梁有单步，双步，乃至三步，四步之别，其结构的方法与上文桃尖梁的双步梁单步梁一样。两端的山柱、檐柱、排山、各

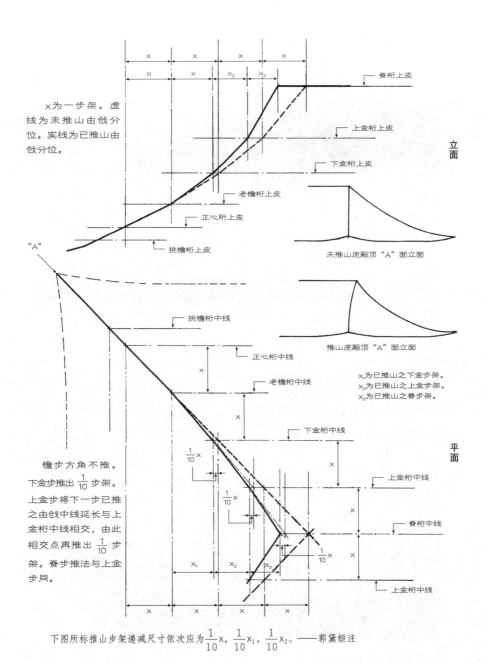

×为一步架。虚
线为未推山由戗分
位。实线为已推山由
戗分位。

脊桁上皮

上金桁上皮

下金桁上皮

立
面

老檐桁上皮

正心桁上皮

挑檐桁上皮

未推山庑殿顶"A"面立面

"A"

推山庑殿顶"A"面立面

挑檐桁中线

正心桁中线

老檐桁中线

x_1为已推山之下金步架。
x_2为已推山之上金步架。
x_3为已推山之脊步架。

下金桁中线

平
面

上金桁中线

脊桁中线

檐步方角不推。
下金步推出$\frac{1}{10}$步架。
上金步将下一步已推
之由戗中线延长与上
金桁中线相交，由此
相交点再推出$\frac{1}{10}$步
架。脊步推法与上金
步同。

上金桁中线

下图所标推山步架递减尺寸依次应为$\frac{1}{10}$x，$\frac{1}{10}$$x_1$，$\frac{1}{10}$$x_2$。——郭黛姮注

图五十二　庑殿推山法

图五十三　庑殿推山（太和殿）

图五十四　庑殿推山（太庙）

图五十五　山墙

檩头，在向外一面，一概都砌在山墙之内，但向内一面，则露在墙面，在室内可以望见的。至于前后两坡，尤其是后坡，往往有不出檐的，檐椽只架到檐檩上，而不伸出，外面用砖垒到与檐平，将椽头完全封起，不令露在外面，叫封护檐（图五十八）。这种封护檐有时还用砖做成假椽头和假连檐的样子。

（三）**悬山**　　亦称挑山，结构上与硬山大致相同；唯一不同之点各桁或檩不在山墙内封住，而一直伸出到山墙以外，使檐支出（图五十六）。支出的远度与前后檐出檐的尺寸同。沿着各檩头外钉上博风板以保护桁头；桁头之下又加燕尾枋，以增加桁的支力。山墙或按硬山做法，将构架全部封在墙内，或随着各层排

图五十六　悬山

图五十七　五花山墙

山梁柱和瓜柱砌成阶级形，直率地将结构表现在外面，称五花山墙（图五十七）。

（四）**歇山**　由结构上看来，歇山可以说是庑殿和悬山联合而成的。假使把一个悬山顶，套在庑殿顶之上，悬山的三角形垂直的山，与庑殿山坡的下半相交，即成为歇山〔图三十九（2）、图五十一、图五十九〕。在这种结构之中，其问题即在如何使山坡与垂直部分相交。其法乃将桃尖梁向后加长至梢间面阔之度，里端安在金柱之上，成为桃尖顺梁。顺梁下面，与额枋在相同的地位的是顺随梁枋。桃尖顺梁上面，在退入一步架处，上安交金墩，承着踩步金梁，与顺梁成正角。踩步金上皮与下金桁上皮平，两

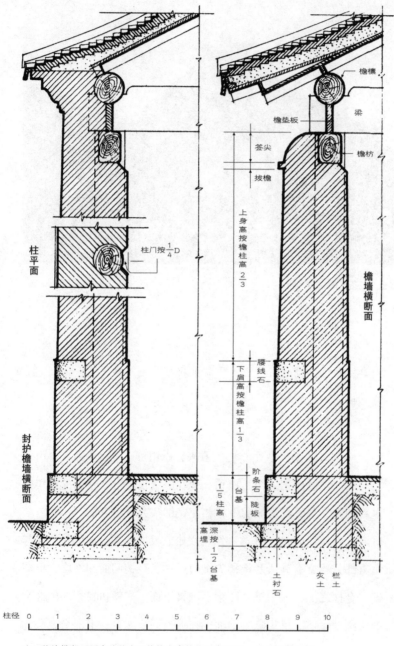

柱径 0 1 2 3 4 5 6 7 8 9 10

注：檐墙横断面图中的签尖、拔檐应在檐枋下皮以下。——郭黛姮注

图五十八　山墙檐墙图（1）

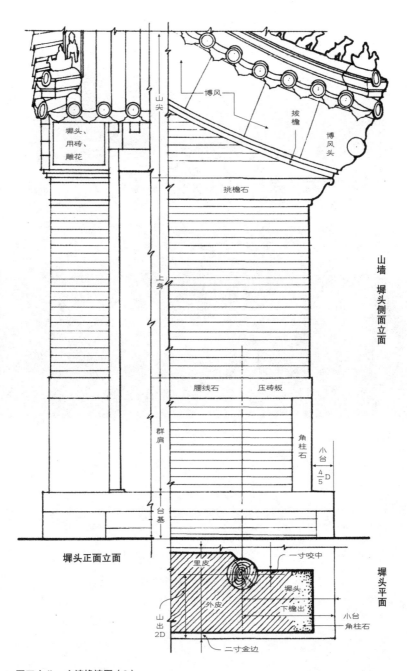

博风

拔檐

博风头

挑檐石

山尖

上身

墀头、
用砖、
雕花

腰线石　压砖板

角柱石

群肩

小台
$\frac{4}{5}$D

台基

墀头正面立面

山墙　墀头侧面立面

里皮

一寸咬中

外皮

墀头

下檐出

山出
2D

二寸金边

小台
角柱石

墀头平面

图五十八　山墙檐墙图（2）

图五十九　歇山

头与桁交，做成桁的样子，称假桁头。沿着踩步金梁的外边钻一列洞，以承受两山椽子。踩步金之上，各架梁的分配便与其余梁架完全相同。各层桁在踩步金中线以外，还继续地伸出，称挑山檩，成为悬山的结构。但因悬山太远，挑山檩不胜重负，所以在老檐桁上加放扒梁一道，下皮同时也放在两山檐椽之上，谓之踏脚木。踏脚木之上，在每根桁之下竖立小柱，支住桁头，称草架柱子。左右两根草架柱子之间，在各层同高的桁间，用小梁横穿支撑着，谓之穿梁。桁头之外有博风板如悬山之制。博风板之下有山花板，将三角形悬山的部分整个封护起来（图三十九、图五十一、图五十九）。山花板的外皮，须在两山正心桁中线以里一桁径。

这四种大木结构，都是同用长方形的平面为基本，可以算做一大类。它们都是在平行、同距离、同长短的柁梁上产生出的结构，是木材建筑中最老实最守规矩的。至于所谓杂式与这些"正式"根本不同之点，就在平面之不同，因以影响到全部的结构法。图六十一、图六十三、图六十五是《工程做法》里的几种杂式；图十五、图六十二、图六十四、图六十六乃北平苑囿中所见，不另外加解说了。

举架是中国房顶曲线之所由来，也是对于许多关于中国房顶怪问题的答案。其实举架的原则是极简单的，就是将屋顶坡的斜度越往上越增加。达到这目的的方法就是将瓜柱的高度越往上层越加高。举架的高低，都以步架为比例（图四十七）。《工程做法》中，有五举、六举、六五举、七举……乃至九举等名辞，其实就是说举架之高等于步架之长之十分之五、十分之六……十分

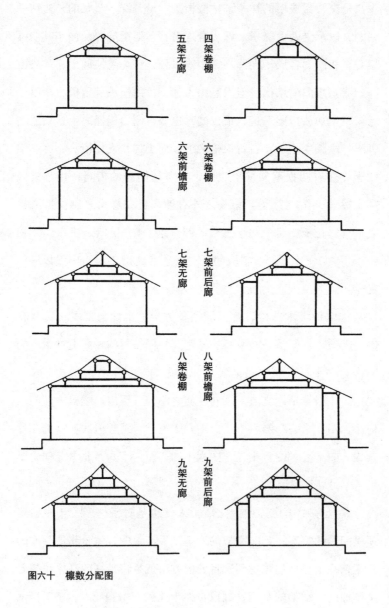

五架无廊　四架卷棚

六架前檐廊　六架卷棚

七架无廊　七架前后廊

八架卷棚　八架前檐廊

九架无廊　九架前后廊

图六十　檩数分配图

之九的意思。举架的急缓，以房屋的大小和檩数的多少而定。最下一举多是五举，飞椽则三五举，最上一举往往在九举之上，还加平水，将房脊推到适当或需要的高度。平水的高度，虽有一定的尺寸，但要点还是由设计人临时酌定。其通用的规则，即按各桁下垫板之高度；如有斗栱的大式大木，平水为四斗口，没有斗栱的小式大木，平水按柱径减一寸。但如城门箭楼等建筑物，因地位特高，建筑物本身又高，脊举若太少，在较近的地方，就有看不见屋脊的可能，所以可将平水加到比柱径还大的高度。

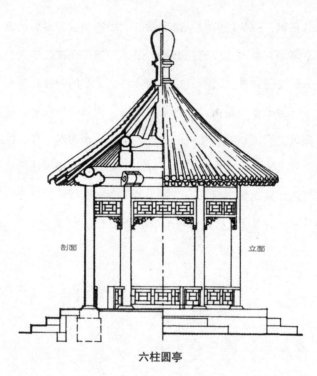

剖面   立面

六柱圆亭

剖面、立面 1 0 1 2 3 4 5 6 7 8 9 10尺

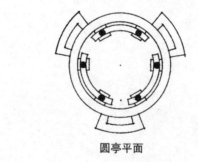

圆亭平面

平面 1 0   5   10   15   20尺

图六十一　重三式杂木大法做工程——六柱圆亭

图六十二 圆亭

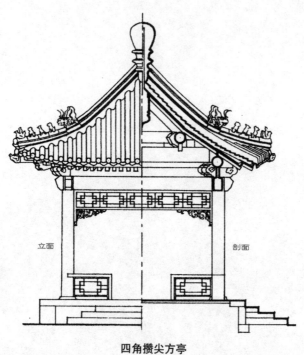

四角攒尖方亭

剖面、立面  1 0 1 2 3 4 5 6 7 8 9 10尺

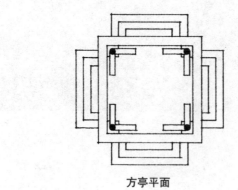

方亭平面

平面 1 0   5   10   15   20尺

图六十三　重三式杂木大法做工程——四角攒尖方亭

图六十四 方亭（北海琼岛）

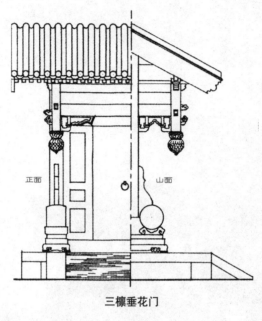

三檁垂花门

剖面、立面　1　0　1　2　3　4　5　6　7　8　9　10尺

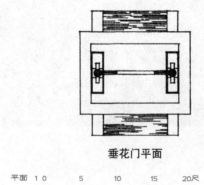

垂花门平面

平面　1　0　　　5　　　10　　　15　　　20尺

图六十五　重三式杂木大法做工程——三檁垂花门

图六十六　垂花门（北海琼岛）

第四章

瓦 石

*The Building Regulations
In The Qing Dynasty*

105

　　《工程做法》和中国其他关于建筑的书籍，都把瓦作与石作分开讨论。其实瓦作与石作在构造原则上是一样的，在现代工程学内统称为砖石结构。我们可以说砖瓦是一种人造石，它们的机能和用法都与石相类似。在一座建筑物中，砖和石常常可以掺杂并用，乃至相互替代，所以应当放在一起解释。

　　一座建筑物中，瓦石的工作可以分作三大部。下层的台基，中层的墙壁和上层的屋顶。

第一节　台　基

　　台基是全部建筑物的基础，也是中国建筑中的一个特征（图六十七、图六十八）。欧洲建筑虽然也偶有类似的形制，但不似在中国之成为建筑物中必有的部分。台基的构造是个四面砖墙，里面填土，上面墁砖的台子。在台基之内，按柱的分位用砖砌磉墩和栏土。磉墩是柱的下脚。柱子立在柱顶石上，而柱顶石则放在磉墩上。磉墩与磉墩之间，按面阔或进深，砌成与磉墩同高的墙，称栏土，将台基之内分成若干方格。普通做法多用土将格内填满，上面墁砖，故称栏土。但是有门窗槅扇时，栏土就是安放门窗的基墙。

图六十七　台基

　　台基露明部分之下，先用石平垫在下面，其上皮比地面高出一两寸，称土衬石。土衬石的外边比台基宽出约二三寸，成为金边。台基四角转角处有角柱石；四周沿边上面平铺的石面谓之阶条石。阶条之下，土衬之上，是斗板石（亦名陡板）。这许多部分，若是没有石头时，都可以用砖替代（图六十八至图七十）。

　　由地面走上台基须有台阶，以为上下之道。最通常的做法，在中间安一级一级的阶石称踏跺，踏跺的最下一级，只略比地面高出，而与土衬平，称砚窝石。踏跺两旁，依阶级的斜度安斜下的石面称垂带。垂带石下三角形部分称象眼——凡在其他类似的地位的三角形都叫"象眼"。象眼之下的土衬石称平头土衬。

　　台基四周在柱中线以外的部分，谓之下檐出；若四周有廊，

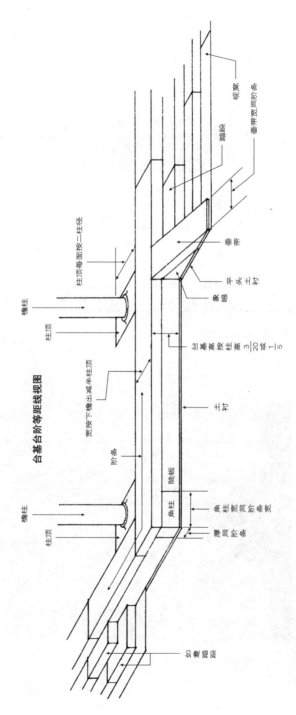

台基台阶等距线视图

柱顶每面按二柱径

檐柱

柱顶

宽按下檐出减半柱顶

阶条

陡板

角柱

厚同阶条

角柱宽同阶条宽

如意踏跺

踏跺

砌磌

垂带宽同阶条

垂带

平头土衬

象眼

台基高按柱高3/20或1/5

土衬

檐柱

柱顶

图六十八　台阶须弥座石作（1）

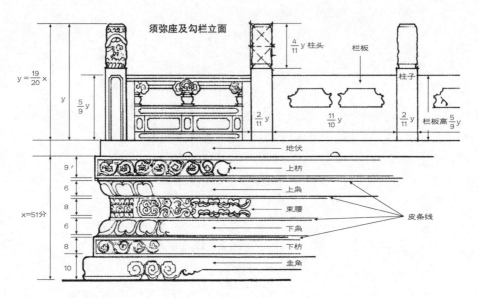

须弥座及勾栏立面

$y = \frac{19}{20} x$

$\frac{4}{11} y$ 柱头

栏板

$\frac{5}{9} y$

$\frac{2}{11} y$

$\frac{11}{10} y$

$\frac{2}{11} y$

栏板高 $\frac{5}{9} y$

柱子

地伏

9 上枋

6 上枭

x=51分 8 束腰

6 下枭

8 下枋

10 圭角

皮条线

图六十九　台阶须弥座石作（2）

图七十　须弥座

则下檐出宽按上檐出之五分之四，这少去的五分之一的尺寸，谓之回水，若两山山墙，则按柱径二份。台基之高则按柱高百分之十五。

台基的上皮就是建筑物的地板所在，与阶条石平，廊内和屋里都用砖墁地。在金柱与金柱之间，门窗的下面，与地板平的，有槛垫石，放在金栏土之上。但是槛垫石不是必要的部分，用砖替代亦可以。有时在建筑物的正中线上，放一块分心石，由阶条石里直到槛垫，是很大很带仪节性的建筑物才用的。

在较大较考究的建筑中，台基可以做成须弥座（图七十一及图七十二）。须弥座各部的位置与尺寸都有规定。其各部名称，由下往上是圭角（龟脚）、下枋、下枭、束腰、上枭和上枋。各层的高度都在图版拾柒（图六十八至图七十）注明，但是设计人不宜受这种规矩的限制。

须弥座台基的台阶也比较华美。踏跺的中部往往加上御路，上面刻成龙凤等形（图七十三）。这当然只是皇宫或庙宇才适用的。

有时台阶不用一级一步的踏跺，而用锯齿形的礓磜（图七十四）。这种结构便于车马之上下，如上城墙的马道，其坡度亦须较和缓。

宫殿庙宇的台基或是下部的基坛，因为离地面很高，有用栏杆之必要。栏杆的形制虽然有种种的样式，但是主要的构造多是一样。最底下在阶条石下放地伏，地伏之上立望柱，望柱之间安栏板（图七十二）。若是台阶两旁有栏杆，地伏就放在垂带上，栏板就跟着成了斜形。垂带栏杆的下端，多有抱鼓或类似的东西，将望柱扶住（图六十八、图七十五）。

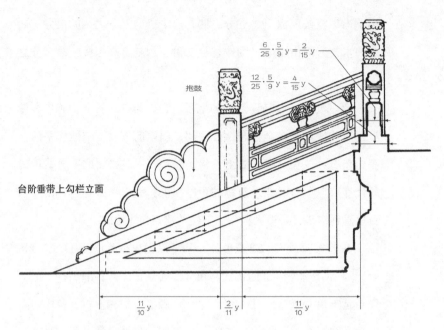

$$\frac{6}{25} \cdot \frac{5}{9} y = \frac{2}{15} y$$

$$\frac{12}{25} \cdot \frac{5}{9} y = \frac{4}{15} y$$

抱鼓

台阶垂带上勾栏立面

$$\frac{11}{10} y \qquad \frac{2}{11} y \qquad \frac{11}{10} y$$

图七十一　台阶须弥座石作（3）

图七十二　台阶须弥座台基及栏杆

图七十三　御路踏跺上的龙凤雕饰（故宫）

图七十四　上城墙的马道

图七十五　垂带上栏杆（北海小西天）

第二节　墙　壁

　　台基以上的瓦石作是墙壁。墙壁在中国建筑中所占的位置并不是最重要的。北方有句谚语"墙倒屋不塌"，就是中国建筑法的一个重要原则——屋子是柱子支住的，墙不是载重的。墙只是一种隔断物，和现代所谓幕墙一样。

　　一座建筑物中各部墙壁的名字，多依柱子地位而定（图三十八）。在前后檐下檐柱与檐柱间者为檐墙，两山下的是山墙，廊下檐柱至金柱间的是廊墙。有时在极大的建筑物中，左右后金柱间有与檐墙平行的扇面墙。或是在前后金柱间有与山墙平行的隔断墙。有窗的地方，由地面到窗槛下的矮墙叫槛墙。扇面墙、隔断墙和槛墙，都在柱之里外，每面加厚，按柱径四分之一，故墙厚共合一柱径半。

　　这种依柱子而垒砌的墙壁，同时又可保护柱子，外面将柱子完全包在墙内，里面墙面虽在柱面之外，但墙比柱厚出不多，——普通规矩是柱径之四分之一——所以每到有柱子的地方，墙的里皮须留出八字形的柱门（图五十八），露出柱子表面之一部。

　　墙的上段多比下段薄一点，下段比上段厚出来的部分叫裙肩，其高按檐柱高三分之一。檐墙的上皮多与檐枋下皮相接，相接处因墙比枋厚，所以将墙上顶部向上斜收做成坡形，叫做墙肩

（俗书签尖），高按墙厚之半。

山墙的形式依着出檐的种类而别，而墙之各部分也各有专名。硬山的山墙由台基上皮直达山尖顶上。若出檐则前后山墙要出到台基边上。这部分在檐柱以外的山墙叫做墀头（图七十六）。墀头的裙肩部分有竖立的角柱石，角柱上有平卧的压砖板，压砖板一直自墀头延长通进深，到与后面的压砖板连接；中间这段叫腰线石。压砖板与腰线石就是裙肩与山墙上身的界限（图七十七）。所谓上身只是腰线石以上到檐檩上望板顶上为止，再往上直到与屋脊同高的三角部分则称山尖。裙肩比上身厚约多五分，上身与山尖则每高一尺收分一分。

墀头伸出柱外的尺寸，按下檐出再退入柱径五分之四，谓之小台（图五十八）。墀头上部则在与檐枋下皮平处，安挑檐石（图七十七）。使其上皮与檐枋下皮平。自挑檐石以上，便层层砌出，至与出檐齐。挑檐石上为荷叶墩；其上为枭混。枭混上又叠出砖二层，称盘头。盘头之上为戗檐砖，用方砖立置，使砖面向前微斜向下；砖面并可雕各种花纹为饰。盘头二层沿山尖斜上，为拔檐。戗檐砖部分之山面向山尖上斜上者为博风，其上皮与瓦平。

悬山山墙前后无墀头。山尖或如硬山山墙一直垒到顶；或依着桡梁和瓜柱砌成为阶级形，每级顶上有墙肩，与各梁的下皮平，叫做五花山墙。

在歇山或庑殿上，两山之下有时做廊，有时没有，没有廊时就有山墙。结构的方法与前后檐墙做法完全一样。

图七十六 山墙墀头前面（北海快雪堂）

图七十七 山墙墀头侧面

第三节　屋　顶

房顶是中国建筑的最重要部分。大木一章里所讲的柁梁桁椽，无非都是房顶的架子；所有举架、平水、歇山、推山等等讲究，无非都是在美丽的房顶上再加美丽。所以房顶的瓦作，在中国建筑中，尤其是宫殿建筑中，所占的位置最为重要。

房顶的瓦作在形制上也可分为两大类——大式和小式。大式瓦作的特点是用筒瓦骑缝；脊上有特殊脊瓦，有吻兽等等的装饰。材料可用琉璃瓦或青瓦。小式没有吻兽，多用板瓦（间或也有用筒瓦的），材料只用青瓦。大式瓦多用于宫殿庙宇，虽然并不一定限于大式木作上，但是大式木作上却极少用小式瓦的先例。

宫殿庙宁所用的瓦多大式，材料则为琉璃瓦（图七十八）或青瓦，普通民房只能用小式青瓦。青瓦的质地松而且有孔，下雨的时候，水量要先把瓦浸饱了然后能泄下，所以干的时候与湿的时候重量很不相同。琉璃瓦表面有釉子，完全不吸收水量，虽然平时重量较大，但雨后不增加，不唯是美丽，而且坚固耐久。

无论为大式、小式，为琉璃瓦，为青瓦，用法差不多完全相同。基本的用法是将微弯的板瓦凹面向上，顺着屋顶的坡放上去，上一块压着下一块的十分之七，摆成一道沟。沟与沟并列着，沟与沟之间的缝子，若是小式，则用同样的板瓦覆盖；若是大式，则用半圆筒形的筒瓦，凹面向下覆盖，使雨水自板背或筒背上落到沟中，顺沟流下。每一列成沟的瓦叫做一陇。沟的最下一块是滴水，大式者曲下成如意形，水由沟流下，顺着如意的尖就滴到地下；滴水是放在檐上瓦口之上，并且伸到檐外，以防雨水伤害檐部。覆在陇缝上的筒瓦，最下一块有圆形的头，称勾头或瓦当。若是小式板瓦覆缝，则滴水勾头都用微微卷起的花边瓦。

脊的做法因为屋顶形式之不同，略有几种：

庑殿（图四十）共有四坡五脊。正脊的骨架是脊桁和扶脊木，垂脊的骨架是由戗及角梁。正脊两端有正吻，一种龙头形的装饰，张开大口将正脊咬着；吻下山面有吻座，吻背上有扇形的剑把，背后有背兽。在较大的建筑物上，正吻常常有八九尺高，由若干块拼垒而成。两吻之间是正脊。正脊的构造法是先按前后坡上瓦陇的大小，在扶脊木的两旁安当沟，当沟上放几层线砖——压带条、群色条，连砖——上面放通脊，通脊上覆一陇筒瓦，正脊就算完备了。为使脊不致移动，有多数的脊桩穿过通脊，插在扶脊木上。瓦件里面还须灌满灰浆。

垂脊是四角由戗和角梁上的结构，分为两大段——兽前和兽后。由最下端说起（图四十及图七十九），仔角梁头上有套兽榫，榫上套一个套兽。梁上有扒头窜头，做仙人的座。仙人背后是一列走兽；按着次序是：（1）龙（2）凤（3）狮子（4）麒麟（5）天马（6）海马（7）鱼（8）獬（9）吼（10）猴。这些走兽的多寡，以坡身大小和柱子的高矮而定。大概每柱高二尺可以用一件。走兽的数目要单数，最后一兽的后面再放一块筒瓦，接着就是垂兽。由下端安上来，要将垂兽正正的安在正心桁中心线上，或正面及侧

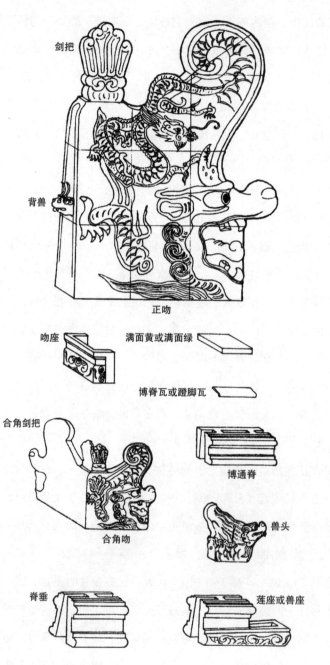

剑把

背兽

正吻

吻座

满面黄或满面绿

博脊瓦或蹬脚瓦

合角剑把

博通脊

合角吻

兽头

脊垂

莲座或兽座

图七十八　琉璃瓦各件分图（1）

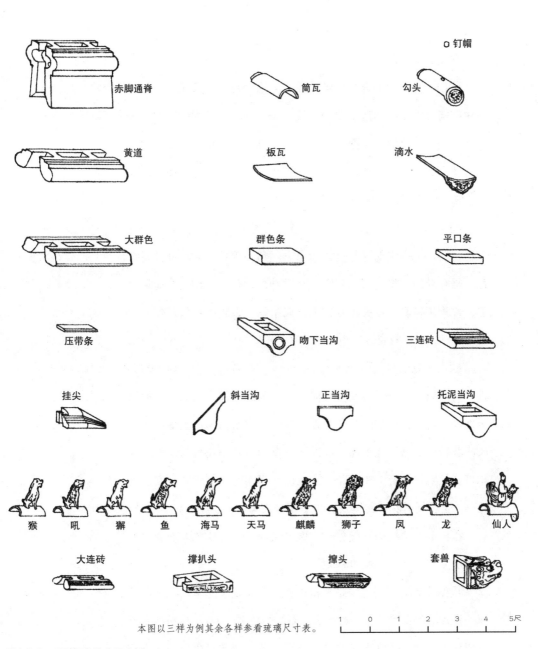

图七十八　琉璃瓦各件分图（2）

面正心桁相交点的上面。垂兽的后面就是垂脊，结构与正脊大略相同，沿着由戗一直上到正吻的两旁。垂兽以前一段就是所谓的兽前，后面就是兽后。

硬山、悬山只有前后两坡，没有左右山坡。大式正脊的结构与庑殿同。垂脊结构法也略同庑殿（图五十八），不同的只在位置方向；庑殿的重脊是两面坡的接缝处，其主要功用在防雨水之浸入。硬山悬山垂脊的地位是房与山墙或博风板的接缝，而山墙却又盖在屋瓦之下，垂脊的功用因而减少多了。

硬山、悬山垂脊上垂兽的位置是在檐桁之上，兽前照例安走兽，但最下一件仙人与脊作四十五度角；兽后还是一样安垂脊瓦。垂脊外面，将勾头和滴水，与垂脊成正角形，排列在博风之上，称排山勾滴。若有正脊，则山墙中线上，正中一块用勾头，若是卷棚式顶没有脊，正中就用滴水（图八十一）。

歇山是悬山与庑殿合成（图八十一）。垂脊的上半，由正吻到垂兽间的结构，与悬山完全相同。下半与庑殿完全相同，由博风至仙人，兽前兽后的分配同庑殿一样。下半自博风至套兽间的一段叫戗脊，与垂脊在平面上成四十五度角。在山花板与山面坡瓦相接缝处则用博脊（图五十九）。在山面当沟及压带条之上安承缝连砖，上覆博脊瓦或蹬脚瓦，再上接满面黄（绿色者称满面绿），倚在山花板上。两端的承缝连砖，做成尖形，隐入博风上勾滴之下者称挂尖（图七十八及图八十一）。

重檐建筑的上层屋顶是平常做法，下层狭窄的廊檐，往往只深一步架或两步架。在上檐金柱（或同地位的柱）间有承椽枋，枋上有博脊板，顺着博脊板安博脊瓦及满面黄，两端安合角吻，将角

图七十九 垂脊兽前走兽仙人（太庙门）

图八十 重檐（午门）

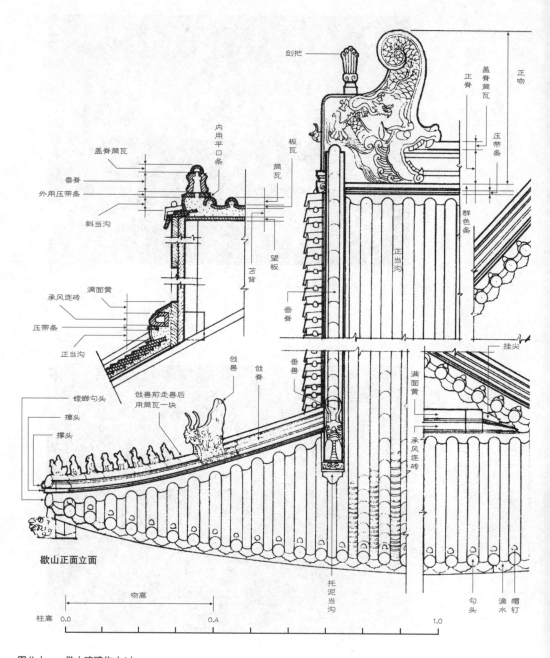

剑把

内用平口条

盖脊筒瓦

正脊

正吻

板瓦

盖脊筒瓦

垂脊

筒瓦

外用压带条

斜当沟

压带条

望板

正当沟

群色条

苫背

满面黄

承风连砖

压带条

正当沟

垂脊

挂尖

螳螂勾头

撺头

撺头

戗兽

戗脊

垂兽

满面黄

戗兽前走兽后
用筒瓦一块

承风连砖

歇山正面立面

吻高

托泥当沟

勾头

滴水

帽钉

柱高　0.0　　　　　　　　　　　　0.4　　　　　　　　　　　　1.0

图八十一　歇山琉璃作（1）

琉璃共有八样大小，每样有标准尺寸，按柱高 $\frac{2}{5}$ 或24斗口定吻高并定样数。参看琉璃尺寸表。

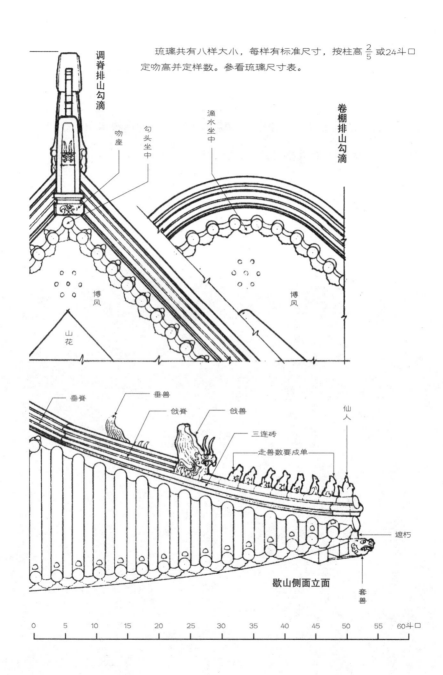

调脊排山勾滴

吻座

勾头坐中

滴水坐中

卷棚排山勾滴

博风

山花

博风

垂脊

垂兽

戗脊

戗兽

三连砖

仙人

走兽数要成单

遮朽

套兽

歇山侧面立面

0　5　10　15　20　25　30　35　40　45　50　55　60斗口

图八十一　歇山琉璃作（2）

金柱绕过（图八十）。

小式瓦作多半用在硬山或悬山。这两种的房顶都只有两坡一脊。正脊上或做简单的清水脊，两端用翘起的鼻子。或不用脊而用板瓦，将两坡上在脊处相衔接的陇盖上。小式的垂脊多用一陇的筒瓦，以表示与板瓦部分的区别。

　　欧洲旧式建筑的门窗是墙壁上开的洞，墙壁是房子的体干，若是门窗太多或太大，墙壁的力量就比例地减小。所以墙与洞是利害相冲突的。在中国建筑里，支重的是柱子，墙壁如同门窗槅扇一样，都是柱间的间隔物。其不同处只在门窗槅扇之较轻较透明，可以移动。所以墙壁与门窗是同一功用的。因这原故，在运用和设计上都给建筑师以极大的自由，有极大的变化可能性。其位置可以按柱的布置随意指定，形式大小可以随意配制，而于构造上不发生根本的影响。

　　这些门窗槅扇，在中国建筑中一概叫做装修；台基以上，柁枋以下，左右到柱间，都可以发展。按地位大概可分为外檐装修和内檐装修两大类。外檐装修为建筑物内部与外部之间隔物，其功用与檐墙山墙相称。内檐装修则完全是建筑物内部分为若干部分之间隔物，不是用以避风雨寒暑的。二者之功用位置虽略有不同，不过在构造法上则完全一样。

　　装修的本身也可分两部分——框槛和槅扇（图八十二及图八十三）。框槛是不动的部分，槅扇是可动的部分。框槛之中，横的部分都是槛，更因地位的高下，分上槛、中槛、下槛。上槛也叫替桩，紧贴在檐枋之下。中槛也叫挂空槛。下槛放在地上。左右竖立的部分叫抱框，紧靠着柱子立住。这框槛的全部就是安装槅扇的架子。普通建筑物多在中槛下槛之间安门或窗，上槛中槛之间安横披。门窗横披都是槅扇，其不同处乃在门、窗是可以启

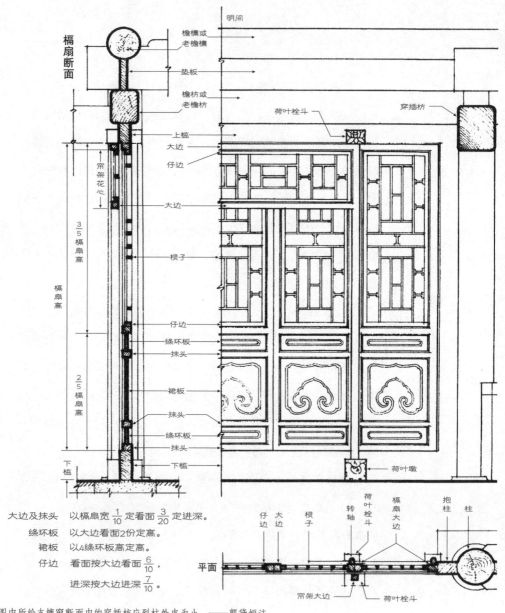

大边及抹头 以槅扇宽 $\frac{1}{10}$ 定看面 $\frac{3}{20}$ 定进深。

绦环板 以大边看面2份定高。

裙板 以4绦环板高定高。

仔边 看面按大边看面 $\frac{6}{10}$，

进深按大边进深 $\frac{7}{10}$。

图中所绘支摘窗断面中的穿插枋应到柱外皮为止。——郭黛姮注

图八十二 装修（1）

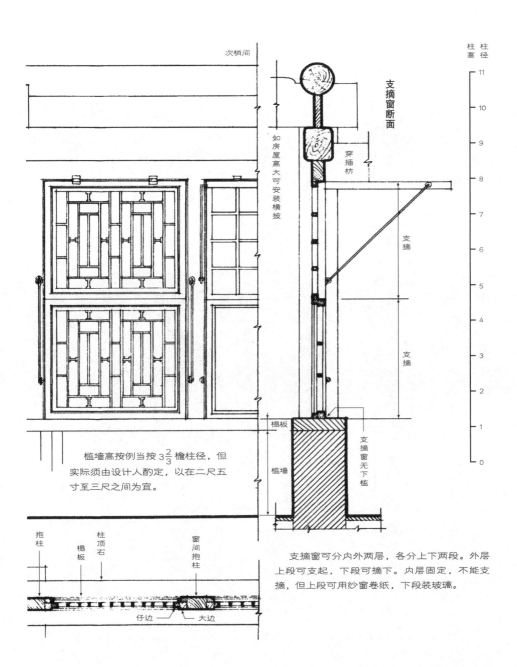

图八十二　装修（2）

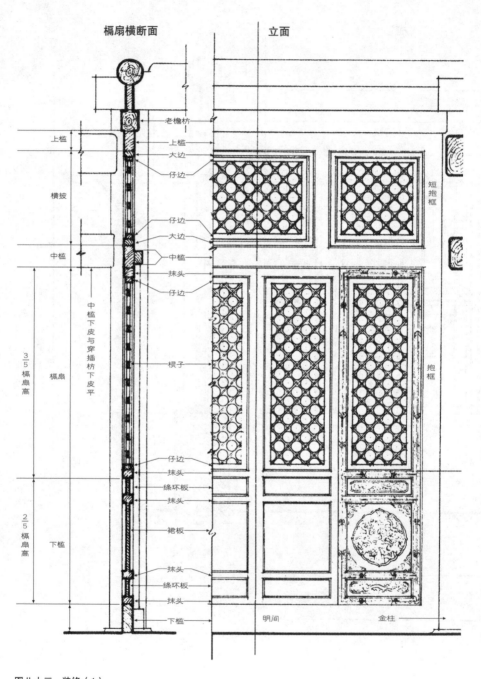

槅扇横断面　　　　　　**立面**

老檐枋

上槛

上槛

大边

仔边

横披

仔边

大边

中槛

中槛

抹头

仔边

中槛下皮与穿插枋下皮平

棂子

$\frac{3}{5}$槅扇高

槅扇

仔边

抹头

绦环板

抹头

裙板

$\frac{2}{5}$槅扇高

下槛

抹头

绦环板

抹头

下槛

短抱框

抱框

明间　　　　金柱

图八十三　装修（1）

槛窗横断面

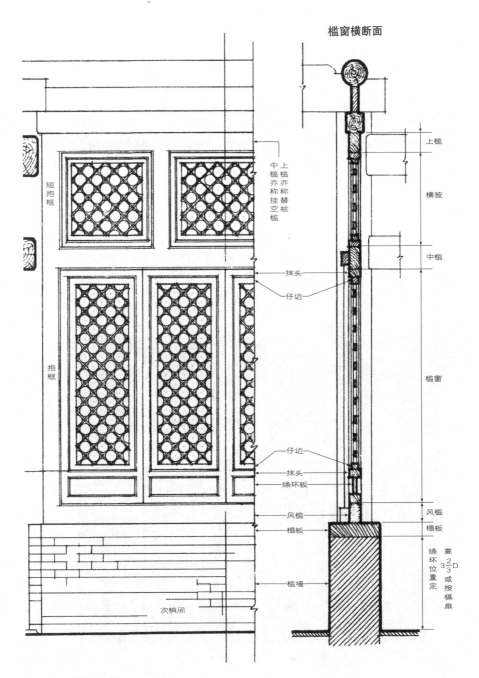

短抱框

上槛亦称替桩
中槛亦称挂空槛

抹头

仔边

抱框

仔边

抹头

绦环板

风槛

榻板

槛墙

次梢间

上槛

横披

中槛

槛窗

风槛

榻板

绦环位置定 高 $\frac{2}{3}$D 或按槅扇

图八十三　装修（2）

闭而横披是固定不动的。若建筑物矮小，则不用中槛，只有门窗
而无横披。

　　槅扇的部分也是一个架子，两旁竖立边梃。边梃之间，横
安抹头。每扇槅扇可用抹头分作上中下三段：槅心、绦环板和裙
板（图八十四及图八十五）。上段的槅心，亦称花心，是槅扇上透明
通气的部分；四周在边梃抹头之内有仔边，中间有棂子，作裱糊
或安玻璃的骨架。棂子的花纹或用菱花（图八十六）或类似的六角
或八角的几何形，或用方格。这种门扇可以做槅扇，也可以做门
或窗。做门窗时上下两头加转轴。若做窗则称槛窗（图八十三及图

图八十四　太和殿槅扇门

图八十五 北海槅扇门

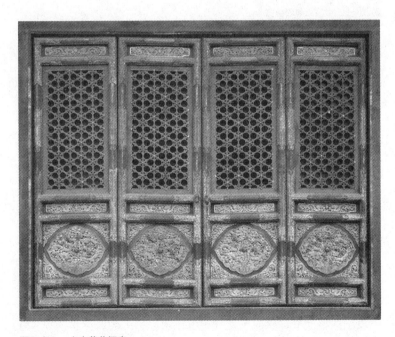

图八十六 太庙菱花槅扇

图八十七　故宫太和殿槛窗

八十七）。

　　边梃与抹头相接处，在较华丽建筑中，多用角叶或人字叶钉上。以防扇角松脱或歪斜。在边梃的中段钉看叶，带钩花钮头圈子。在较朴素的建筑中则用梭叶，梭叶的功用与看叶同，而形式较简单，也带钮头圈子。

　　普通的窗子都做在槛墙之上。槛墙顶上先安榻板，榻板以上一切的构造都和上文所说的同，次安槛框，只是下槛较小，改称风槛。窗扇有时不像门那样左右转动，而做内外两层，上下两段，外层上段可以向上支开，下段可以摘下的，称支摘窗（图八十二及图八十八）。支摘窗没有风槛，下段直接安在榻板上；并且窗形不像槛窗的直立，而是横的。槛窗多用于宫殿庙宇，支摘窗则多用于住宅。

帘架是一种辅助的门框，安在槅扇之外有门处。两边的边梃与槅扇同高，下部是门洞，上部用抹头二根，中有仔边棂子，称帘架心亦称花心。帘架上可挂帘子，有时可以安两扇门。帘架边梃的上下两端，率多用荷叶栓斗及荷叶墩安装，可以随时卸下。

大门是一种特殊的装修（图八十九至图九十一）。槛框的构造与上文所述同。门扇的宽往往不如大门柱间面阔，所以抱框以内有时有加上门框的必要。门框与抱框间的横木为腰枋，将框间分成上下两段乃至三段，框与腰枋间的空当用板遮住，谓之余塞板。中槛以上横披所在的分位，不用槅扇而用板遮盖，称走马板。大门槛近两端处，在门扇转轴之下有门枕，有时用木，有时用石。大门的转轴上头穿在连槛里，下头立在门枕上。门枕的形式甚多，可以做成种种有趣的样子（图九十三）。中槛上有门簪，将连槛销在中槛上，外端成六角形，也是一种有趣的装饰（图九十四）。

大门门扇的结构，左右竖立大边，上下端横安抹头，上下抹头之间有较小的抹头称穿带。大边与抹头一周的中间是门心板。门外安门钹，门里安插关（图九十二）。在较大的大门上，门钹的形式做成有环的铺钹兽面。此外还有五路、七路、九路及至十一路的门钉，可以帮助表现出凛然不可侵犯的庄严样子（图九十五）。

以上所述都是外檐装修，至于内檐装修，构造原则与外部完全相同，但因不受风雨气候的限制，样式极多，可以施用种种的

图八十八　北海公园悦心殿支摘窗

图八十九　太和门殿宇大门

图九十　奶子府府第大门

图九十一　清朝住宅大门

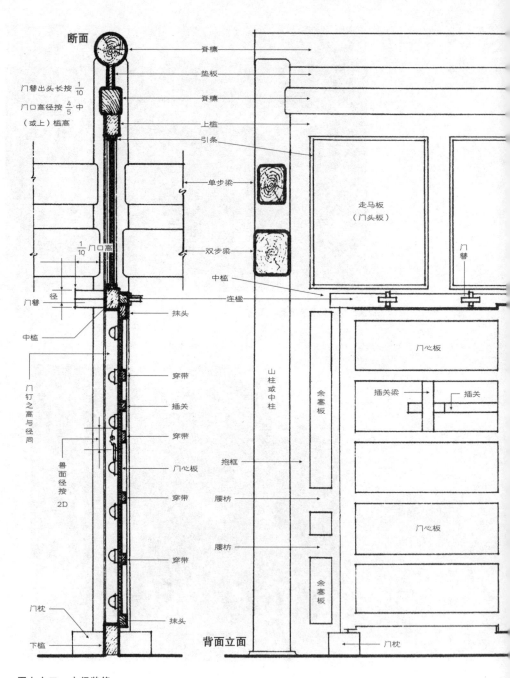

断面

脊檩

垫板

脊檩

门簪出头长按 $\frac{1}{10}$

门口高径按 $\frac{4}{5}$ 中

（或上）槛高

上槛

引条

单步梁

走马板
（门头板）

门簪

双步梁

中槛

连楹

径

门簪

抹头

中槛

$\frac{1}{10}$ 门口高

门钉之高

与径同

穿带

山柱或中柱

余塞板

插关梁

插关

插关

穿带

门心板

门心板

簪面径按

2D

抱框

穿带

门心板

腰枋

腰枋

余塞板

门心板

穿带

门枕

抹头

背面立面

门枕

下槛

图九十二　大门装修

X为门钉间空当。

D为门钉径。

如用钉九路X按1D；七路X按 $1\frac{1}{2}$ D；五路X按 2D。

图中所绘门扇正、背面不配套，正面为实榻门，背面为攒边门，按实榻门，背面应为与门钉对应的一排排穿带。——郭黛姮注

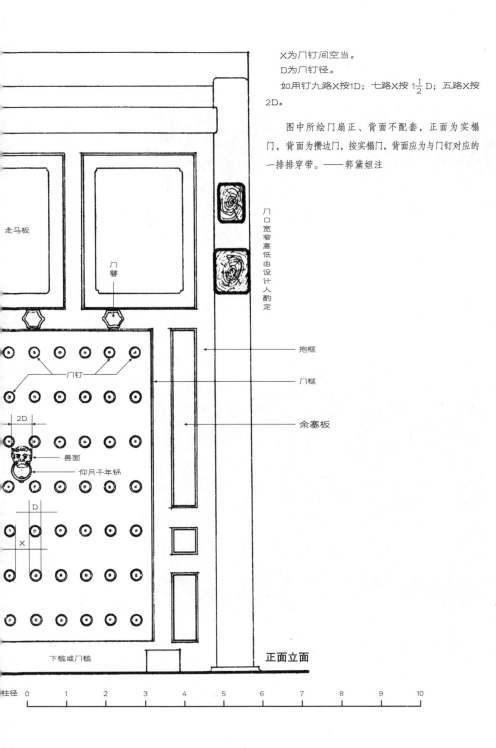

走马板

门簪

门钉

门口宽窄高低由设计人酌定

抱框

门框

余塞板

2D

兽面

仰月千年锅

D

X

下槛或门槛

正面立面

柱径 0　1　2　3　4　5　6　7　8　9　10

图九十三　门枕石

图九十四　门簪

图九十五　门钉、兽面门钹（故宫大红门）

图九十六　故宫藻井

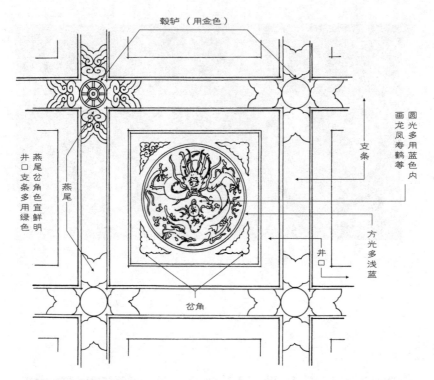

图九十七　天花彩画部分名称

雕刻，很能自成一种自立的艺术。

　　天花在《工程做法》里归在大木作之内，但是它于建筑全部的结构上没有根本的关系，功用与装修相同，所以应当归在装修项下。在天花梁或别的梁上，在高度适当处安装帽儿梁或是贴梁，然后将支条安在帽儿梁或贴梁的下面。支条按面阔进深排列成方格，每方格就是一井，井内的板叫天花板（图九十六及图九十七）。

第六章

彩　色

*The Building Regulations
In The Qing Dynasty*

145

颜色在各派建筑上所占的位置，没有比在中国建筑上还重要的。"雕梁画栋"这句成语已足做中国古代建筑雕饰彩画发达的明证。

凡到过北平的人必定都感觉故宫彩色的华丽。上至房顶下至基坛，没一件不是鲜明夺目。白色的石坛，上面立着红墙黄瓦，是每人所得的印象。这些彩色并不是无用的脂粉，却是木造建筑物结构上必须的保护部分。瓦上的琉璃，木料上的油漆，都是需要所产生，所以颜色在中国建筑中成了结构上必须而得的自然结果。

瓦的釉色很多，最普通的是黄绿二色。黄的是帝皇宫殿，和比宫殿还神圣的庙宇所用。绿的用于王府。此外黑、紫、蓝、红等等色很多，用于离宫别馆，或单色，或各色合用，很能排列成各种调和或反衬的配合。北平南海瀛台是这种用瓦法最好的一例。

墙壁的外皮，普通住宅多用建筑材料的本色，宫殿庙宇却多刷成红色，与绿或黄琉璃瓦成相反的色调。

在木料部分需要油漆保护的原则底下，颜色工料随着讲究，成丹青彩画，为中国建筑上一种重要装饰。木作的油漆，下半（柱的部分和梁枋以下全部）多是红色，间或用黑色。上半（梁枋斗栱及梁枋以上瓦以下其他部分）多用青绿作主要色，做红墙（或红色装修）与一片纯色瓦间的一个间断。青绿彩画的位置和幽冷的色调均同檐下阴影的部分略符，协同表现房檐的伸出。

彩画主要的工作都在梁枋上——按画题之不同，可分两大式——殿式和苏式。苏式是原有的名词，"殿式"两字是著者臆造来与"苏式"对称的。殿式的特征是程式化象征的画题，如龙、凤、锦、旋子、西蕃莲、西蕃草、夔龙、菱花等。这些都用在最庄严的宫殿庙宇上。苏式的特征是写实的笔法和画题，自然现象如云、冰纹；花卉如葡萄、莲花、梅、牡丹、芍药、桃子、佛手等；动物如仙人、仙鹤、蛤蟆（海墁）、蝙蝠（福）、鹿（禄）、蝶等；字如福、寿等；器皿如鼎、砚、书画等（博古）；此外还有山水，近年连西洋景都进了苏式彩画里去了。

彩画布局的方法；将梁枋大略分为等分的三段（图九十八及图九十九），中段称枋心，左右两段的外极端称箍头，箍头与枋心之间为藻头（俗书找头）。藻头与箍头间的小尖形称岔角，多画菱花。间界这各部间的线条叫锦枋线。有时在苏式彩画里，檩子、垫板、檐枋三部的枋心连成一气成一个大的半圆形，里面的彩画也成一个整个的布局，称搭袱子（图一百）。

枋心为全梁枋彩画的中心，但只占全长三分之一。藻头虽在两头，但两头共合的总面积比较大于枋心，所以全部主要的色彩，仅以藻头为定。藻头的彩画大半是有规则的几何形，最常见的是旋子（北平画匠称学子，亦曰蜈蚣圈，图九十八、图一百零一、图一百零二）和和玺（图九十九及图一百零三）。因颜色的比例，每种可分若干等级。例如大点金小点金是指旋子中心贴金多少定名；多的等级高，少的低；而大小点金又各有金线墨线之别，金线高，墨线低。石碾玉是旋子中之最华贵者，每瓣的蓝绿色都用同一色由

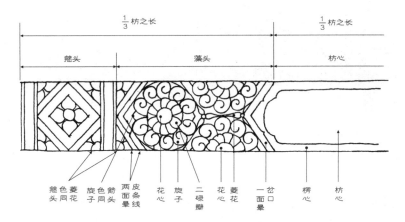

$\frac{1}{3}$枋之长　　　　　　　$\frac{1}{3}$枋之长

箍头　　　　　藻头　　　　　枋心

箍色菱　旋色箭　两皮　花　旋　二碗　花　菱　一岔　楞　枋
头同花　子同头　面条　心　子　瓣　心　花　面口　心　心
　　　　　　晕线　　　　　　　晕

图九十八　旋子彩画部分名称

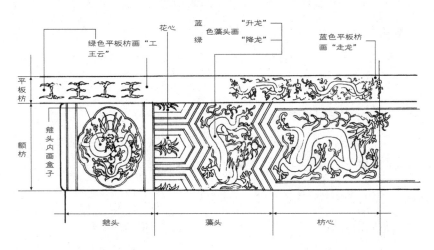

花心　蓝　色藻头画　"升龙"　　　蓝色平板枋
绿色平板枋画"工　色　绿　　　　"降龙"　　画"走龙"
　　王云"

平板
枋

额枋　　箍头内画盒子

箍头　　　　藻头　　　　　枋心

图九十九　和玺彩画部分名称

图一百　金线苏画（俗称"搭楸子"，引自《中国古代建筑技术史》）

浅至深比列，谓之退晕。其轮廓用金线者谓之金琢墨，用墨线者
称烟琢墨。雅五墨不用金，只是青绿黑白四色，是旋子中之最下
者。总之旋子主要的颜色是蓝绿两色，而用墨白金三色来点缀，
这许多名辞就是点缀的分配法（图一百零五）。至于梁枋因长短不
同，旋子分配也须顺应藻头大小，其分配法（图一百零一）以"一
整二破"为基本，将藻头画作相切一圆形两半圆形。若藻头长则
使圆形分离，在其间加以成串的花瓣，每串称一路。按其间空处
的大小和所加路数的多少，有各种的名称。

　　枋心的母题以龙及锦纹为最通常，称龙锦枋心（图一百零
六）。若大额枋枋心画龙，则小额枋枋心画锦；明间若如是则次间
反之，使大额枋画锦，小额枋画龙；梢间又如明间。间或有空枋
心或一字枋心者。此外尚有在旋子枋心内画山水花卉者，只能用

以"一整二破"为基本

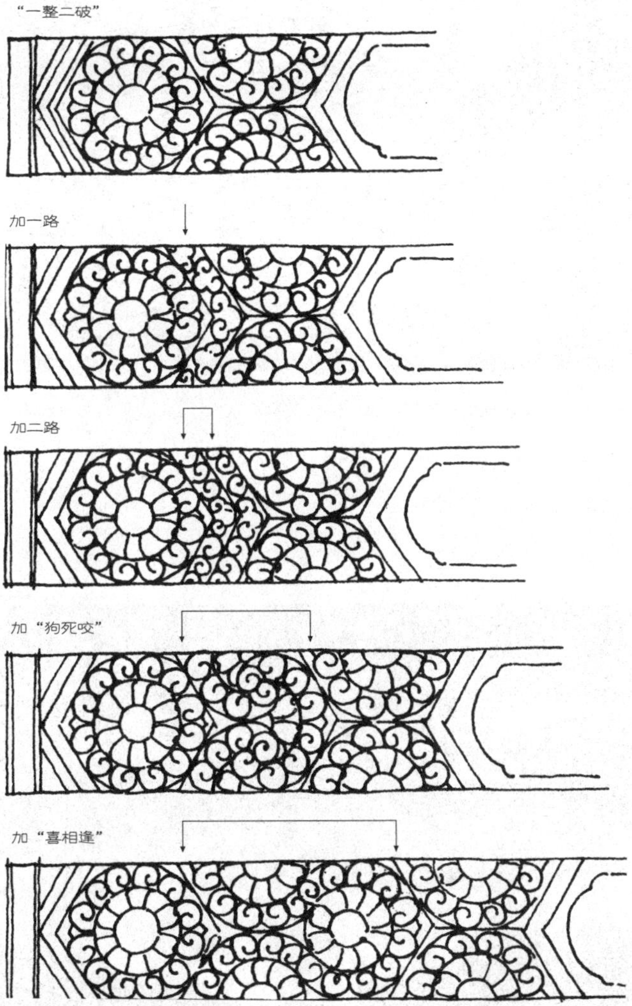

"一整二破"

加一路

加二路

加"狗死咬"

加"喜相逢"

图一百零一 旋子彩画分配法

图一百零二　室内梁架结构及旋子彩画（钟楼）

图一百零三　太和门斗栱金龙和玺彩画雀替柱头

于离宫别馆。

和玺唯通用于最庄严的宫殿上，箍头藻头都用"⋛"线分成极齐整的格子，把各种形式的龙画在格内（图九十九、图一百零三、图一百零四）。通常的分配法是在箍头盒子之内画坐龙，藻头画升龙或降龙，枋心画行龙。间或有龙凤并用的，如故宫交泰殿。

箍头是梁枋的两极端，"箍"在枋之两"头"，其线路与枋的主要线成正角。箍头边线可用金线或墨线。退晕者为死箍头；若做连珠或"卐"字等等几何文者称活箍头。若枋甚长，则在箍头与藻头之间做盒子，里面画龙凤或瑞兽麒麟之类（图一百零四）。岔角可以空着，也可以用四分之一朵菱花填上。

枋线也有几种画法，除去金线或墨线之外，也有用同一颜色，层层由浅至深排比退晕的。

柱子上段在檐枋（或小额枋）下皮以上之部分，和交金墩、金柱、瓜柱等等部分的彩画，在旋子彩画中，多半按藻头的颜色分配。

斗栱彩画（图一百零七）比较简单，在一攒中每一件构材，如斗栱翘昂上，彩画可分三部：线画在每件的角边线上，颜色有金、金银、蓝、绿、墨五种；地是各线的范围以内，颜色可用丹、黄、青、绿四种，尤以青绿为多；花画在地上，颜色可以随意分配，画题有西蕃草、夔龙、流云、墨线等等。垫栱板也有线地花三部；地的颜色多与斗栱色反衬，花多是龙、凤、莲、草及其他祥瑞的象征。

天花在结构上有枝条和天花板两部。天花的彩画（图一百零九）也是在这两部上。板的中心有圆光，四角是岔角，多用鲜明的

和玺为彩画制度中之最尊者，适用于宫殿或庙宇。明间上蓝下绿，两旁次梢间则蓝绿上下互换分配，故次间上绿下蓝，梢间又上蓝下绿。由额垫板概用红色。平板枋若用蓝色则画"跑龙"，若用绿色则画"工王云"。

各部名称参看前文及插图。

图一百零四　和玺彩画

金琢墨石碾玉
花瓣上蓝绿色皆退晕　一切线路轮廓皆用金线

烟琢墨石碾玉
蓝绿退晕花心菱地点金　花瓣轮廓用墨线

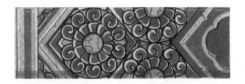

金线大点金
线路花心菱地点金　墨线大点金与此同唯线路用墨

墨线小点金
线路用墨花心点金　金线小点金与此同唯线路用金

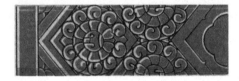

雅五墨
不用金

旋子彩画制度共分七等
一　金琢墨石碾玉
二　烟琢墨石碾玉
三　金线大点金
四　墨线大点金
五　金线小点金
六　墨线小点金
七　雅伍黑

　　箍头与楞心颜色必须相同即以此为本枋上主要色。例如明间上蓝下绿即
谓大额枋箍头与楞心俱为蓝色，小额枋箍头与楞心俱为绿色。
　　彩画各部名称及莲瓣路数分配法参看本文及插图。
　　本图以一整二破为例。

图一百零五　旋子彩画制度比较

明间上蓝下绿，次间上绿下蓝，余递推，上下蓝绿互换分配。

枋心明间上龙下锦，次间上锦下龙，余递推。

由额垫板，如不作彩画可油红色谓"正腰断红"。

各种制度参看前文。

各部名称参看前文及插图。

图一百零六　大点金龙锦枋心彩画

　　斗栱多用蓝绿二色。周角用金线或墨线。若升斗绿色则栱昂蓝色，升斗蓝则栱昂绿。

　　每攒蓝绿相间分配。柱头科则用蓝升斗。栱昂地上可画流云或蕃草等花样，但画墨线者最普通。斗栱亦偶有红色黄色者，但罕见。垫栱板地色多鲜明，花多龙凤宝珠福寿等祥瑞征象。

图一百零七　斗栱及垫栱板彩画

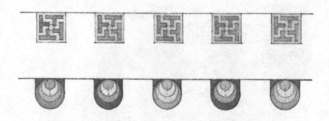

　　椽子彩画命题甚多。圆的有龙眼、宝珠、寿字等；方的有金井玉栏杆、万字、寿字、十瓣莲花、柿子花、双龙、菱花等。宫殿所用以菱花或万字方椽头与龙眼宝珠圆椽头为最宜。

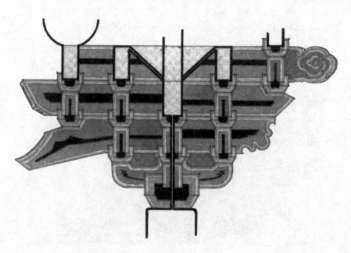

图一百零八　椽头彩画

图一百零九　太和门梁架及天花彩画

图一百一十　五牌楼

色，画在蓝色或绿色的地上。枝条颜色与地同，但在十字交叉处的燕尾与岔角用相同的颜色。

椽子在彩画上也须提到。在没有天花的建筑里，栋梁如有彩画，各架椽子多用蓝绿色，而把望板油红色，互相反衬。椽头的彩画，更给椽子无量的趣味和生气；圆椽头多做宝珠，方椽头上万字菱花等等都是常见的花样（图一百零八）。

此外如仔角梁下面画成龙肚子纹；宝瓶、榫头等等结构的关节上都可加上许多有趣的彩画。

清式营造辞解

Dictionnary Of Architecture In The Qing Dynasty

清式营造辞解检字

【一画】

一

【二画】

二　人　七　十

【三画】

三　山　上　下　大　小
工　土　门　万

【四画】

五　中　太　升　斗　六
井　天　方　月　元　支
分　凤　风　双　瓦　勾

【五画】

石　外　正　平　出　由
仔　古　仙　皮　扒　龙
边　瓜　台

【六画】

老　耳　地　合　次　交
死　西　圭　回　收　托
行　如　当　尽　机　灯
后　压　夹　级　阶

【七画】

角　走　吻　岔　坐　扶
束　把　步　间　围　里
庑　余　苏　连　进　杠
找　陇　花

【八画】

昂　抱　金　承　抹　垂
雨　明　枕　枝　和　枋
空　狗　板　青　拔　枭
单　顶　侧　线　学　宝　帘　戗　降
卷

（续）

【九画】

挑　重　柱　搜　亭　前
耍　封　柁　活　背　咬
哑　剑　蚂　垫　举　栏
顺　砚　须　贴　挂　面
宫　穿　院　陡　草　挺
退　钮

【十画】

桃　脊　棋　桁　配
圆　倒　扇　套　烫
起　烟　脑　莲　递
绦　荷　通

【十一画】

推　梢　梭　排　清　斜
兽　彩　盒　旋　梁　雀
菊　棍　悬　随　盘　麻
黄　象　厢　混　廊　琉
望

【十二画】

帽　裙　短　童　棋　博
硬　筒　御　喜　雅　窗
散　锋　翘　搭　隔　装
牌

【十三画】

殿　楞　腰　椽　雷　歇
溜　群　蜈　楼　签　锦
毂　满

【十四画】

滴　榻　鼻　箍　管　墙
槛　槁

【十五画】

槽　撺　箭　撑　磉　踏
踢　鞍　墨　横　蝼　墀
踩

【十六画】

燕　擎

【十七画】

檐　檩　翼

【十八画】

覆　礓

【十九画】

攒　藻　瓣

【二十一画】

霸　夔

【一画】

一字枋心　彩画枋心中，画一横线而不画龙凤等画题者。

一整二破　旋子彩画分配法之一种（图一百零一）。

【二画】

二碌瓣　旋子彩画花心以外，旋子以内之花瓣（图九十八）。

人字叶　槅扇角叶之一种，形如人字。

七架梁　长六步架之梁［图三十九（1）、图四十三］。

十八斗　斗栱翘头或昂头上；承上一层栱与翘或昂之斗（图二十六、图三十、图三十二）。

【三画】

三才升　单材栱两端承上一层栱或枋之斗（图二十六、图三十、图三十二）。

三架梁　长两步架，上共承三桁之梁（图三十九）。

三穿梁　长三步架，一端梁头上有桁，另一端无桁而安在柱上之梁，亦曰三步梁（图四十六）。

三连砖　正脊垂脊或博脊下线道瓦之一种，其横断面作
形［图七十八（2）］。

三福云　雀替或昂尾上斗口内伸出之一种云形雕饰（图

三十六）。

山　　建筑物较狭之两端，前后两屋顶斜坡角内之三角形部分。

山出　　台基在两山伸出柱外之部分（图五十八）。

山尖　　山墙上身以上之三角形部分。

山花　　歇山屋顶两端，前后两博风间之三角形部分（图五十九、图八十一）。

山柱　　硬山或悬山山墙内，正中由台基上直通脊檩下之柱，径按檐柱径加二寸（图三十八）。

山墙　　建筑物两端之墙（图三十八）。

上皮　　任何部分之上面。

上身　　墙壁裙肩以上，山尖以下之部分（图五十八）。

上枋　　须弥座各层横层之最上层（图六十九）。

上枭　　须弥座上枋之下，束腰之上之部分（图六十九）。

上金交金瓜柱　　上金顺扒梁上，正面及山面上金桁相交处之瓜柱。宽五点六斗口，厚四点八斗口（图五十一）。

上金枋　　与上金桁平行，在其下，而两端在左右两上金瓜柱上之枋。高四斗口，厚减高二寸（图三十九）。

上金桁　　次于脊桁之最高之桁，径四斗口或五斗口〔图三十九（1）、图五十一〕。

上金顺扒梁　　紧在下金桁上之顺扒梁。

上金垫板　　上金桁与上金枋间之垫板，高四斗口，厚一斗口〔图三十九（1）〕。

上槛　　柱与柱之间，安装门或槅扇之构架内最上之横木（图

八十二、图八十三）。

上檐抱头梁　两层以上楼阁最上一层廊下之抱头梁。厚点二五下檐柱径，高一点五下檐柱径。

上檐金柱　两层以上楼阁内，上层之金柱。

下皮　任何部分之下面。

下金枋　在下金桁下，与之平行，而两端在左右两下金瓜柱上之枋，高四斗口，厚减高二寸（图三十九）。

下金桁　亦称下金檩。次于檐桁或正心桁之最低之桁，大式径四斗口，小式径同檐柱径（图三十九）。

下金顺扒梁　下金桁上之顺扒梁。

下金垫板　下金桁与下金枋间之垫板（图三十九）。

下槛　柱与柱之间，安装门或槅扇之构架内贴在地上之横木（图八十三）。

下檐枋　小式檐柱间之枋，高同柱径，厚按高十分之八。

下枋　须弥座下枭以下圭角以上之部分（图六十九）。

下枭　须弥座下枋以上束腰以下之部分（图六十九）。

大木　建筑物之骨干构架。

大式　有斗栱带纪念性或无斗栱但用材较大之建筑形式。

大门　建筑物之主要出入口。

大柁　梁架内之主要梁。

大斗　斗栱一攒最下之斗，亦称坐斗（图二十六、图三十、图三十二）。

大连砖　正脊下线道瓦之一种，其横断面作 ![图] 形〔图七十八（2）〕。

大连檐　飞椽头上之联络材，其上安瓦口。

大群色　正脊下线道瓦之一种，其横断面作 形〔图七十八（2）〕。

大点金　旋子彩画花心及菱地涂金色者（图一百零五）。

大额枋　檐柱与檐柱头间之联络材，并承平身斗栱，高六斗口，厚减高二寸（图三十九）。

小点金　旋子彩画花心涂金色者（图一百零五）。

小式　无斗栱不带纪念性用材较小之建筑形式。

小台　屋角台基墀头以外之部分（图五十八）。

小连檐　檐椽头上之联络材，在飞椽之下。

小额枋　柱头间，在大额枋之下，与之平行之辅助材。高四斗口，厚减高二寸（图三十九）。

工王云　和玺彩画平板枋上云形画之一种（图一百零三及图一百零四）。

土衬石　在台基陡板以下与地面平之石（图六十八）。

门心板　大门大边与抹头内之板（图九十二）。

门枕石　大门转轴下承托转轴之石（图九十二及图九十三）。

门框　柱与柱之间，安装门扇构架之中，门扇左右立置之材（图九十二）。

门钉　门上之圆形突起雕饰（图九十二及图九十五）。

门鼓　将外部做成鼓形之门枕石（图九十三右）。

门钹　大门门扇上，外六角内作半圆形，中心上带环或柏叶之金属附件（图九十二）。亦有做成兽头形者，曰兽面（图九十五）。

门头枋　　安装大门之中槛。

门头板　　大门中槛以上，上槛以下之板，亦称走马板（图九十二）。

门簪　　大门中槛上，将连楹系于槛上之材（图九十二及图九十四）。

门观　　宫殿之外门，如清之天安门，端门等；即门阙。

万栱　　在瓜栱之上承托正心枋或拽枋之栱，长按斗口九点二倍（图二十五、图二十六、图三十、图三十二）。

【四画】

五架梁　　长四步架之梁（图三十九及图四十四）。

五花山墙　　悬山山墙上部随排山各层梁及瓜柱之阶级形结构（图五十七）。

中柱　　在建筑物纵中线上内部之柱（图三十八及图四十六）。

中线　　建筑物或分件之中心线。

中槛　　柱与柱之间，安装门或槅扇之构架内，在槅扇以上、横披以下之横木（图八十三）。

太平梁　　庑殿推山结构内，与三架梁平，承托雷公柱之梁（图五十一）。

升　　栱两端上，左右开口，承托上一层枋或栱之斗形木块。

升腰　　斗或升之中部，占高五分之一（图三十二）。

升龙　　和玺彩画内作向上升起势之龙。

斗　　斗栱内承托栱与翘或昂相交处之斗形木块。

斗口　　平身科斗栱坐斗上安翘或昂之口（图三十）。

斗底　　斗之下部，占斗高五分之二（图三十二）。

六分头　　木材头饰之一种（图三十三）。

井口　　天花彩画，天花板上最外一周部分。

井口枋　　里拽厢栱之上，承托天花之枋，高三点五斗口，厚一斗口（图二十六）。

天花　　建筑物内上部，用木条交安为方格，上铺板，以遮蔽梁以上之部分（图九十七及图九十六）。

天花梁　　在大梁及随梁枋之下，前后金柱间，安放天花之梁，高七点五斗口，厚六点八斗口。

天花枋　　左右金柱间，老檐枋之下，与天花梁同高，安放天花之枋，高四斗口加二寸，厚四斗口。

天花垫板　　老檐枋之下，天花枋之上，两枋间之垫板。

方光　　天花彩画，井口之内，圆光之外之方形部分（图九十七）。

月梁　　卷棚式梁架最上一层梁，亦称顶梁（图四十一及图四十五）。

元宝脊　　卷棚式屋顶前后屋顶斜坡相接处。

支摘窗　　住宅所用，上部可以支起，下部可以摘下之窗（图八十二及图八十八）。

分心石　　建筑物中线上，由阶条石至槛垫石之间之石。

凤凰台　　昂嘴上之一部（图三十三）。

风槛　　槛窗之下槛（图八十三）。

双步梁　　长两步架，一端梁头上有桁，另一端无桁，而安于柱上，梁上正中立瓜柱，上安单步梁之梁。高厚同五架梁（图四十六）。

瓦　　屋顶上陶质薄片之遮盖物，其主要功用为御雨者。

瓦口　　大连檐之上，承托瓦陇之木，高零点七斗口，厚零点三五斗口。

瓦作　　建筑中用瓦或砖部分之工作。

勾滴　　勾头与滴水之通称，即檐边之瓦（图四十及图八十一）。

勾头　　筒瓦每陇最下有圆盘为头之瓦（图四十）。

【五画】

石作　　建筑中用石部分之工作。

石碾玉　　旋子彩画花瓣退晕者（图一百零五）。

外皮　　任何部分向外之表面。

外拽　　斗栱柱中心线以外之部分。

正心瓜栱　　在斗栱左右中线上之瓜栱（图二十五、图二十六、图二十九、图三十）。

正心枋　　斗栱左右中线上，正心栱以上之枋。高二斗口，厚一点三斗口（图二十五、图二十六、图二十九、图三十）。

正心桁　　斗栱左右中线上之桁，径四点五斗口（图二十五、图二十六、图二十九、图三十）。

正心万栱　在斗栱左右中线上之万栱（图二十五、图二十六、图二十九、图三十）。

正殿　在宫殿或庙宇主要中线上之主要建筑物（图八）。

正样　正面立面。

正房　在住宅主要中线上之主要建筑物（图八）。

正脊　屋顶前后两斜坡相交而成之脊（图八）。

正当沟　正脊之下，瓦陇之间之瓦（图四十）。

平口条　正脊或垂脊下线道瓦之一种，其横断面作▨▨形（图七十八）。

平水　（一）梁头在桁以下、檐枋以上之高度。（二）脊瓜柱上端举架外另加之高度，多按（一）计算（图四十七）。

平身科　在柱头与柱头之间，立于额枋上之斗栱（图二十九及图三十）。

平板枋　在额枋之上，承托斗栱之枋，高二斗口，宽三斗口（图二十六）。

平头土衬　踏跺象眼之下，与砚窝石土衬右平之石（图六十八）。

平台檐柱　楼阁上层周围平台之檐柱，径四斗口减三寸，亦称童柱。

出彩　见下条出踩。

出踩　斗栱之翘昂自中线向外或向里伸出谓之出踩（图三十五），俗书出彩。

出檐　屋顶伸出至建筑物之外墙或外柱以外，谓之出檐（图四十七）。

由昂　　角科四十五度斜线上，与耍头平之昂（图二十七）。

由戗　　庑殿正面及侧面屋顶斜坡相交处之骨干构架，高四点二斗口，厚二点八斗口。

由额垫板　　大小额枋间之垫板，高二斗口，厚一斗口（图三十九）。

仔角梁　　两层角梁中之在上而较长者，高四点二斗口，厚二点八斗口（图四十八）。

仔边　　槅扇内棂子之边（图八十三）。

古镜　　柱顶石上圆形凸起承柱之部分。

仙人　　垂脊屋角最下端之雕饰（图七十八）。

皮条线　　彩画藻头菱花与旋子间之线条（图九十八）。

扒梁　　两端安放于梁上或桁上，而非直接放于柱上之梁（图五十一）。

扒头　　垂脊或戗脊下端，仙人瓦下最低层之花砖（图八十一）。

龙头　　须弥座四角或栏杆望柱下之龙头形雕饰（图七十二）。

龙锦枋心　　枋心彩画上用龙与锦相间为母题者（图一百零六）。

龙凤枋心　　枋心彩画用龙凤为母题者。

边梃　　槅扇左右竖立之木材（图八十三）。

边楼　　牌楼上两边之楼。

瓜柱　　在梁或顺梁上，将上一层梁垫起，使达到需要高度的木块，其本身之高大于本身之长宽者为瓜柱，小于本身之长宽者为柁墩（图三十九）。

瓜栱　　斗栱上在坐斗翘或昂头上之弓形横木，其长按斗口六点二倍（图二十五、图二十六、图二十七、图二十九、图三十）。

台基　　砖石砌成之平台，上立建筑物者（图六十七及图六十八）。

【六画】

老角梁　　上下两层角梁中居下而较短者，高四点二斗口，厚二点八斗口（图四十八）。

老檐枋　　金柱柱头间，与建筑物外檐平行之联络材，在老檐桁之下，高四斗口，厚减高二寸（图三十九）。

老檐桁　　金柱上之桁，径四斗口（图三十九）。

老檐垫板　　老檐桁下，老檐枋上之垫板（图三十九）。

耳　　斗或升之上部，按斗高五分之二（图三十二）。

地　　彩画之背底。

地仗　　天花彩画之背底。

地伏　　栏杆最下层之横石（图六十八）。

合角吻　　重檐下檐正面侧面博脊相交之处之吻（图四十）。

合角剑把　　合角吻上之剑把（图四十）。

次间　　建筑物在明间与梢间之间的开间（图八）。

次楼　　三间或五间牌楼，在次间上之楼。

交金墩　　下金顺扒梁上，正面侧面下金桁下之柁墩。高按点平水加桁椀径三分之一，厚五点五斗口（图三十九）。

死箍头　　退晕之箍头。

西蕃莲　　彩画或雕刻之母题，尖瓣程式化之花。

西蕃草　　彩画或雕刻之母题，藤形杆，两旁出卷叶之草。

圭角　　须弥座最下层部分（图六十八）。

回水　　下檐伸出较上檐减少之尺度（图四十七）。

收分　　由下至上逐渐减少之斜度。

托泥当沟　　歇山垂脊下端垂兽莲座下之当沟（图八十一）。

行龙　　即走龙。

如意斗栱　　在平面上除互成正角之翘昂与栱外，在其角内四十五度线上，另加翘昂者。

如意踏跺　　由正面及左右皆可升降之踏跺。

当沟　　正脊或垂脊之下，在瓦陇之间之瓦（图四十、图七十八、图八十一）。

尽间　　七间、九间大殿两极端之间。

机枋　　外拽厢栱上所承之枋，高二斗口，厚一斗口（图三十五）。

灯笼榫　　牌楼柱上伸起以安斗栱之长榫。

后尾压科枋　　城楼斗栱后尾之上枋。高二点五斗口，厚二斗口。

压*砖板　　山墙墀头角柱石之上，裙肩与上身间之横石（图五十八、图七十七）。

* 原书为"押"，为方便阅读全书统一为"压"。——编者注

压带条　正脊或垂脊线道瓦之一种，其断面作 形（图四十、图七十八、图八十一）。

夹杆石　夹住旗杆或夹牌楼柱脚之石。

夹楼　牌楼在一间之上，中安一楼，其旁安二小楼，二小楼即夹楼。

级石　踏跺每级可踏以升降之石（图六十八）。

阶条　台基四周上面之石块（图六十八）。

【七画】

角科　在角柱上之斗栱（图二十七及图二十八）。

角柱　在建筑物角上之柱（图三十八）。

角柱石　台基角上或墀头下半立置之石（图五十八及图六十八）。

角背　瓜柱脚下之支撑木（图三十九及图四十一）。

角梁　正面及侧面屋顶斜坡相交处（即庑殿顶之垂脊、歇山顶之戗脊），最下一架在斜角线上，伸出至柱以外之骨干构架（图四十八）。

角云　亭榭角部垫托两桁相交处之木块（图六十三、图六十四、图六十五）。

角叶　槅扇大边与抹头相交处之金属连接物（图八十三）。

角替　额枋与柱相交处，自柱内伸出，承托额枋下之分件（图三十四及图三十九），俗书雀替。

角替头　柱头科斗栱上承托桃尖梁之翘尾（图二十六）。

角兽　　庑殿、悬山垂脊下端、歇山戗脊下端之兽头形雕饰，亦称垂兽（图四十及图八十一）。

走马板　　大门上槛以下，中槛以上之板，亦称门头板（图九十二）。

走龙　　作前进式之龙（图九十九、图一百零三、图一百零四）。

走兽　　垂脊下端上之雕饰（图四十、图五十、图七十八、图八十一）。

吻　　正脊两端龙头形翘起之雕饰（图四十、图七十八、图八十一）。

吻下当沟　　庑殿屋顶吻座下之当沟（图四十）。

吻座　　正吻背下之承托物（图四十及图七十八）。

岔口　　旋子彩画藻头与枋心间之线条（图九十八）。

岔角　　天花彩画方光内圆光外之四角（图九十七）。

坐龙　　团龙而正面向前者（图九十七）。

坐斗　　斗栱最下之斗，为全攒重量集中之点，亦称大斗（图三十及图三十二）。

扶脊木　　承托脑椽上端之木，脊桁之上，与之平行，横断面作六角形（图三十九及图四十）。

束腰　　须弥座上枭与下枭间之部分（图十七）。

把臂栱　　在角科外拽上特别加长之栱，与翘或昂相交，由正面伸至侧面者（图二十七及图二十八）。

步　　檩与檩间之平距离，亦称步架（图四十七）。

步架　　梁架上檩与檩间之平距离（图四十七）。

间　　四柱间所包含之面积。

间枋　　楼房金柱间，其顶面与承重平之枋。

围墙　　上面无盖，不蔽风雨，只分界限之墙。

里皮　　任何部分内面之表面。

里拽　　斗栱正心线以内之拽架谓之里拽。

里掖角金檩　　用于转角阴角内，斜梁与正梁间之檩。

庑殿　　屋顶前后左右成四坡之殿（图十一及图五十）。

余塞板　　大门门框与抱柱间之板（图八十三及图九十二）。

苏式彩画　　画法写生，画题用花鸟人物山水器皿等日常所见物品之彩画（图一百）。

苏式枋心　　画法写生，画题用花鸟人物山水器皿等之枋心（图一百）。

连檐　　椽头上之联络材。

连珠　　彩画内用多数小圆形相连之母题。

连楹　　大门中槛上安放转轴之部分（图九十二）。

连砖　　正脊或垂脊下线道瓦之一种（图七十八）。

进深　　建筑物由前至后之深度（图七）。

杠子草　　卷草花纹之有叶无枝者。

找头　　彩画箍头与枋心间之部分，藻头之俗写（图九十九及图一百零四）。

陇　　屋顶上之瓦，上下赓续排列谓之陇。

花心　　旋子彩画旋子之中心（图九十八）。

花架椽　　两端皆由金桁承托之椽，径一点四斗口（图三十九）。

花边瓦　　小式瓦陇最下翻起有边之瓦。

【八画】

昂　斗栱上在前后中线上，向前后伸出，前端有尖向下斜垂之材（图二十五、图二十六、图二十七、图二十九、图三十、图三十一）。

昂嘴　昂之斜垂向下之尖形部分（图三十一及图三十三）。

抱柱　柱旁安装窗牖用之立框，亦称抱框（图八十二及图八十三）。

抱头梁　大式无斗栱大木及小式大木檐柱与金柱或老檐柱间之梁，一端在檐柱之上，一端插入金柱或老檐柱，厚按一点二檐柱径，高一点五檐柱径（图四十一及图四十二）。

金瓜柱　金桁下之瓜柱（图三十九）。

金枋　在金桁之下，与之平行，而两端在左右金瓜柱间之联络构材。

金柱　在檐柱一周以内，但不在纵中线上之柱（图三十八）。

金桁　在老檐桁以上，脊桁以下之桁（图三十九）。

金垫板　金桁之下，金枋之上之垫板（图三十九）。

金檐枋　箭楼雨搭檐桁下之枋。高二点五斗口，厚二斗口。

金檐桁　箭楼雨搭之檐桁，径三斗口。

金边　建筑物任何立体部分上皮沿边处，其上立另一立体；上者竖立之侧面，较下者之上边略退入少许而留出狭长之部分。例如土衬石上未被陡板遮盖之部分。

金线　彩画所用金色线条。

金线大点金　旋子彩画用金色线条花心菱地涂金色者（图

一百零五）。

金线小点金 旋子彩画用金色线条只花心涂金色者（图
一百零五）。

金线箍头 箍头用金色线条者。

承重 承托楼板重量之梁。高一点四五柱径，厚一点二二
柱径。

承椽枋 重檐上檐之小额枋，但上有孔以承下檐之椽尾（图
四十）。

承缝连砖 歇山博脊下之连砖（图七十八及图八十一）。

抹角梁 在建筑物转角处内角内，与斜角线成正角之梁。

抹角随梁 抹角梁下与之平行之构材。

抹头 槅扇门窗左右大边或边梃间之横材（图八十二及图
八十三）。

垂脊 （一）庑殿屋顶正面与侧面相交处之脊（图四十）。
（二）歇山前后两坡至正吻沿博风下垂之脊（图八十一）。

垂带 踏跺两旁由台基至地上斜置之石（图六十八）。

垂兽 垂脊近下端之兽头形雕饰，亦称角兽（图四十及图
八十一）。

雨搭 箭楼或角楼之一部（图二十及图二十一）。

明间 建筑物正面中央、两柱间之部分（图八）。

明楼 （一）陵寝正殿之后，宝顶之前，墓城上之楼。
（二）牌楼明间上之楼。

枕头木 屋角檐桁上，将椽子垫托，使椽背与角梁背平之
三角形木（图四十八）。

枝条　　构成天花井格之木材。宽厚均按柱径四分之一（图九十六）。

和玺　　在梁、枋上以"ξ"形线划分为几部分，内绘金龙之彩画（图九十九、图一百零三、图一百零四）。

枋　　较小于梁之辅材。

枋心　　梁枋彩画之中心部分（图九十八及图九十九）。

空心枋　　枋心之内无画题之彩画。

狗死咬　　旋子彩画分配法之一种（图五十八）。

板瓦　　横断面作四分之一圆之弧形瓦。

青瓦　　灰色无釉之瓦。

拔檐　　墙上向外垒出少许之线道（图五十八）。

枭　　凹面之嵌线 。

枭混　　断面轮廓上凹下凸之嵌线 。

单步梁　　长一步架，一端梁头上有桁，另一端无桁而安在柱上之梁。

单材栱　　不在正心线上之栱，高一点四斗口（图三十二）。

单额枋　　檐柱头与檐柱头之间无小额枋及由额垫板之额枋（图三十九）。

单翘　　在斗栱前后中线上，自斗口伸出一翘谓之单翘。

单昂　　在斗栱前后中线上，自斗口伸出一昂谓之单昂。

闸档板　　屋顶起翘处飞椽椽头间之板，高一点四斗口，厚零点三斗口。

线道瓦　　山墙墀头上，挑檐石以上饯檐砖以下之瓦。

学子　　即旋子之俗写。

宝瓶　　角科斗栱由昂之上，承托老角梁下之瓶形木块（图二十七）。

戗木　　斜支于建筑物旁以防倾斜之木。

戗檐砖　　墀头上面向前部之方砖。

顶瓜柱　　卷棚式大木顶梁下之瓜柱（图四十一）。

顶梁　　卷棚大木最上之一层梁，亦称月梁（图四十一及图四十五）。

顶椽　　卷棚式最上之曲椽，亦称蝼蝈椽（图四十一）。

侧样　　横断面。

卷棚　　屋顶前后坡相接处不用脊而将前后坡用弧线联络为一之结构法（图四十一）。

帘架　　槅扇之外特加可以挂帘之架（图八十二）。

帘架心　　帘架上部，用棂子做成之部分（图八十二）。

降龙　　彩画内作由上向下势之龙（图九十九、图一百零三、图一百零四）。

【九画】

挑山　　两山屋顶用桁伸至山墙以外之结构，亦称悬山（图五十六）。

挑山檩　　悬山或歇山大木两山伸出至山墙或排山以外之檩。

挑檐石　　山墙山尖之下，上身之上，横着伸出檐外之石（图五十八及图七十七）。

挑檐枋　斗栱外拽厢栱上之枋，高二斗口，厚一斗口（图四、图六、图二十六）。

挑檐桁　斗栱厢栱上之桁，径三斗口（图二十五、图二十六、图三十）。

重昂　斗栱用两重昂谓之重昂。

重翘　斗栱用两层翘谓之重翘。

重檐　两层屋檐谓之重檐（图十一）。

柱　直立承受上部重量之材。

柱门　砌墙遇有柱处留出不砌之部分（图五十八）。

柱顶石　承托柱下之石。

柱头科　在柱头上之斗栱（图二十五及图二十六）。

拽枋　里外万栱上之枋（图二十五、图二十六、图二十七、图三十）。

拽架　斗栱上翘或昂向前后伸出，每一踩长三斗口，谓之一拽架（图二十九及图三十五）。

亭　平面为圆，正方，或正多角形之建筑物（图十四、图六十一至图六十五）。

前殿　宫殿或庙宇，正殿以前之次要建筑物（图八）。

耍头　斗栱前后中线上翘昂以上，与挑檐桁相交之材，亦称蚂蚱头（图二十九及图三十）。

封护檐　檐墙直上，将檐椽包护，不使出檐（图五十八）。

柁墩　在梁或顺梁上，将上一层梁垫起，使达到需要的高度的木块，其本身之高小于本身之长宽者为柁墩，大于本身之长宽者为瓜柱（图三十九）。

活箍头　　用连珠或万字之箍头。

背兽　　正吻背上兽头形之雕饰（图四十、图七十八、图八十一）。

咬中　　任何部分包括另一部分之中线少许之称谓（图五十八）。

哑叭椽　　歇山大木在踩步金以外，榻脚木以内之椽。

剑把　　正吻上之雕饰（图四十、图七十八、图八十一）。

蚂蚱头　　要头或翘昂头上雕饰法之一种（见斗栱各图，图三十三）。

垫板　　间于上下两桁枋间，竖立之板，略如工字梁之腹板部分。

举架　　为使屋顶斜坡或曲面而将每层桁较下层比例的加高之方法（图四十七）。

栏土　　磉墩与磉墩间之矮墙，高同磉墩。

栏杆　　台坛，楼或廊边上防人物下坠之障碍物（图六十八、图六十九、图七十一、图七十二、图七十五）。

栏板　　栏杆之石板（图六十八、图六十九、图七十一）。

顺梁　　与主要梁架成正角之梁（图五十一）。

顺扒梁　　两端或一端放在桁上，另一端放在梁上之顺梁（图五十一）。

顺桃尖梁　　顺梁而伸出至檐柱上，放在柱头科上者（图五十一）。

顺随梁枋　　顺桃尖梁下与之平行之辅材，大小同小额枋。

砚窝　　踏跺之最下一级，较地面微高一二分之石（图六十

八、图六十九、图七十一）。

　　须弥座　　上下皆有枭混之台基或坛座（图六十八、图六十九、图七十、图七十一、图七十二）。

　　贴梁　　安天花用，贴在天花梁旁之木材。

　　挂尖　　歇山博脊两端之尖形瓦（图七十八及图八十一）。

　　挂空槛　　即中槛（图八十三）。

　　挂落枋　　楼阁平台四周在斗栱上之联络辅材，见方一斗口。

　　面阔　　（一）建筑物正面之长度（图七）。（二）建筑物正面檐柱与檐柱间之距离，又称间宽。

　　宫　　（一）天子所居之室。（二）天子所居建筑物全部之总称。

　　穿梁　　歇山大木草架柱子间之联络材，亦曰穿二根（图五十一）。

　　穿二根　　见穿梁。

　　穿插枋　　抱头梁下与之平行，檐柱与老檐柱间之联络辅材（图四十一及图四十二）。

　　穿带　　大门左右大边间之次要横材（图九十二）。

　　院　　四座或若干座建筑物或围墙内所包括之面积（图八）。

　　陡板　　台基阶条石以下，土衬石以上，左右角柱之间之部分（图六十八、图六十九、图七十一）。

　　草架柱子　　歇山、山花之内，立在楊脚木上，支托挑出之桁头之柱；每桁下一根，见方二斗（图五十一）。

　　挺拘　　支摘窗或牌楼上，支起或拘住窗或楼之铁杆（图八十二）。

退晕　　彩画内同种颜色逐渐加深，或逐渐减浅之画法。

钮头圈子　　槅扇梭叶上之圈子。

【十画】

桃尖梁　　大式大木柱头科上与金柱间联络之梁（图二十五及图二十六）。

桃尖随梁枋　　大式大木紧在桃尖梁下与之平行之辅材。高四斗口，厚减高二寸。

脊　　屋顶两斜坡相交处。

脊瓜柱　　立在三架梁上，顶托脊桁之瓜柱，宽五点五斗口，厚四点五斗口（图三十九）。

脊角背　　三架梁上脊瓜柱脚下之支撑木（图三十九）。

脊枋　　脊桁之下，与之平行，两端在脊瓜柱上之枋，高四斗口，厚减高二寸（图三十九）。

脊桁　　屋脊之主要骨架，在脊瓜柱之上，径四点五斗口（图三十九及图四十）。

脊桩　　扶脊木上竖立之木桩，穿入正脊之内，以防正脊移动者。

脊垫板　　脊桁之下，脊枋之上之垫板，高四斗口，厚一斗口（图三十九）。

栱　　大式建筑斗栱上与建筑物表面平行，置于翘或昂之正心或端上略似弓形之木（图二十五、图三十、图三十二、图三十三）。

栱眼　　栱上三才升分位与十八斗分位之间，凹下之部分

（图三十二）。

栱弯　栱之两端下部之圆弯部分（图三十二）。

栱垫板　正心枋以下，平板枋以上，两攒斗栱间之板（图三十二）。

桁　梁头与梁头间，或柱头科与柱头科间之上，横断面作圆形，承椽之木。径四点五斗口，或同檐柱径（图三十九及图五十一）。

桁椀　斗栱撑头木之上，承托桁檩之木（图二十七及图二十九）。

配殿　宫殿或庙宇，正殿之前左右之殿（图八）。

圆光　天花彩画正中圆形部分（图九十七）。

倒座　在建筑物主要中线上与正房相对之屋（图八）。

扇面墙　宫殿庙宇，左右后金柱间之墙（图三十八）。

套间　梢间之外特别之附属间（图八）。

套兽　仔角梁头上之瓦质雕饰（图四十、图七十八、图八十一）。

套兽榫　仔角梁头上承托套兽之榫（图四十八）。

烫样　使业主明了建筑全部或局部之图样或模型。

起秤杆　溜金斗栱后尾，略与屋檐平行，向上升起之部分（图三十六及图四十六）。

烟琢墨　旋子彩画石碾玉之用墨线者（图一百零五）。

脑椽　最上一段椽，一端在扶脊木上，一端在上金桁上，径一点五斗口（图三十九）。

莲座　垂兽下之座（图七十八）。

莲瓣　彩画或雕刻内形似莲花瓣之母题。

递角梁　　由角檐柱上至角金柱上之梁。

递角随梁枋　　递角梁下与之平行之辅材。

绦环板　　槅扇下部之小心板（图八十三）。

荷叶墩　　槅扇转轴之下或帘架边梃下端之承托者（图八十二）。

荷叶栓斗　　上槛或中槛上安装帘架边梃上端之木块（图八十二）。

通脊　　正脊之主要部分（图八十一）。

通柱　　楼房内通上下二层之柱，径按通高的二十分之一。

【十一画】

推山　　庑殿正脊加长向两山推出之做法（图五十二、图五十三、图五十四）。

梢间　　建筑物在左右两端之间（图七）。

梭叶　　槅扇上安装圈子之金属物。

排山　　硬山或悬山山部之骨干构架。

排山勾滴　　硬山、悬山或歇山，博风上之勾头与滴水（图八十一）。

清水脊　　小式瓦作屋脊之一种。

斜长　　方形或长方形对角间之距离。

斜当沟　　垂脊下瓦陇间之瓦（图四十及图八十一）。

斜插金枋　　自角檐柱至角金柱间之穿插枋。

斜翘　　角科上在四十五度斜角上之翘（图二十七）。

斜昂　角科上在四十五度斜角上之昂（图二十七）。

兽　兽形或兽头形之雕饰。

兽前　垂脊垂兽以前之部分（图七十九）。

兽后　垂脊垂兽以后之部分。

兽面　大门上做成兽头形之门钹（图九十五）。

彩　斗栱上每出一拽架谓之一彩，正书作踩。

彩画　建筑物上以彩色涂绘之装饰。

盒子　彩画箍头内略似方形之部分（图九十九、图一百零三、图一百零四）。

旋子　梁枋上以切线圆形为主要母题之彩画（图一百零五）。

梁　（一）下面有两点以上之支点，上面负有荷载之横木。（二）下面两端有柱支托，上有瓜柱以承上层荷载，横断面略作长方形之横木。

梁头　梁之端。

雀替　见角替。

雀儿台　墀头上之一部分。

菊花头　翘昂后尾雕法之一种（图三十三）。

棂星门　二立柱一横枋构成之门。

棂条　槅扇上部仔边以内横直支撑之细条。

悬山　将桁头伸出至山柱中线以外以支屋檐之结构法，亦称挑山（图五十六）。

随梁枋　紧贴大梁之下，与之平行之辅材，高同檐柱径，厚减高二寸。

盘头　硬山墀头戗檐砖下之二线道砖。

麻叶头　　翘昂后尾雕饰法之一种（图三十三）。

黄道　　正脊下线道瓦之一种（图七十八）。

象眼　　（一）建筑物上直角三角形部分之通称。（二）台阶下三角形部分（图六十八、图六十九、图七十一）。（三）悬山山墙上瓜柱梁上皮，及椽三者所包括之三角形部分。

厢栱　　在斗栱最外或最里一踩上承托挑檐枋或井口枋之栱，长按斗口之七点二倍（图二十五、图二十六、图三十、图三十二）。

厢房　　正房之前，左右配置之建筑物（图八）。

混　　弧形之凸面。

廊　　建筑物内狭而长，上有遮顶；不为居处，而为通行孔道之部分。

廊墙　　檐柱与金柱间之墙（图三十八）。

琉璃瓦　　敷有琉璃之瓦，多黄色或绿色，亦有蓝黑及他色者，宫殿庙宇所用（图七十八）。

望柱　　栏杆栏板与栏板间之短柱（图六十八）。

望板　　椽上所铺以承屋瓦之板。

【十二画】

帽儿梁　　天花井支条之上，安于左右梁架上以挂天花之圆木。

裙肩　　墙之下部，高按檐柱三分之一（图五十八）。

裙板　　槅扇下部主要之心板（图八十三、图八十四、图八十五）。

短抱柱　　上槛中槛之间安横披之抱柱，亦称短抱框（图八十三）。

童柱　　立于梁或枋上之柱。

棋枋板　　重檐下檐，承椽枋之下桃尖梁头以上之板（图四十）。

博脊　　一面斜坡之屋顶与建筑物垂直之部分相交处（图四十）。

博脊枋　　楼房下檐博脊所倚之枋（图四十）。

博风　　见博风板。

博风板　　悬山或歇山屋顶两山沿屋顶斜坡钉在桁头上之板，宽六椽径或八斗口，厚一点二斗口（图八十一）。

博风砖　　硬山上部随前后坡做成博风形之砖（图五十五、图五十八、图七十七）。

硬山　　山墙直上至与屋顶前后坡平之结构（图五十五及图七十七）。

筒瓦　　横断面作半圆形之瓦（图七十八）。

御路　　宫殿台基之前，踏跺之中，不作级式而雕龙凤等花纹之部分（图七十三）。

喜相逢　　旋子彩画分配法之一种（图一百零二）。

雅五墨　　旋子彩画之不用金色者（图一百零五）。

窗间抱柱　　在一间面阔正中之抱柱（图八十二）。

散水砖　　台基下四周，与土衬石平之墁砖，以受檐上滴下之水者。

锋　　两斜面相交而成之部分，其断面作 形。

翘　　斗栱上在前后中线上伸出之弓形木，平身科之翘高二斗口，宽一斗口（见斗栱各图及图三十三）。

翘飞椽　　屋角部分翘起之飞椽（图四十八）。

搭角闹翘　　角科上由正面伸出至侧面之翘（图二十八）。

搭角闹昂　　角科上由正面伸出至侧面之昂（图二十八）。

搭袱子　　苏式彩画将檐桁垫板檐枋中部联合成半圆形之枋心（图一百）。

隔心　　槅扇上部之中心部分（图八十三）。

隔断墙　　建筑物内部，前后金柱间之墙（图三十八）。

装修　　柱与柱间，用木制能透光、透气、可关、可开之隔断物（图八十二、图八十三、图九十二）。

牌楼　　两立柱之间施额枋，柱上安斗栱檐屋，下可通行之纪念性建筑物（图一百一十）。

【十三画】

殿　　（一）堂之高大者，天子之堂（图十一及图十二）。（二）释道祀其神灵之室。

楞线　　彩画枋心外之一周（图九十八）。

楞木　　承重上承托之木，以承楼板者，今俗称龙骨（即格栅）。

腰枋　　大门门框与抱柱间之横枋（图九十二）。

腰线石　山墙裙肩之上，上身以下，前后压砖板之间之石块（图五十八及图七十七）。

椽　桁上与桁成正角排列以承望板及屋顶之木材，其横断面或圆或方。

椽椀　桁上承椽之木，高二斗口，厚半斗口。

雷公柱　（一）庑殿推山太平梁上承托桁头并正吻之柱（图五十一）。（二）斗尖亭榭正中之悬柱（图六十一、图六十三、图六十五）。

歇山　悬山与庑殿相交所成之屋顶结构（图三十九、图五十一、图五十九）。

溜金斗栱　后尾起秤杆之斗科（图三十七及图四十六）。

群色条　正脊或垂脊下线道瓦之一种，其断面作 ▨ 形（图四十、图七十八、图八十一）。

蜈蚣圈　旋子彩画之别名（图九十八）。

楼　（一）高两层以上之建筑物。（二）牌枋上有斗栱及檐屋之部分。

楼板　楼之地板。

签尖　墙肩之误书。见墙肩。

锦　彩画内作锦纹之母题。

锦枋线　彩面各部分间之线道。

锦枋心　彩画用锦为母题之枋心。

毂轳　天花支条彩画，燕尾正中之圆心（图九十六及图九十七）。

满面黄　博脊与博脊枋间之空隙遮盖瓦（图四十及图七

十八）。

满面绿　同前，色绿。

【十四画】

滴水　陇沟最下端有如意形舌片下垂之板瓦（图四十、图七十八、图八十一）。

滴珠板　楼阁上平台四周保护承重端头及斗栱之板。

榻板　槛墙上风槛下所平放之板（图八十一及图八十三）。

榻脚木　歇山大木在两山承托草架柱子之木，见方同桁径（图三十九及图五十一）。

鼻子　清水脊上两端翘起部分。

箍头　梁头彩画两端部分（图九十八及图九十九）。

箍头脊　卷棚式屋顶两山墙上由前坡引过后坡之垂脊。

管脚榫　柱下凸出，以防柱脚移动之榫。

墙　用砖石垒砌之隔断物。

墙肩　墙顶上或斜坡或圆坡部分，亦称签尖（图五十八）。

槛　柱与柱间安装槅扇构架内之横木（图八十二、图八十三、图九十二）。

槛窗　窗扇上下有转轴，可以向内或向外启闭之窗（图八十三及图八十七）。

槛墙　槛窗以下之矮墙（图八十二、图八十三、图九十二）。

槛垫石　门槛下，与槛平行，上皮与台基面平，垫于槛下之石。

楠扇　　柱与柱间用木做成之隔断物（图八十三）。

楠抱柱　　中槛下槛之间安楠扇之抱柱。

【十五画】

槽升子　　正心栱两端之升（图二十六、图三十、图三十二）。

撙头　　屋角垂脊端上仙人之座砖之一（图七十八）。

箭楼　　城门瓮城墙上之楼（图二十一）。

撑头　　斗栱前后中线上，要头以上，桁椀以下之木材（图二十九）。

磉墩　　柱顶石下之基础。

踏跺　　由一高度达另一高度之阶级（图六十八）。

踢　　阶级竖立之部分。

鞍子脊　　即元宝脊。

墨线　　彩画线道用墨者。

墨线大点金　　旋于彩画线道用墨，菱花心地用金者（图一百零五）。

墨线小点金　　旋子彩画线道用墨，花心用金者（图一百零五）。

横披　　楠扇上槛以下，中槛以上之部分（图八十三）。

蝼蝈椽　　卷棚式大木最上一段之曲椽（图四十一）。

墀头　　山墙伸出至檐柱外之部分（图五十八、图七十六、图七十七）。

踩　　（一）斗栱上每出一拽架谓之一踩，俗书彩（图二十九及图三十五）。（二）台阶或梯踏脚之部分。

踩梁枋　　踩步梁下之辅材。

踩步金　　歇山大木，在梢间扒梁上，与其他梁架平行，与第二层梁高相近，以承歇山部分结构之梁。两端做假桁头，与下金桁相交，放在交金墩上（图五十一）。

踩步金枋　　踩步金下，与之平行之辅材。

踩步梁　　箭楼两山檐柱金柱间之联络梁。

【十六画】

燕尾　　天花枝条相交处之彩画（图九十六及图九十七）。

燕尾枋　　悬山伸出桁头下之辅材。厚按柱径十分之三，宽加厚二寸。

擎檐柱　　城楼上檐四角下用以支檐角之柱。

【十七画】

檐　　屋顶伸出至墙或柱以外之部分。

檐柱　　承支屋檐之柱（图三十八）。

檐椽　　屋檐部分之椽，上端在老檐桁上，下端搭过正心及挑檐桁。

檐垫板　　无斗栱大式大木及小式大木檐檩及檐枋间之垫板（图四十一）。

檐墙　　檐柱与檐柱间之墙（图三十八）。

檩　　小式大木之桁，径同檐柱。

翼角翘椽　　屋角部分如翼形或扇形展出而翘起之椽（图四十八）。

【十八画】

覆莲销　　溜金斗后尾穿通各层秤杆之销（图三十六）。

礓磜　　不用踏跺而将斜面做成锯齿形之升降道（图七十四）。

【十九画】

攒　　斗栱结合成一组之总名称。

藻井　　即天花中心井形部分。

藻头　　彩画箍头与枋心间之部分，俗作找头。

瓣　　（一）翘或栱头为求曲线而斫成之短平面（图七及图二十二）。（二）彩画内之花瓣。

【二十一画】

霸王拳　　梁枋头饰之一种，由两凹半圆线三凸半圆线，连续而成之花头（图十二）。

夔龙　　用杠子草画成程式化之龙。

清式营造则例各件权衡尺寸表

Dimensions Of Building Components In The Qing Dynasty

表一 斗栱各件口数

斗栱	平身科			柱头科		
	长 （斗口）	宽 （斗口）	高 （斗口）	长 （斗口）	宽 （斗口）	高 （斗口）
攒档	11					
正心瓜栱	6.2	1.25	2			
单材瓜栱	6.2	1	1.4			
正心万栱	9.2	1.25	2			
单材万栱	9.2	1	1.4			
厢栱	7.2	1	1.4			
翘	按拽架 定长	1	2	头翘2		
				或		
昂	按拽架 定长	1	2（连嘴3）	头昂2	2（连嘴3）	
耍头	按拽架 定长	1	2	桃尖梁头	4	$5\frac{1}{2}$
撑头	按拽架 定长	1	2	桃尖梁头	4	$5\frac{1}{2}$
坐斗	3 #	3	2	4 #	3	2
槽升子	1.3 #	1.7	1			
三才升	1.3 #	1.5	1			
十八斗	1.8 #	1.5	1	翘昂头宽 +0.8	按高低定	1
正心枋		1.25	2			
拽枋		1	2			

续表

斗栱	平身科			柱头科		
	长 （斗口）	宽 （斗口）	高 （斗口）	长 （斗口）	宽 （斗口）	高 （斗口）
机枋		1	2			
井口枋		1	3			
宝瓶		径2.4	3.5			

凡升或斗皆以面阔方面之度量称为长。

表二 梁

梁	大式		小式	
	高	厚	高	厚
桃尖梁	$\dfrac{正心桁至挑檐桁}{2}$ +4.75斗口	6斗口		
桃尖随梁	4斗口	3.5斗口		
桃尖假梁头	$\dfrac{正心桁至挑檐桁}{2}$ +4.75斗口	5斗口		
抱头梁			$1\dfrac{1}{2}$ 檐柱径	$1\dfrac{1}{5}$ 檐柱径
穿插			1D	$\dfrac{4}{5}$ D
桃尖顺梁	同桃尖梁			
随梁	4斗口+1%长	3.5斗口+1%长	1D	D-2寸
扒梁	6.5斗口	5.2斗口		
踩步金	7斗口+1%长	6斗口		
踩步金枋	4斗口	3.5斗口		
递角梁	桁径+平水	柱头径	桁径+平水	柱头径
角云	$\dfrac{1}{2}$ 桁径+平水	柱头径	$\dfrac{1}{2}$ 桁径+平水	柱头径
递角随梁	4斗口	3.5斗口	D+2寸	D
抹角梁	6.5斗口	5.2斗口	1.5正心桁径	1.2正心桁径
抹角随梁	5.8斗口	4.7斗口		

续表

梁	大式		小式	
	高	厚	高	厚
七架梁 （大柁）	8.4斗口 或1.2厚或1.3厚	7斗口或D+2寸 或3寸	2.1厚或1.3厚	D+2寸
五架梁 （二柁）	7斗口 或 $\frac{5}{6}$ 大柁高	5.6斗口 或 $\frac{4}{5}$ 大柁厚	同大式	同大式
三架梁 （上柁）	$\frac{5}{6}$ 二柁高	4.5斗口 或 $\frac{4}{5}$ 二柁厚	同大式	同大式
双步梁	1.2厚	D+2寸	1.2厚	D+2寸
单步梁	$\frac{5}{6}$ 双步梁高	$\frac{4}{5}$ 双步梁厚	同大式	同大式
顶梁	按下架梁收2寸	按下架梁收2寸		
太平梁	同三架梁	同三架梁		
榻角木	4.5斗口	3.6斗口		
穿梁	2.3斗口	1.8斗口		
天花梁	6斗口+2%长	$\frac{4}{5}$ 高		
天花枋	6斗口	$\frac{4}{5}$ 高		
帽儿梁	径＝4斗口+2%长			
贴梁	2斗口	1.5斗口		

算梁通例：
凡大柁不论架数俱按柱径加二寸为厚，高按厚之1.2倍。往上每层梁之高厚，俱按下层之十分之八，或六分之五。

D＝檐柱径（后续所有表格中出现意思相同）

表三 柱

柱	大式		小式	
	高	径	高	径
檐柱	60斗口	6斗口 （收 $\frac{1}{1000}$ 分）	$\frac{4}{5}$ 面阔或11径	$\frac{1}{11}$ 高
金柱	60斗口+廊步五举	6.6斗口	$\frac{4}{5}$ 面阔+廊步五举	檐柱径加1寸
重檐金柱		7.2斗口		
童柱		6.6斗口		
中柱		7斗口		
山柱				檐柱径加2寸

表四 枋

枋	大式		小式	
	高	厚	高	厚
大额枋	6.6斗口	5.4斗口		
小额枋	4.8斗口	4斗口		
重檐上大额枋	6.6斗口	5.4斗口		
单额枋	6斗口	5.5斗口		
平板枋	2斗口	3.5斗口		
檐枋（老檐枋同）	4斗口	4斗口-2寸	同檐柱径	$\frac{4}{5}$D
金（脊）枋	3.6斗口	3斗口	D-2寸	$\frac{4}{5}$D-2寸
燕尾枋	3斗口	1斗口	$\frac{1}{2}$D	$\frac{1}{6}$D
支条	2斗口	1.5斗口		
贴梁	2斗口	1.5斗口		
天花枋	6斗口	4.8斗口		
承椽枋	7斗口	5.6斗口		
雀替	长=$\frac{明间净面阔}{4}$	高=$1\frac{1}{4}$柱径	厚=$\frac{3}{10}$柱径	

表五　瓜柱

瓜柱	大式		小式	
	宽	厚	宽	厚
柁墩	9斗口	按上一层柁厚收2寸	2D	按上一层柁厚收2寸
金瓜柱	厚加1寸	按上一层柁厚收2寸	1D	1D
脊瓜柱	5.5斗口	4.5斗口	1D	1D
交金墩	4.5斗口	按上一层柁厚收2寸		
雷公柱 （庑殿用）	径同脊瓜柱厚			
角背	长1步架，宽 $\frac{1}{2}$ 脊瓜柱高，厚 $\frac{1}{3}$ 高			
草架柱	2.3斗口	1.8斗口		
脊瓜柱平水	高4斗口或 $\frac{2}{3}$ D		D−1寸	

表六 桁檩

桁檩	大式	小式
	径	径
挑檐桁	3斗口	
正心桁	4.5斗口	1D
金桁	4.5斗口	1D
脊桁	4.5斗口	1D
扶脊木	4斗口	

表七　垫板

垫板	大式		小式	
	高	厚	高	厚
由额垫板	2斗口	1斗口		
金（脊）垫板	4斗口	1斗口	$\frac{1}{2}$D+1寸	$\frac{1}{5}$D
檐垫板			$\frac{1}{2}$D+2寸	$\frac{1}{5}$D
燕尾枋	3斗口	1斗口	$\frac{1}{2}$D	$\frac{1}{6}$D

表八　角梁

角梁	大式			小式		
	长	高	厚	长	高	厚
老角梁	按出檐	4.2斗口	2.8斗口		$\frac{3}{5}$ D	$\frac{8}{5}$ D
仔角梁	出檐飞头	4.2斗口	2.8斗口			
由戗		4.2斗口	2.8斗口			

表九　椽、连檐、瓦口、望板、枕头木

	大式		小式	
	高或长	厚、径，或见方	高	厚、径，或见方
方（飞）椽	按 $\frac{3}{10}$ 柱高加抱架	1.5斗口		$\frac{3}{10}$D
圆（檐）椽	按 $\frac{3}{5}$ 飞檐出	1.5斗口		
连檐	1.5斗口	1.5斗口	$\frac{3}{10}$D	$\frac{3}{10}$D
瓦口	1斗口	0.6斗口	按瓦酌定	$\frac{3}{10}$高
望板		0.5斗口		$\frac{3}{10}$D
枕头木	3斗口	1.5斗口	$\frac{3}{5}$D	$\frac{3}{10}$D

表十　歇山、悬山各部

	大式		小式	
	高或长	厚、径，或见方	高	厚、径，或见方
榻角木	4.5斗口	3.6斗口		
穿梁	2.3斗口	1.8斗口		
草架柱	2.3斗口	1.8斗口		
燕尾枋	3斗口	1斗口	$\frac{1}{2}$D	$\frac{1}{6}$D
山花板		1斗口		
博风板	8斗口	1.2斗口	$1\frac{4}{5}$D	$\frac{1}{4}$D
博脊板		$\frac{1}{10}$高		

表十一　石作

石作	大式			小式		
	高	宽	厚	高	宽	厚
柱顶	1D	2D	2D			
古镜	$\frac{1}{5}$ D					
陡板	台明高-阶条高			1.5D		
阶条	$\frac{2}{5}$ 宽	$\frac{3}{4}$ 上檐出-1D		$\frac{1}{2}$ D	1.4 D	
角柱				$2\frac{1}{6}$ D	1.5 D	$\frac{1}{2}$ D
压砖板				$\frac{1}{2}$ D	1.5 D	
挑檐石	1D	1.5D		$\frac{3}{4}$ D	1.5D	长=廊深加2.4 D
腰线石				$\frac{1}{2}$ D	$\frac{3}{4}$ D	
级石	4寸	1尺				
垂带	同阶条	同阶条				
陡板土衬	2寸					$\frac{1}{5}$ D
同高 五尺以上	2寸+5%高					
槛垫石	$\frac{2}{3}$ D	2 D				
门枕	$\frac{6}{7}$ D	2 D	$\frac{3}{7}$ D			
门鼓	$\frac{4}{5}$ D	$\frac{3}{5}$ D	$\frac{2}{5}$ D			

续表

石作	大式			小式		
	高	宽	厚	高	宽	厚
门鼓 （幞头）	$1\frac{1}{8}$ D	$\frac{4}{5}$ D	$\frac{1}{2}$ D			
御路	长不定	$\frac{3}{7}$ 长	$\frac{3}{10}$ 宽			
龙头	$\frac{1}{2}$ 台明高	$\frac{7}{6}$ 高	明长=台明高			
望柱	$\frac{19}{20}$ 台明高	$\frac{2}{11}$ 柱高	$\frac{2}{11}$ 柱高			
栏板	$\frac{5}{9}$ 柱高	$\frac{11}{10}$ 柱高	$\frac{6}{25}$ 本身高			
望柱头	$\frac{4}{11}$ 柱高	径 = $\frac{2}{11}$ 柱高				
地伏	同栏板厚	2本身高				

表十二　瓦作

瓦作	大式		小式	
	高	**宽**	**高**	**宽**
挑山台基	$\dfrac{\text{地面至耍头下皮}}{4}$	$\dfrac{3}{4}$ 上出檐	$\dfrac{1}{5}$ 柱高或2D	2.4D或 $\dfrac{4}{5}$ 上出檐
歇山台基	$\dfrac{\text{地面至耍头下皮}}{4}$	$\dfrac{3}{4}$ 上出檐	$\dfrac{1}{5}$ 柱高或2D	2.4D或 $\dfrac{4}{5}$ 上出檐
硬山山出			$\dfrac{1}{5}$ 柱高或2D	1.8山柱径
磉墩	2D+4见方寸			
拦土	2D			
山墙				2.4D
裙肩			$3\dfrac{2}{3}$ D	2.4 D
墀头			长=3D−小台	1.8D−金边或1.5D
檐墙	$1\dfrac{1}{2}$ D+八字			
槛窗槛墙	$3\dfrac{2}{3}$ D	$1\dfrac{1}{2}$ D		$1\dfrac{1}{2}$ D
支摘窗槛墙	$2\dfrac{3}{4}$ D	$1\dfrac{1}{2}$ D		$1\dfrac{1}{2}$ D

表十三　槛框

槛框	宽	厚	长
下槛	$-\frac{4}{5}$ D	$\frac{3}{10}$ D	
中槛	$\frac{2}{3}$ D	$\frac{3}{10}$ D	
挂空槛	$\frac{2}{3}$ D	$\frac{3}{10}$ D	
上槛	$\frac{1}{2}$ D	$\frac{3}{10}$ D	
风槛	$\frac{1}{2}$ D	$\frac{3}{10}$ D	
抱柱	$\frac{2}{3}$ D	$\frac{3}{10}$ D	
门框	$\frac{4}{5}$ D	$\frac{3}{10}$ D	
门头枋	$\frac{1}{2}$ D	$\frac{3}{10}$ D	
门头板		$\frac{1}{10}$ D	
榻板	$1\frac{1}{2}$ D	$\frac{3}{8}$ D	
连楹	$\frac{2}{5}$ D	$\frac{1}{5}$ D	
门簪	长=$\frac{1}{7}$ 门口宽	径=$\frac{1}{9}$ 门口宽	
门枕	高=$\frac{2}{5}$ D	$\frac{4}{5}$ D	2D
荷叶墩			

表十四　槅扇

槅扇	看面	进深
边梃	$\frac{1}{10}$ 槅扇宽或 $\frac{1}{5}$ D	$\frac{3}{20}$ 槅扇宽或 $\frac{3}{10}$ D
抹头	$\frac{1}{10}$ 槅扇宽或 $\frac{1}{5}$ D	$\frac{3}{20}$ 槅扇宽或 $\frac{3}{10}$ D
仔边	$\frac{2}{3}$ 边梃看面	$\frac{7}{10}$ 边梃进深
棂条	$\frac{4}{5}$ 仔边看面	$\frac{9}{10}$ 仔边进深
绦环板	高=$\frac{1}{5}$ 槅扇宽	$\frac{1}{20}$ 槅扇宽
裙板	高=$\frac{4}{5}$ 槅扇宽	$\frac{1}{20}$ 槅扇宽
花（隔）心	高=$\frac{3}{5}$ 槅扇高	
帘架心	高=$\frac{4}{5}$ 槅扇高	

表十五　琉璃作（琉璃作度量以营造尺为单位）

琉璃作	两样			三样			四样			五样		
	高	长	宽	高	长	宽	高	长	宽	高	长	宽
吻	十三块 10.5	9.1	1.6	十一块 9.2	7.3	2.18	九块 8 7	6.3	1.9	七块 5.5	3.7	1.06
剑把	3.25		2.1	2.5 2.7		1.6	1.9 2.4	4.9 1.3		1.6		0.98
背兽	0.65	0.65	0.65	0.6	0.6	0.6	0.55	0.55	0.55	0.5	0.5	0.5
吻座		1.55	1.25	1	1	1.45	0.9	0.5 0.6	1.2	0.8 0.55	0.55 1.05	1 0.55
垂兽头	2.2	2.1		1.9	1.9		1.6 1.8			1.5	1.5	0.46
莲座		3.7			2.8			2.7			2.2	
仙人	1.55	1.35	0.65	1.35	1.25	0.6	1.25	1.15	0.55	1.05	1.1	0.5
走兽	1.35	1.35	1.35	1.2	1.2	1.2	1.05	1.05	1.05	0.9	0.9	0.9
通脊	1.95	2.4	1.6	1.75	2.4	1.4	1.55	2.4	1.2	1.15	2.2	0.9
黄道	0.65	2.4		0.55	2.4		0.55	2.4				
大群色	0.65	2.4	1.65	0.45	1.55 2.4		0.4			0.35		
垂脊	1.35 1.65	2 2.4	1.2	1.5	1.8		0.85	1.8		0.75 0.65	1.5	0.75
搧头		1.55	0.85	0.45	1.55		0.38	1.55	0.85	0.25	1.4	0.85
撑扒头	0.85	1.55		0.35	1.05 1.5		0.25	1.4		0.25	1.14	0.85
三大连砖		1.3	1.05	0.33	1.3		1.45	1.3		0.3	1.25	0.85
套兽	0.95	0.95	0.95	0.75	0.75	0.75	0.75	0.75	0.75	0.65	0.65	0.65
吻下当沟		1.5			1.05			1.05				
博脊	0.85	2.2		0.85	2.2		0.65 0.75	2.2				
满面黄	厚 0.15	1	1	厚 0.15	1	1	1	1				

六样			七样			八样			九样		
高	长	宽	高	长	宽	高	长	宽	高	长	宽
五块 4.5 3.8	2.9 2.7	8.5	3.4	1.85 2.7	0.65	2.2	1.66	0.5	2.2	1.66	0.5
1.2 1.5	0.7		0.95			0.65			0.65		
0.45	0.45	0.45	0.4	0.4	0.4	0.25	0.25	0.25	0.25	0.25	0.25
0.7	0.65 0.5	0.65 0.95	0.85	0.6	0.9		0.6			0.6	
1.2	1.2	0.5	1	1	0.45	0.6			0.6		
	2.1	0.67		1.3			0.9			0.9	
0.7	1	0.45	0.6	0.95	0.4	0.4	0.9	0.35	0.4	0.85	0.2
0.6	0.6	0.6	0.55	0.55	0.55	0.35	0.35	0.35	0.35	0.35	0.35
0.85	2.2	0.85	0.85	2.2	0.69	0.55	1.5		0.55	1.5	
五样以下不用黄道											
0.3			0.25								
0.67 0.55	1.6 1.4	0.67	0.21	1.4	0.65						
0.28	1.4		0.25	1.4		0.25	1.4		0.25	1.4	
0.28	1.4		0.25	1.4		0.25	1.4		0.25	1.4	
0.3	1.2	0.7									

续表

琉璃作	两样			三样			四样			五样		
	高	长	宽	高	长	宽	高	长	宽	高	长	宽
合角吻	3 3.4	2.1 2.7		2.5 2.8	2.1		2.8	2.1				
合角剑把	0.8 0.95		0.56	0.75 0.95			0.75					
群色条	0.4	1.3		0.4	1.3		0.35	1.3		0.3	1.3	
角兽	比垂兽小一号											
角兽座												
勾头	厚0.1	1.35	0.65		1.25	0.6		1.15	0.55		1.1	
滴水		1.35	1.1		1.3	1		1.25	0.95		1.2	
筒瓦		1.25	0.65		1.15	0.6		1.1	0.55		1.05	
板瓦		1.35	1.1		1.25	1		1.2	0.95		1.15	
正当沟	0.6	1.2		0.5	1.05		0.6	1		0.55	0.9	
斜当沟		1.75			1.6		0.6	1.5		0.6	1.35	
压带条	0.5	1.1		0.35	1		0.2	1	0.6	0.09	0.9	
平口条	0.5	1.1		0.35	1		0.2	1		0.09	0.9	
博风砖												
三连砖												
托泥当沟										0.8	1.2	
博风												
随山半砖												
墀头砖												
戗檐砖												
三色砖												
承奉连 二面				同								
博脊连砖 一面							0.4	1.25		0.28	1.25	
博脊瓦							0.8	1.25		0.8	1.22	

六样			七样			八样			九样		
高	长	宽	高	长	宽	高	长	宽	高	长	宽
0.25	1.3		0.22	1.3			1.3			1.3	
0.3	1	0.7		1.3							
	1	0.45		0.95	0.4		0.9	0.35		0.85	0.3
	1.1	0.75		1	0.7		0.95	0.65		0.9	0.6
	0.95	0.43		0.9	0.4		0.85	0.35		0.8	0.3
	1.05	0.75		1	0.7		0.95	0.6		0.9	0.6
0.4	0.8		0.5	0.7		0.3	0.65		0.3	0.6	
	1.2		0.5	1			0.9			0.3	
0.05	0.75		0.05	0.7		0.05	0.65			0.6	
0.05	0.75		0.05	0.7		0.05	0.65			0.6	
0.65	1.2		0.6	1							
			1.3	1.6							
						0.15	1	0.55			
0.45	1.2	0.6	0.45	1.3							
0.25	1.2		0.22	1.2	0.65						
0.7	1.2		0.65	1.2							

附　营造算例

Appendix: Dimensions of Construction In The Qing Dynasty

初版序

中国关于建筑的术书，最重要的莫过宋李明仲《营造法式》和清工部颁行的《工程做法则例》，《营造法式》流传本成于宋哲宗元符三年（公元一一零零年），于徽宗崇宁二年（公元一一零三年）初次镂印，近年紫江朱桂辛先生已重刊印行，在研究中国建筑的路程上立下一个极重要的标识。《工程做法则例》刊行于雍正十二年（公元一七三四年），与《营造法式》可称前后两部相对的官书。《工程做法则例》的体例非常拙陋；详细的分析，既非"做法"又非"则例"。做法须要说明如何动手，如何锯，如何刨，如何安装……总而言之，就是如何做；则例须要说明结构部分机能上的原则，归纳为例，包括一切结构部分的尺寸大小地位关系。然而《工程做法则例》在做法方面，没有一字说明；在则例方面，只将各部分的尺寸排列，而这尺寸乃是书中所举建筑物绝对的尺寸，而不是比例的或原则的度量。例如卷一是"九檩单檐周围廊单翘重昂斗栱斗口二寸五分大木做法"，在此一卷中，将建筑的各部长、宽、高，三量一件一件地记出，绝没有一字关于做法或则例的解释。术书而没有"举一反三"的可能，若使建筑物放大或缩小一分一寸，全篇便不能应用，如此呆板的体裁，岂能说明建筑上无穷的变化？所以《工程做法则例》一书，向来匠家虽然奉为程式，但都别有抄本，历代传授。

近年朱先生组织中国营造学社，对于这种手抄本，尽力搜求。在纸堆旧摊里求得多种，题目各各不同，有叫"工程做法"的，有叫"营津大木做法"的，又有分题做"大木分法""小木分法"或"某作分法"的，内容都是原则算例，正是《工程做法则例》中所缺少的"则例"一部分，比《工程做法则例》的体裁高明得多。为求早早供之学者，已在《中国营造学社汇刊》二卷一期起分三次付印。初次刊行，"但以印刷代抄写，志在保存本来面目……悉仍其旧……"但是刊印中错字颇多，且原有句读很不清楚，加之以章节不分，次序凌乱，文法不通，别字、错字、省写字都非常之多，研究很不容易。现在我把它重新校读一次，把章节分清，把颠倒的次序重新排比，字句稍有增减，并加标点，使读者于纲领条目易于辨别。

至于内容，增减之处极少；只有一段，在原抄本瓦作做法后的勾股弦算法，本来是极浅易的平面几何，偏被那不清不楚的文字和歌诀弄得糊糊涂涂，我们目的在建筑而不在数学，所以删去。此外关于数学上的错误，比较还不算多，其中最显著的如大木杂式第八节第七条内，关于圆形的求法有"俱按径三一四法算"比较算准确的，而大式瓦作第十一节关于同问题却用"三三加之"，却相差甚远了。但这种错误，读者一看便知，所以仍照原本不改。

以现代观念来研究建筑的人，所注重的点不是艺术便是工程方面。但是读者若以这种观念和眼光来读本书，就会发生许多误解和疑问。原来中国匠家向有"样房"和"算房"之别。样房的职责和现代建筑师大略相同，主要的职务是设计。算房的职责，较似现代辅助土木工程师，专司计算材料的助手，在力的计算上，我们虽不能断定他完全不知道，但可以说不是他所注重的，他所注重的还是经济方面。所以本书的最大目标，好像还是以估价报销为主。例如石作做法第二节第一条说："挑山歇山面阔进深，按柱中面阔进深……得台基宽若干，加倍即是……"以一个平日以工程或艺术眼光研究建筑的人来观察这抄本，因他平日在设计的时候，在面阔进深上只为一面设计，其他相同的一面，不必另外注明，现在看见加倍二字，心中必不免要起疑惑，以为建筑物大小何以要加了一倍，其实以算料为主要目标的算例是应该如此声明，以免算少了一半的危险。与此相类的例很多，再举两条如下：

大式瓦作第三节第二条第二段，墀头背馅："……以此长宽核计砖个数若干，凑入前所约之砖个数之内，即是每层背馅砖个数。"这几句话完全是解释如何求得所需用的砖的数目，与工程和艺术上是没有一点关系的。

又如：同节第六条，山尖："俱二个折一个算。"是因为山尖是三角形，以山尖的长乘高所得的数目，便是两个山尖之面积，所以"二个折一个算"。这不过是其中几个最明显的例，其实这全部书的最大目标在算而不在样。不过因为说明如何算法，在许多地方于样的方面少不了有附带的解释，我们现在由算的方法得以推求出许多样的则例，是一件极可喜的收获。至于做法一层，大概都在木匠师傅教徒弟的时候互相传授，用不着笔墨，所以关于做法的书我们还没有发现；即使偶有以做法命名的，也都是算法而不是做法。

还有一个切要的问题，在《工程做法则例》和本书中都没有解释的，就是建筑物各部分的定义和解释。读者除非对于中国建筑已有相当的认识，把本书打开，只见满是怪名词，无由解读。为要补救这两者之不足，编者已著有《清式营造则例》一书，用图说解释名词和做法，与本书相辅刊行。在本书中编者于释名和做法上不再赘述，求读者原谅。

建筑的创造，如同一切艺术的创造，不应该受规矩的拘束。这算例的刊行，编者希望它不要立下圈套来摧残或束缚我们青年建筑家的创造力，希望的是我们的新建筑家"温故而知新"，借此增加他们对于中国旧建筑的智识，使他们对于中国建筑的结构法有个根本的、整个的了解，因而增加或唤起他们的创造力，在中国建筑史上开一个新纪元。

新会梁思成识　公元一九三二年二月

再版序

《营造算例》出版以来，已到了再版的时候，现在趁《清式营造则例》出版之便，用五号字道林纸重刊，作为则例的辅刊。

自初版刊行以后，我们又陆逐收集到不少与《算例》类似的抄本，其中最重要的，莫过于几部关于牌楼的底本。这部分材料已经刘敦桢先生的研究，编为《牌楼算例》，载《中国营造学社汇刊》第四卷第一期。现经蒙刘先生的允许，收入《营造算例》之中作为第十章。可惜的是因为体裁的关系，刘先生的绪言及许多的照片不能收入。

其次，我们得到一本《瓦作做法》抄本，其文与本书第五章前十节大致相同，但在卷头有这样一篇序：

> 孟子曰："离娄之明，公输子之巧，不以规矩，不能成方圆"，虽神而明之，犹不过于度量之间，我辈何人，岂可不遵绳尺乎？
>
> 余幼时读书未就，为口腹之迫，随（遂？）受业于营修之门；毫不曾做（执？）斧刃以施威，犹（尤？）未尝动刀凿不（以？）用世（事？），少（稍？）习长短宽狭薄厚高低而已。于暇时潜索先贤修□□□，靡不备载，诚

无往而不至。有赵公□讠□章者，其所作《营津》一书，搜幽剔隐，理真论确，初阅各（如？）（槅？）数彻之墙，久思则升堂入室。义恐不尽，更佐之以方田，勾股，少（修？）广诸法，犹（尤？）称魁绝。

唯瓦作一途，未及发明，考之诸论，又各不一；咸云大木为首，骨已成，何论皮肉点染乎？临期拟之，虽不中不远矣，置之毋论可也。然当神化久历之公（工？），自无须论；以初学较之，似难为入门之阶梯。余不敏，潜心于斯，详情探理，置点墨于其中；使入门有一定之成规，自无歧绪（路？）之狐疑。非余敢强同道者之从我，实为初学入口之前驱，于规则未必无补益。唯诸公哑之笑之（？）复谅之。谨此是为叙。

北平方载庭叙

《营造算例》大木诸章的原著者赵讠□章的名字，在此寻得，却又偏偏损蚀，真是可喜更可气的事。而瓦作诸章，则方载庭所作，可惜无年月可考。而方先生自己却说"毫不曾执斧刃以施威，尤未尝动刀凿以用事，稍习长短宽狭薄厚高低而已"，这就是行话所谓算房师父。现在我们建筑师，不也就是如此吗？

思成又志　公元一九三四年五月

第一章

斗栱大木大式做法

The Building Regulations
In The Qing Dynasty

231

第一节　通　例

面阔　按斗栱定；明间按空当七份，次梢间各递减斗栱空当一份。如无斗栱歇山庑殿，明间按柱高六分之七，核五寸止；次梢间递减，各按明间八分之一，核五寸止。或临期看地势酌定。

通进深　按通面阔八分之五。如有斗栱，核正空当，要空当坐中。如无斗栱歇山庑殿房，核五寸止。其次梢间，临时核檩数再定。或临期看地势酌定。

檐柱　高按斗口六十份。如无斗栱，按明间面阔七分之六。或临期再定。径按斗栱口数六份，如无斗栱歇山庑殿房，按高十分之一。

步架　廊步按柁下皮高十分之四，其余脊步架，按廊步八扣，俱核双步，或临期按檩数再定。檩数按步架加一檩即是。

举架　檐步五举，飞檐三五举。如五檩脊步七举。如七檩金步七举，脊步九举。如九檩下金六五举，上金七五举。脊步九举。如十一檩下金六举，中金六五举，上金七五举，脊步九举。或看形势酌定。举架加斜，按每步步架，用每尺外加尺寸因之。

十举一四一因，九五举一三八因，九举一三五因，八五举一三一因，八举一二八因，七五举一二五因，七举一二二因，六五举——九因，六举——七因，五五举——四因，五举——二因，四五举——因，四举一零八因，三五举一零六因，三举一零四因，二五举一零三因。

唯飞檐椽头，三五举椽下加斜桦，按下系几举，即按椽径用几举归除，得斜桦长。如椽径三寸，按六举归除，每六分得一寸，计得斜桦长五寸，如金里用隔椽板，花架椽，不用加下斜桦。檐椽后尾，不用除勾。

出檐　　自阶条上皮至挑檐桁檐椽上皮，通高若干，用一丈一尺二寸归除若干，每高一丈，得出檐三尺三寸，得若干，再加斗栱拽架，凑即通高。又法；自阶条上皮；至挑檐桁下皮，高若干，每高一丈，得平出檐三尺，再加拽架。重檐之上檐出檐，如上下檐斗栱一样，即照下檐平出。如上檐斗栱多几拽架，照下平出外加几拽架，凑即通平出。

算上檐平出快法。

凡歇山庑殿房有斗栱者，上平出檐，俱按斗栱口数并拽架。

如一拽架，每斗口一寸，得平出檐二尺四寸；

如两拽架，每斗口一寸，得平出檐二尺七寸；

如三拽架，每斗口一寸，得平出檐三尺；

如四拽架，每斗口一寸，得平出檐三尺三寸。

俱核每多一拽架，即加三寸，俱连拽架在内。

除溜金举外做法按每高一丈，出檐三尺三寸，俱按飞檐三五举，得高一尺一寸五分五厘，再加下高一丈，共得一丈一尺一寸五分五厘，即一丈一尺二寸；算通高若干，即按高一丈一尺二寸归除，得溜举一尺二寸，举下高一丈。

歇山收山　　按正心桁径一份，系正心桁中至立闸山花板外皮。

庑殿推山　　除檐步方角不推外，自金步至脊步，按进深步架，每步递减一成。

如七檩每山三步，各五尺；除第一步方角不推外，第二步按一成推，计五寸；再按一成推，计四寸五分，净计四尺零五分。

如九檩，每山四步，第一步六尺，第二步五尺，第三步四尺，第四步三尺；除第一步方角不推外，第二步按一成推，计五寸，净计四尺五寸；连第三步第四步，亦随各推五寸；再第三步，除随第二步推五寸，余三尺五寸外，再按一成推，计三寸五分，净计步架三尺一寸五分；第四步，又随推三寸五分，余二尺一寸五分，再按一成推，计二寸一分五厘，净计步架一尺九寸三分五厘。

第二节　柱

檐柱　　径高用前法。每高一丈。柱头收分七分。如用管脚榫，长按柱径折半，径按本身长八扣。

金柱　　高按廊深；如有斗栱，以斗中加至挑檐桁中，共用五举，得高若干，再加檐柱高，连至挑檐桁上皮尺寸，共高若干，内除金桁径，并平水各一份，余即高（系檩上皮至檩上皮尺寸）。径按檐柱径，外加一成。如用管脚榫，同檐柱法。如单檐，周围廊四角用金柱，高按明缝金柱高，外加一平水高即是。余俱同檐柱。

里围攒金柱　高按金柱高，外加金平水一份，再以金柱往里，攒几步加几步举架若干，内除攒金上平水一份，余即高，系平水上皮举至平水上皮。径按金柱径，每攒一步加径一寸。如用管脚榫，同檐柱法（无斗科用此法）。

重檐金柱　高按廊深，如有斗栱，以斗中再加至挑檐桁中，共若干，内除承椽枋半个厚，净用五举得高若干（系自挑檐桁上皮，至檐椽后尾下皮，在承椽枋外皮），再加檐柱，连至挑檐桁上皮尺寸，加檐椽后尾下皮，至承椽枋上皮尺寸，加博脊高（七样计高一尺，每大一样，加高四寸）。再加上檐大额枋高，五宗共凑高。径按檐柱径外加二成；如用管脚榫，同檐柱法。其椽后尾下皮，至承椽枋上皮，按椽中分，承椽枋宽，下六分，上四分；依上四分；加半个椽子斜径即是（椽子斜径按一一二斜）。

童柱　随重檐顺梁上安。按重檐金柱通高，内除椽柱连至顺梁上皮尺寸，再除斗盘明高尺寸，余即高（系与金柱头平）。径按金柱头径，每平身长一丈，加径七分。上榫长按斗盘厚一半；如在扒梁抹角梁上安，除至扒梁抹角梁上皮，其余俱同。

如扒梁抹角梁落下安，即按落下除。

中柱　高按檐步至脊步加举，得高若干，再加檐柱至正心桁上皮尺寸，得通高若干；内除脊桁径一份；如有捧梁云，再除捧梁云净高尺寸，余即净高。如不用捧梁云做法，外加桁椀，按桁径四分之一。径按檐柱径至中柱步架，每步加径一寸。如用管脚榫同前。

　　随中柱顺梁上童柱　　高按中柱通高，内按前除童柱法，其余俱同。

第三节　额　枋

　　小额枋　　长按面阔，其梢间长，外加半个柱头径，再加出榫按本身宽折半。高按檐柱径八扣。厚按高自一尺二寸收二寸，一尺二寸往上，每高一尺，再收分一寸。

　　由额垫板　　长按面阔；高按小额枋高折半；厚按本身高收二寸。

　　大额枋　　长按面阔；其梢间长；外加半个柱头径，再加出榫按本身宽折半。高按檐柱径外加一成。厚按檐柱头径九扣。

　　重檐上檐大额枋　　长按面阔；其梢间外加半个金柱头径，再加出榫按本身宽折半。高按金柱径加一成。厚按金柱径九扣（应除一檐步架）。

　　单额枋　　长按面阔：其梢间长，外加半个檐柱径；再加出榫按本身高折半。高按檐柱径。厚按柱头径九扣。

　　脊额枋　　长按面阔；其梢间长收一步架。高按中柱径。厚按中柱径九扣。

　　平板枋　　长按面阔；其梢间长，同大额枋。宽按三个半口数（系与大斗进深齐）。高按两个口数。

　　脊平板枋　　长按面阔；其梢间长收一步架；宽高同上。

关门枋　　长按柱中面阔进深，如安槁扇，高厚同桃尖梁（下皮与随梁下皮平）。如安门，高厚同檐大额枋（下皮与顺梁下皮平）。

雀替　　长按净面阔尺寸四分之一，即分净长；外加榫，长按柱径十分之三凑即长。高按柱径四分之五，厚按柱径十分之四。

第四节　斗　栱

【甲　斗栱分攒做法】

昂翘斗栱　　如先定面阔，后分攒数；按柱径，每六寸得斗口一寸，斗口十一份即是斗中至斗中。再按面阔分攒数，空当坐中；如斗口单昂斗栱，自大斗斗口底，至撑头木上皮，计三踩，里外各一拽架。每加一层，即按斗口单昂踩数拽架外加一踩；里外各加一拽架即是每攒进深并高。每一踩高按两个口数，每一拽架按三个口数。

一斗二升交麻叶斗栱　　如先定面阔，后分攒数，按柱径六寸，得斗口一寸，以斗口八份，即是斗中至斗中。再按面阔分攒数，空当坐中。自大斗斗口底至桁条下皮，计高二踩，每踩高同前。

一斗三升斗栱　　分攒数，踩数，俱同一斗二升交麻叶斗栱，减麻叶添中升一个。

十字荷叶格架栱　　攒数按金里瓜柱分位即一攒，其高连荷叶斗栱，同瓜柱法。口数随檐里口数。

一斗二升荷叶雀替格架栱 高连荷叶斗栱雀替，按挎空随梁上皮至柁下皮空当即高。口数随檐里斗栱口数。空当高按随梁下皮与大额枋下皮平。下层高低在雀替上取齐；如随梁上皮至柁下皮空当高者，即用瓜栱、万栱二层，其余在雀替上取齐；如随梁上皮至梁下皮矮者，只用瓜栱一层，其余高亦在雀替上取齐；下层雀替用木单算。

【乙 斗栱上各种枋及附属品】

踩斗枋 长按面阔，高按两踩一斗底，厚按一个半口数，同前法。

正心枋 长按面阔，高按一踩，厚按一个半口数。其层数，自斗口二踩以上用，再至撑头木上皮，每一踩得一层。其撑头上皮桁椀分位一层，高按挑檐桁径若干，加挑檐上皮，至正心桁上皮，举架高若干，二共高，内除正心桁径一份，余即是桁椀一层高。

如斗口单昂，无此一层。其层数除两踩外，昂翘以上要头一踩，撑头木一踩，对机枋桁椀一踩，此踩其高不等，如高者，分二层做。

一斗二升交麻叶斗栱，并一斗三升斗栱，俱正心枋一层。如歇山，其梢间长，同箍头桁长即是。

脊正心枋 长按面阔，其梢间长收一步架，高厚同上。

拽枋 长按面阔，其梢间长，外面每层递加一拽架，里面每层递除一拽架，即长；高按一踩七扣；厚按一个口数。其层数按拽架，里外各几拽架，每一拽架，计枋子一层，里除井口枋外除机枋，其余即拽枋。

机枋　　长按面阔，其梢间长按面阔中，加至挑檐桁中，再加挑檐桁半分，角梁厚一份；高按一踩；厚按一口数。长即同挑檐桁。

井口枋　　长按面阔，其梢间长按面阔，内除去井口枋中，至斗栱中拽架若干，余即长；高按三个口数；厚按一口数（上皮与挑檐桁上皮平）。

压斗枋　　（系斗栱里面不露明，无拽枋用此。）长按面阔，其梢间内除斗栱中，至压斗枋中拽架若干，再加压斗枋中一个厚即长；高按四个口数，厚按三个口数（即是井口枋分位）。

花台枋　　（系溜金斗，后尾，并龙井天花等处方用。）长按面阔进深定长，厚按一个口数，高按一个半口数（如进深者为花枋，面阔者为花穿枋）。

挑檐枋　　长同挑檐桁，高按挑檐桁径六分之五，厚按挑檐桁径三分之一。

覆莲销　　（系歇山挑金悬四柱者方用此，又溜金斗科后尾亦用。）每斗口一寸，应长八寸，外莲头长一寸六分；见方一寸（即按一口数）。

昂翘斗栱垫栱板　　每斗栱空当一个计一块，长按斗中至斗中尺寸，除斗底下面阔尺寸，净若干，外加两头入槽，各按斗口三分之一。高按两踩一斗底，再加上面入槽，同两头。厚按正心枋厚三分之一。其斗底高，按一踩除斗口高十分之四，斗底计高十分之六（即用六扣），斗底下面阔，按上面阔（三个口数）除口数八扣余即下面阔。

一斗二升交麻叶斗栱，并一斗三升斗栱垫栱板，宽按一踩一斗底，高加入槽，长厚俱同前。

盖斗板　每斗栱一空，一拽架，计一块，长按栱中至中除去一个口数净若干，再加两头入槽，各按本身厚一半。宽如正心枋至拽枋者，按一拽架除去半个正心枋厚，净若干，用一一八斜；如拽枋至拽枋者，按一拽架，用一二斜，拽枋至机枋者；按一拽架，除去半个机枋厚，净即宽（此板平安）；拽枋至井口枋者，按一拽架，用一五六斜；正心枋至机枋者，按一拽架，除去半个机枋厚，半个正心枋厚，得净宽（系平安）；正心枋至井口枋者，按一拽架，除去半个正心枋厚，半个井口枋厚，净若干用一九八斜。厚按斗口三分之一（外正心至机枋，里正心至井口）。

宝瓶　高按机枋高一份，再加挑檐桁径十分之六即高。径按角梁厚十分之八分。

第五节　梁

桃尖梁　长按廊深，加金柱径半份，再加系后出榫按桃尖梁宽半份，再加斗中至机枋中拽架若干，再加机枋中往外出桃尖，按两拽架，五宗凑即长。高按要头一踩，机枋一层，挑檐桁径一份，再加挑檐桁上皮，至正心桁上皮，举架高若干，除去半个正心桁径即宽（高）。厚按六个口数（即按柱径）。如后尾顶天花梁即不出榫，只到金柱中，其挑檐桁上皮至正心桁上皮高，按挑檐桁中至正心桁中，几拽架尺寸，随檐用五举，得高若干即是。

桃尖随梁　长按廊深，加半个金柱径，再加后出榫按本身高折半，再加半个檐柱头径，再加前出榫按本身宽折半，五宗凑即长。高厚同小额枋。

此梁下皮与小额枋上皮平；如单额枋，此梁中对单额枋下皮；如后尾顶关门枋，即不出榫。

桃尖假梁头　长按斗栱中往外，至机枋中拽架若干，再加机枋中往外出桃尖，按斗栱两（拽）架，以斗中往里，至井口枋中拽架若干，再加井口枋往外一拽架半，凑即长。高同桃尖梁，厚按五个口数。

角云　按桁径三份，用一四一四斜即长。高按桁径半份，平水高一份，厚同柱头径。如有挑托步架，长按挑出步架一份，正心桁径一份，加倍用一四一四斜即长；高厚同上。

各架带桃尖通梁　长按进深中至中，再加两头斗中以外拽架，并桃尖长若干，俱同桃尖梁法。高同桃尖梁，厚按六个口数（即柱径）；自长一丈往外，每长一丈，加高一寸。

各架落金带桃尖梁　长按落金步架中，一头加斗中以外拽架并桃尖长，俱同桃尖梁法。高厚同上。

各架落金接尾带桃尖梁　长按接尾步架中，一头加斗中以外拽架并桃尖长，俱同桃尖梁法。高厚同落金梁。

随麻叶斗栱踩步梁　长按廊深，加半个金柱径，加后出榫，按随梁宽一半，再加栱中往外两拽架凑即长。高按两踩半个檩径，外加机面半份，凑即高。厚同柱径。

踩步随梁　　长同桃尖随梁法；高厚同小额枋。

各架带踩步梁头并麻叶头通梁　　长按进深中，加两头斗中以外，各按两拽架凑即长。厚同踩步梁法。高按柱径若干，自长一丈往外，每长一丈外加高一寸。

各架落金带踩步梁头并麻叶头　　长按落金步架中，一头加斗中以外，按两拽架凑即长；高厚同上。

各架落金接尾带踩步梁头并麻叶头　　长按接尾步架中，一头加斗中以外，按两拽架凑即长；高厚同落金梁。

桃尖顺梁　　长按面阔中，一头加斗中以外拽架并桃尖长，俱同桃尖梁法；高厚同桃尖梁。

顺梁带要头　　长按面阔中，加斗中至机枋拽架，再加机枋中往外出要头，按斗栱一拽架凑即长；高厚同桃尖梁。

各架随梁　　长按步架中即长；如出榫，按柱径一半，本身宽半份；如重檐之上檐，无榫。下皮与大额枋下皮平。高厚同小额枋；自长一丈往外，每长一丈，高厚各加一寸。

随梁带斗栱昂嘴并斗底　　长按面阔中；如随进深，即按进深中，加斗中至机枋中拽架，再加机枋中往外出昂嘴，按斗栱一拽架，半个口数，凑即长；如出翘，按一拽架并一口数七扣尺寸即长。按一斗底，至要头下皮几踩即宽。高按小额枋厚，自长一丈往外，每长一丈，加高一寸。

扒梁　　长按面阔中，外加机面半份。高按正心桁径一份半。厚按高八扣，下皮至正心桁中。如两头俱在桁条上安。长至中，加机面一份，如一头扒在梁上，下皮与梁上皮平。

抹角梁 长按两步架；如在桁条上安，加一个机面，用一四一四加斜，外加本身厚一份即长；如有斗栱在平板枋上安，长枋两步架，加一个正心枋厚，用一四一四加斜，外加本身厚一份即长；如带方桲头，长按两步架中，加半个桲头宽，一个桲头长，用一四一四加斜即是连桲头长。高厚同扒梁法。其桲头长按檩径，厚按柱径。

抹角随梁 长按两步架，用一四一四加斜，外加本身厚一份即长。高按抹角梁九扣；厚按高八扣。

斗盘 见方按童柱径四分之五，厚按童柱径折半，露明高按厚十分之四。

踩步金 长按步架中，两头各加半个檩径，一个角梁厚，凑即长。高按金桁径一份，椽子斜径一份半，自长一丈往外，每长一丈，加高一寸；如挑金做，每长一丈，加高一寸五分。厚按高八扣。

踩步金枋 长按步架中；如挑金做，长同踩步金，高厚同小额枋。

七架梁 长按六步架，外加檩径二份。高按九步架梁高六分之五，厚按高八扣。如无九架梁，无斗栱，厚按檐柱径每边加一寸五分，高按厚八分之十。

五架梁 长按四步架，外加檩径二份。高按七架梁高六分之五，厚按高八扣。如无七架梁，无斗栱，高厚同七架梁无斗栱法。

三架梁 长按二步架，外加檩径二份，高按五架梁高六分之五，厚按高八扣。

　　三穿梁　　长按三步架，外加檩径一份，高厚同踩步金。如带桃尖头，再加栱中以外拽架并桃尖长；高厚俱同桃尖梁法。如无斗栱，高厚同七架梁无斗栱法。

　　双步梁　　长按二步架，外加檩径一份，高按三穿梁高六分之五，厚按高八扣。如无三穿梁，无斗栱，厚按檐柱头径，每边加一寸，高按厚每尺加二寸。

　　单步梁　　长按一步架，外加檩径一份，高按双步梁高六分之五，厚按高八扣。

　　挑托梁　　如出檐长过步架者，长按进深，两头各外加正心桁一份，挑檐桁一份即长；高厚如几檩，即前几架梁法，挑出步架，按正心桁径一份（系正心桁中，至挑檐桁中尺寸）。

　　递角梁　　无斗栱周围廊用，里出榫，外角云，长按廊深，外加桁径一份半，随梁宽半份，用一四一四斜，再加金柱径半份，共凑即长，宽厚同角云。

　　递角随梁　　长按廊深，加里外出榫凑若干，用一四一四斜，再加檐金柱径各半分即长，高厚同小额枋。

　　庑殿太平梁　　长按两步架，外加桁条机面一分，高厚同三架梁。

第六节　瓜　柱

　　金瓜柱　　高按一步架桁条上皮至桁条上皮举高若干，加下桁条上皮至柁背上皮尺寸，内除上桁径一份，平水一份，余即高，厚按上柁厚收二寸，宽按厚加一寸。

脊瓜柱　　高按一步架桁条上皮至桁条上皮举高若干，加下桁条上皮至柁背上皮尺寸，共凑若干，内除脊桁径一份，余若干，加桁椀一份，按桁径四分之一；宽厚同三架梁。

柁墩　　长按桁径二份，宽按上柁厚收二寸，高按金瓜柱净高法，外加扒柁背，按本身宽每一尺加二寸。

顺梁上交金墩　　长同上。宽按檩径一份。高按檐步架桁条上皮至桁条上皮举高若干，加檐桁上皮至顺梁上皮尺寸，共若干，除上桁径一份，余即净高。外加扒柁背按本身宽每一尺加二寸。

其檐桁上皮至顺梁上皮尺寸，按檩径半份即是。要头一踩，机枋一层，挑檐桁径一份，再加挑檐桁上皮至正心桁上皮举高尺寸，共若干，再除去顺梁通高尺寸即是。

扒梁上交金墩　　长宽同上，高按檐步架桁条上皮至桁条上皮举高若干，除扒梁上皮至桁条上皮高尺寸，再除上桁径一份，余若干，外加扒柁背同上。扒梁上皮，至桁条上皮尺寸，按扒梁高若干，除去半个檩径即是。

雷公柱　　庑殿用。高按脊步架，桁条上皮至桁条上皮举高若干，内除桁条上皮，至太平梁上皮尺寸，余若干，外加带吻桩尺寸，按扶脊木径八扣一份，再加吻高八分之五，共凑即通高。径按脊瓜柱厚。其桁条上皮至太平梁上皮尺寸，按太平梁上皮高若干，除半个桁径即是。

捧梁云　　长按柱头径三份。高按柱径半份加桁径半份；净高按脊正心枋高。厚按长四分之一。

脚背 长按一步架。高按脊瓜柱除桁椀净高尺寸折半。厚按高三分之一。

第七节 桁枋 垫板 角梁

金、脊枋 长按面阔，其梢间长按面阔收一步架。高按小额枋高九扣。厚按高八扣。如庑殿前后坡，其梢间长按面阔，每道递减山里步架一步即长；两山每山每道递减进深步架二步即长；高厚同上。

平水垫板 长同金、脊枋。高按耍头，撑头木二踩（即平水宽尺寸）。如金、脊柁梁窄小者，每高一步，平水即收一寸。厚按檐平水高三分之一。

如庑殿前后坡，两山长俱同金、脊枋，高厚同上。如无斗栱平水垫板即同硬山法。

挑檐桁 长按面阔；其梢间长按面阔，再加斗中拽架，以斗中往外，有几拽架，加几拽架，至机枋中，再加本身径半份，角梁厚一份，凑即长；如重檐，上檐梢间收一廊步架；其余加法同上。径按三个口数。上下皮与井口枋平。

如无斗栱柁托挑檐桁，长按面阔，其梢间长，外加挑出步架一份，本身径半份，角梁厚一份，凑即长。径按正心桁径七扣。

正心桁 长按面阔；其梢间长按面阔，自斗栱两拽架往上，加本身径一份，如斗栱一搜架，加本身径半分。径按口数四个半。

如箍头桁，长按面阔，外加本身径半份，角梁厚一份即长。径俱按檐柱径十一分之十，机面按径十分之三，用麻叶斗栱，并一斗三升斗栱，或用角云，其长俱照此法。

金脊桁　长按面阔；其梢间长按面阔，除收山分位（系至山花板外皮）外加入博风，按厚五分之二，径按五个口数。如无斗栱歇山庑殿房，径按檐柱径十一分之十。其博风厚，按椽径八扣。

如庑殿前后坡金桁，其梢间长按面阔每根递减一步；头步金桁，系除檐步往上除步架，俱按推山净步架尺寸除之，一头加交角，按桁径半份，由戗厚一份即长。其脊桁梢间长按面阔，除去山里步架，净若干，一头加出榫，按雷公柱径一份，共若干。如长五尺以下，俱带次间桁条，五尺以上俱单算。每山金桁长，按每层递减进深步架，净若干。两头各交角，同上。径同上。

扶脊木　长同脊桁；其梢间长，按脊桁除去入博风榫余即长。径按脊桁径八扣。如庑殿其梢间长按脊桁除去雷公柱中往外出榫若干，余即长（系至雷公柱中，其次间代算。如长单算，俱同脊桁）。

脊桩　每通脊一件用一根。高按桁径四分之一，扶脊木径十分之八，又脊高十分之九（脊通高按檐柱十分之二），三共凑即高。宽按脊桁径三分之一，厚按宽三分之二。

老角梁　长按通平出，除去平飞头，再加檐步架，共用五举，得高若干，内后除金桁径半份，前除檐椽径二份，余为勾；另将前除飞头净平出，并步架，加出翘椽径二份，俱用一四一四斜得若干，为股；用勾股求弦法，得弦长若干，再加后三岔头，按桁径一个半，用一四一四斜，得并入前弦，共即长。

如重檐之下檐刀靶角梁，按前除飞头平出，并步架若干，用五举得高若干，内后除本身宽一份，前除椽径二份，余若干为勾；另将前出檐步架出翘，用一四一四斜，得若干为股；用勾股求弦，后至柱中，再加金柱径半分后出角云，按本身宽一分，共凑即长。

单檐并重檐上下檐老角梁，俱按梓角梁通长，内除飞檐椽飞头长，并套兽榫长定长，外加后三岔头，按金柱径一份。如重檐之上檐，按前法定长，外加后三岔头，按桁径一份。如下檐不加后三岔头，宽按同梓角梁（如下檐后出角云，再加金柱径半份本身进宽一分）。

又法：步架单老角梁，平出共若干，用一七六因即得长，外加尺寸在内。

又法：老角梁，长按檐椽长加桁径一份半，共用一四一四斜，再加起翘，按椽径二份。高按椽径三份，厚按椽径二份。

以上各法，高厚俱同。

梓角梁　　长按通平出檐，除去平飞头，净若干，加一檐步架，共用五举得高若干，前后除椽径五份，余若干为勾；另将通平出，并步架，前出翘，按椽径三份，共若干，用一四一四斜，得若干为股；用勾股求弦得弦长，加后尾桁椀，按半个檩径，用一四一四斜，再加套兽榫，按本身厚一份，俱并前弦共凑，即长。

又法：按檐步架，加通平出共若干，用一七因即长，外加尺寸在内。如重檐之下檐刀靶角梁，长按前法通长，除去尾后押桁椀尺寸，到金柱中即长。

又法：按檐步架通平出若干，用一六二因，即长。外加尺寸在内。

又法：重檐下檐梓角梁，长按檐椽长，加飞头，再加桁径半份，用一四一四斜，再加起翘，按椽径半份，高厚同老角梁。重檐上檐长，再加出水按斗口二份。

由戗 庑殿四角用，每角除檐步架外，其余每一步用一根，长按进深步架为股，面阔步架为勾，按勾股求弦法，得弦长若干，即角里平步架尺寸。再将此为股，以进深步架举高为勾，又用勾股求弦法，得弦长若干，即净长尺寸，再加上扒桁椀，按桁径半份，用一四一四斜，再加下榫，按本身厚一分凑即长。高厚同老角梁。

第八节　椽

檐椽 长按平出，除去平飞头，加檐步架净若干，按五举加斜得长，除后尾斜勾，按椽径半份，后下皮至桁条中不加斜榫。径按金桁径三分之一。根数按飞檐椽两个厚分面阔尺寸，其梢间除一步架成双。

如重檐并单檐，两山俱按步架并平檐共平长若干，除去平飞头，又除去承椽枋厚半份，按五举加斜得长若干，再加入承椽枋眼，按本身径半分，即长。余同上。

翼角檐椽　长径俱同檐椽。根数俱按檐步架，加通平出檐得长若干，用飞檐椽两个厚分之，核单。

飞檐椽　长按挑檐桁中往外平出若干，用三分之一，即得飞头平出；按三五举加斜除后斜勾分位，净若干，再加里口外檐椽头金边，按椽径十分之二，共得飞头上皮斜尺寸，再按一头三尾即通长。高按檐椽径十分之九分半即高，厚按檐椽径十分之九。根数同檐椽。

如重檐之上檐，同下檐，其除后尾斜勾分位，按见方十分之三分半。

翘椽　长按飞檐椽长，均加一二斜，高同檐斜径，厚同飞檐椽厚。根数同翼角檐椽。

上中下花架椽　长俱按步架若干，按举架加斜得若干，加下斜榫，按椽径一份，用下举归除即长。上至桁条中。径同檐椽径。梢间按扶脊木长，用二个飞檐椽厚分之，即得根数，其余同檐椽。

如庑殿，每角斜根数，如面阔角，按山里步架分之，两山角，按进深步架分之，得每角若干根，内除整长尺寸一根，其余每二根，折正长一根。面阔每坡根数，按正面平身若干根，二角斜折若干，两坡共凑，即是面阔根数。长同上法。两山根数，按正面平身若干，二角斜折若干，二山共凑若干根。其长按推山法净得，按面阔步架为股，进深步架举高为勾，用勾股求弦法，得弦长即长。其斜榫径，俱同上。

脑椽　长按脊步架，再按举架加斜得若干，加斜下榫，按椽径一份，用下举归除即长，上入扶脊木，至桁条中连榫在内。根数径寸，俱同花架椽。

如庑殿角，斜分根数，面阔折根数及长径斜榫，俱同花架椽。

两山根数，每山按进深二步分根数若干，内除整长二根，其余每二根折一根，两山共凑即是。

衬头木 正心桁上安，长按檐步架，除半个角梁，一四斜，厚净若干，再加斜榫，按本身厚半份即长。高按椽径二份；厚按正心桁径几面一份（无斗栱厚按椽径一份）。

如挑檐桁上安，长按檐步，外加斗栱拽架，以斗中往外有几拽架加几拽架，共长若干，内除半个角梁一四斜厚，再加斜榫，按本身厚半份即长。

高按椽径二份，外加挑檐桁中，至正心桁中，每宽一尺，加起翘一寸，凑即高，厚按挑檐桁径几面一份。

椽椀 长按面阔进深，每面每角，除去一檐步，共除八步，余即长。高按椽径一份半，厚按高十分之二。

隔椽板（金里安装修用） 以通面阔，除两廊步，余即长。高按椽径一二斜，厚按高四分之一。

里口木 长按通面阔进深，外加每面每角，除去平飞头，并檐椽头金边，净平出檐尺寸，再加起弯翘，按椽径一份，八角共加凑即长。高按椽径一份，望板厚一份，厚按椽径一份。

连檐 长按通面阔进深，外加每面每角通平出檐尺寸，再加起弯翘，按椽径三份，八角共加凑即长。高按飞檐椽高，厚按高十分之九。

瓦口　　如周围檐，长同连檐；如排山，长按每坡博风长，除角脊应踮分位，按椽径一份，净若干，四坡凑即长。高按椽径十分之七（连落连檐槽在内），厚按连檐高十分之四。

第九节　望　板

檐顺望板　　长按檐椽长，除里口宽，并檐椽头金边，又上除檐椽斜榫一份（系按椽径一份，用举架归除得）。三共除若干，余即长；上至花架椽榫尖。块数按檐椽根数外每面加一块。宽按飞檐厚二份，再核块数均宽。厚按椽径十分之三。

如重檐之下檐，长按檐椽长除里口宽，并椽头金边，再除后尾入槽分位，按椽径折半，余即长。

翼角顺望板　　长宽厚俱同檐顺望板；块数按翼角檐椽根数。

飞檐顺望板　　长按飞头长，前除一连檐后加一连檐即长。宽厚块数，俱同檐顺望板。

翘顺望板　　长按飞檐顺望板长，用一二加斜即长；宽厚同檐顺望板；块数同翘椽根数。

上中下花架顺望板　　长按花架椽长，上除椽子斜榫，按椽径一份，用举架归除，得若干，外加斜榫，按本身厚一份，凑即长。宽厚同檐顺望板。块数按花架椽根数，每一坡除一根。

脑顺望板　　长按脑椽长，上除入扶脊木分位，按椽径折半，余若干加下榫按本身厚一份凑即长。宽厚块数俱同花架顺望板。

如庑殿花架脑顺望板，前后坡两山，每面每步按折椽数加一块即是。块数，长宽厚，同上法。

押[*]飞尾　　押飞檐翘椽尾横望板。通宽按飞檐椽后尾，即宽。长按通面阔进深加八角通平出檐共若干，内除八角，每角斜尖，按本身通宽一份，飞檐顺望板长一份，连檐宽一份，八角共除若干，余若干，再外加八角斜尖折四角，按本身通宽四份，共凑即通长。长宽折见方尺，每六尺三寸，得一块。净长七尺，宽九寸。厚按顺望板厚十分之七。

望板引条　　随飞檐顺望板者，道数按望板块数，再每面外加一道。每道长按望板长即是。

随翘顺望板者，道数按望板块数，每面每角减一道。长同上。

随檐顺望板者，按前后坡望板块数，再每坡加一道。每道长按望板长除去押飞尾横望板通宽尺寸即长。两山道数，按两山块数，再每山外加一道。长按望板长，除去押飞尾横望板通宽尺寸，再除自榻角木外皮，至踩步金外皮，不露明通宽，并挨榻角木，横引条宽尺寸即长。

随翼角顺望板者，道数按望板块数，每面每角减一道。每道长按望板长。内除同檐顺望板。前后两山俱同前。

随花架脑顺望板者，道数按望板块数，每坡加一道。长按花

---

*　"押"同"压"。

架脑顺望板凑长若干，除去各望板马蹄榫，并横引条宽尺寸，净即长。

随榻角木并博风外皮横引条，二道，每道长按通进深除去博风一份，外收山二份，再角梁一四一四斜厚一份即长。

随角梁者，每角二道。每道长按梓角梁长，除前套兽榫长，并连檐宽，后尾檩径，俱用一四一四斜各尺寸净即长。

随押飞尾横望板者，横道数按望板块数加一道。每道长按望板四面均长，除去横望板顺引条宽，并挨角梁引条宽各尺寸，净即长。

顺道数按横望板每路块数，每面减一道。每道长按横望板通宽即长。

随扶脊木者二道，每道长按扶脊木通长除去山花板厚二份净即长。

随金里顺望板搭头者，横道数，每搭计一道，每道长与挨扶脊木引条同。如重檐随承椽枋者，横道数，长按金柱中通面阔进深，柱子外皮至外皮即是长。如庑殿随花架脑顺望板者，顺道数，四坡上每坡每步架按各望板折的块数减一道。每道长按各望板长，除去马蹄榫，并横引条宽一份各尺寸，净即长。横道数四坡上每坡除檐桁脊外，每金桁一道计一道。每道长按各桁条至中通长，除去由戗厚一份，并引条宽二份，俱用一四一四斜各尺寸净即长。随由戗者，每角二道，每道长按由戗净凑长尺寸即长。以上各引条，宽按椽径折半，厚同望板厚。

第十节 歇山各部

榻角（脚）木 长按正心桁中至中进深若干，除前檐二步架，系金檐中至中尺寸，再每头加一个半金桁径即长；高按金桁径一份；厚按高八扣。

草架柱子 根数按檩数；除正心桁并头一步金桁外，其余俱有草架柱子。高顶哪一檩，即按哪一檩举架核算；俱以头一步金桁上皮，至桁条上皮，高若干，除上桁径余若干，再加头一步金桁上皮至榻角木上皮高净即高。宽厚按榻角木高厚各折半。

其头步金桁上皮至榻角木上皮高尺寸，按檐步架用五举，系正心桁上皮，至头步金桁上皮高若干内除收山尺寸，并山花板厚三分之一，共用五举得除高若干，再除椽径连望板厚——二斜高一份，榻角木高一份，三共除若干，余即是。

穿梁 根数除檐桁并头一步金桁，其余中金桁，每一檩计穿通一道；每道，有一步计一根，长按步架中，其顶桁条之边步架，一头除桁径半份即长。高厚同草架柱子宽厚。

立闸山花板 至扶脊木上皮，上加椽径一份，下加落榻角木槽，按榻角木厚半份，高按檐桁上皮，至脊桁上皮高若干，再加扶脊木径八扣一分，椽径一份，共高若干，内除收山举高，再除椽径一份，望板厚一份，俱按——二斜（快法，按檐桁上皮，举至脊桁上皮高即是中高，不除不加，两头各高照下），又除榻角木（内除落槽），净高若干，共凑除余即中高；两头各高，按金桁径一份半（山花板下皮留苫背并窬瓦分位）。通宽按榻角木长即宽，厚按椽径六扣，如高一丈，往上每高一丈加厚五分。如雕花，外加厚一寸。

山花结带 以山花板中高尺寸，加榻角木挎下露明尺寸，二共若干，内上除博风板宽，加结带之外金边尺寸，二共宽，按脊举加斜，除若干，下除博脊高，并结带之外金边分位尺寸，余即高。长按檐桁中至中进深步架若干内除去收山二檩径，再除角梁一四斜厚，余净得进深若干，再除两头分位，按博脊高，并结带之外金边各二份，再除博风板宽，并结带之外金边各二份，用一一二斜得除若干，余即下长尺寸（博脊高，同博脊板法。结带外金边按博风板厚一分）。

博风板 长按步架，内檐步架，除去博风以外收山，并角梁厚半份，用一四一四斜除若干，余得檐步若干，用一一二斜，再加金脊步架，桁条上皮，至上皮斜若干，再加脊桁以上椽径一份，凑即长。宽按檩径二份九扣。厚按椽径八扣。

如两截两剐做，上截上一块宽按宽折半，长按步架分长若干，外加下斜榫，按本身宽一份接缝，系几举即按几举，每宽一尺加长几寸；上截下一块，同下截上一块，长按步架分长即长，下一块除上斜榫（同上截上一块法），又除下马蹄长，按本身宽二份。如整长两剐做，内下一块，宽按宽折半，长除上一块长若干，内除上斜榫，按脊里举架，如几举，每宽一尺即除几尺；又除下马蹄，同前法。

厢嵌山花象眼 如赤脊明，自踩步金以上起，每一步象眼一个。宽按步架，除桁径半份，瓜柱宽半份，净即宽；高按步架桁条上皮，至上皮举高若干，加下桁条上皮，至柁背上皮尺寸，上加椽径一份，凑即高；如踩步金上，高按步架举高若干，加椽径一份，内除下踩步金机面高尺寸，余即高。厚按椽径三分之一。每二个折一个核算。

其桁条上皮至柁背上皮尺寸，同加瓜柱法；踩步金上皮，至桁条上皮高，按踩步金高，除桁径一份，余即是。

厢嵌柁当　　通宽按步架除瓜柱宽一份，余即宽。高按瓜柱净高。厚同前法。

随厢嵌山花象眼柁当　　二面引条凑长，挨柁当者，长按步架，除瓜柱宽一份，余上下二面四份；象眼下者，按步架除桁径半份，瓜柱宽半份，二面二份，挨椽者，按步架照椽子加斜，每步二面二份；挨瓜柱者，按瓜柱净高若干，每个二面二份；挨柁头者，按柁头上下出瓜柱净长，并柁头高尺寸，三共若干，每柁头一个，二面二份。宽按椽径折半。厚同象眼板。

第十一节　　重檐下檐各部

随博脊棋枋板上下槛　　长按面阔，见方按金柱径四分之一。

随博脊板抱柱　　长按承椽枋上皮至大额枋下皮高尺寸，除上下槛，余即长。见方同槛。

随棋枋板抱柱　　长按承椽枋下皮，至天花枋上皮高尺寸，见方同槛。天花枋上皮，即桃尖梁上皮尺寸。

博脊板　高按上檐平出檐，除去飞头净若干，用五举得若干，再将飞头平出，用三五举得若干，二共再加通平出檐即高，内除去平板枋下皮，至正心桁椽子上皮尺寸，再除大额枋宽，并下檐椽子下皮，至承椽枋上皮高尺寸，三共除若干，余即高。如有槛再除槛高。

又法：高按琉璃瓦样数定高，七样瓦计高一尺，每大一样即加高四寸，即得。如有槛，再除。长按周围面阔进深中凑长若干，除去金柱头径，并抱柱尺寸余即长。厚按高十分之一。

承椽枋　长按面阔，其梢间长按面阔收一步架，按椽斜径一份，椽子下皮按椽斜径一份半，椽子上皮按椽子斜径八扣一份，凑即高，厚按高每尺收二寸（其椽径按一一二斜）。今核宽按椽子斜径三个三分，厚按宽八扣。

承椽枋下棋枋板　高按金柱通高，内除檐柱高，并檐柱头至桃尖梁上皮尺寸，再除承椽枋高，并承椽枋上皮至大额枋下皮尺寸，上檐大额枋高尺寸，余即高。宽厚同博脊板。

又法：高按廊深举高若干，下加檩径半份，上除椽子下皮至承椽枋下皮尺寸，余即高；其椽子下皮至承椽枋下皮尺寸，按承椽枋高十分之六，内除半个椽子斜径，余即是。

第十二节　天　花

天花梁　长按进深中。高按支条高三份，自长一丈，往外，每长一丈，再加高二寸。厚按高八扣。

天花枋　长按面阔中。高按支条高三份。厚按高八扣。

帽儿梁　长按面阔除天花梁厚一份，其梢间长按面阔除去天花梁厚半份，再除栱中至井口枋中搜架，再除井口枋厚半分，余即长。径按支条高二份，自长一丈往外，每长一丈再加径二寸。进深每二井用一根。

连三支条　长按进深除至贴梁外皮净若干，按进深均分得每井长若干，按三井尺寸即长。高按斗口二份。厚按高除天花板厚余即厚。上踩梗按厚三分之一（如斗口二寸得高四寸，厚三寸，上梗高一寸，厚一寸。天花板厚一寸，长宽按支条各四面各加长一寸）。

连二支条　长按进深二井尺寸即长。高厚同上。

单支条　长按面阔除至贴梁外皮净若干，按面阔均分得每井长即一井尺寸。高厚同上。

贴梁凑长　按四面中，除天花梁、天花枋、井口枋、里口净若干，四面合角，共凑即长。高厚同支条。

天花板　井数按斗栱空当，每一当计一路，进深面阔相乘即得井数，坐中。长宽按支条尺寸，每面除去支条梗厚半份即长，厚按支条高四分之一，二块做，错缝宽按板厚即宽，每块加宽，即按错缝通宽折半。

穿带　每井二根。长按天花板宽即长。厚按天花板厚。宽按厚五分之六。

第十三节　加　榫

顶柁柱子上榫　长按柱头径十分之二。

大小额枋　除柱头径，两头各按柱头径十分之三。

平板枋两头银锭扣　各按本身宽十分之五，以柱中往外只用十分之二份半。

桃尖梁接尾扒梁　后不出榫；除柱中径，一头按柱中径三分之一。

正心枋　除桃尖梁头，两头各按本身厚折半，其梢间一头至中。桃尖梁头厚按斗栱口数四份。

外拽枋　除桃尖梁头厚，两头各按本身厚一份，其梢间一头至中拽架。

里拽枋井井口枋　俱除桃尖梁整厚，两头各按本身厚一份，其梢间一头至梢枋中。

押科枋　除梁整厚，两头各按本身厚加半份。

各架随梁承椽枋天花枋天花梁关门枋　俱除柱头径，两头各按柱径三分之一。

雷公柱瓜柱下榫　各按厚径十分之三，其瓜柱上榫，按本身厚十分之二。

金脊枋　各按瓜柱或柁墩厚十分之三。

桁条扶脊木　俱两头搭交榫，各按本身径十分之三。以上柱中往外只加一份半。

帽儿梁　　两头各按本身径十分之三。

博脊棋枋板槛框草架柱子穿梁　　俱各按本身宽半份。

垫板　　除柁厚，两头各按本身厚四分之三。

第十四节　　拉扯歌

人之四角枋子随，明缝枋子丁字倍。

葫芦套在山瓜柱，相拉金枋不用搂。

一字檐金脊枋用，枹头单拐自行为。

若缝（逢）过河君须记，落金泥并抱头推。

更有桁条易得定，平面拉扯按缝追。

两卷搭头及随倍，十字拉之不用颏。

唯有直板言何处？三卷搭头梁上飞。

若问三岔并五岔？拉定斗栱另栽培。

第二章

大木小式做法

The Building Regulations
In The Qing Dynasty

第一节　通　例

先定面阔进深　　金步按廊步八扣，如廊步深五尺，金步深四尺，其廊步按柱径五份定，是廊深。

又法：进深并廊深步架酌量算定之。

举架　　如五檩四步架，檐步五举，脊步七举；如七檩六步架，檐步五举，金步七举，脊步九举。

山出　　按檐柱径二份。

上檐出　　每柱高一丈，得平出檐三尺；如柱高一丈以外，得平出檐三尺三寸。

下檐出　　按上檐出八扣。

第二节　柱

檐柱　　定高按面阔一丈，得高八尺；外榫长五寸；径七寸。

金柱　　高按檐柱高一份，廊深步架举高一份，其举高按廊深一尺，举高五寸。径按檐柱径加一寸，外榫长同上。

山柱　　高按檐柱高一份，往里几步，按每步架举高凑高，外加平水一份，桁椀一份，其桁椀，按桁径四分之一；平水高，按柱径折半，再加二寸。径按金柱径加一寸，外榫长五寸。

第三节　梁

抱头梁　　按廊深一步架，外加桁径一份定长。高按柱径加四寸。厚按高收二寸。

穿插　　长按廊深一步架，前加桁径一份。高按柱径。厚按高收二寸。

五架梁　　长按进深柱中至柱中一份，外加桁径二份。高按柱径加四寸。厚按高收二寸。

随梁　　长按进深柱中至柱中一份。高按柱径。厚按高收二寸。

三架梁　　长按二步架，外加桁径二份。高厚按五架梁高厚各收二寸。

双步梁　　长按二步架，外加桁径一份。高厚同三架梁。

单步梁　　长按一步架，前加桁径一份。高厚按双步梁高厚各收二寸。

四架梁　　长按顶步一份，前后步架二份，桁径二份。高厚按下层梁高厚各收二寸。

顶梁　　长按顶步一份。外加桁径二份。高厚按四架梁高厚各收二寸。

　　接尾梁　　长按进深柱中至柱中一份，再加柱中一份，高厚同抱头梁。

第四节　瓜　柱

　　金瓜柱　　高按一步架，自桁条上皮至桁条上皮，举架高若干，加下桁条上皮至柁背上皮尺寸，二共凑若干，内除上桁径一份，平水一份，余即高。外加上下榫各长二寸。见方按柱径。

　　脊瓜柱　　高按一步架，自桁条上皮至桁条上皮举架高若干，加下桁条上皮至柁背上皮尺寸，二共凑若干；内除脊桁径，余若干；外加桁椀一份，其桁椀按桁径四分之一，凑即高，外加下榫长二寸。见方同上。桁条上皮至柁背上皮尺寸，高按檩径一份，平水高一份，二共凑若干，内除柁高，余若干即是。

　　柁墩　　按桁径二份定长。宽按上柁厚收二寸。高按算金瓜柱净高法，外加扒柁背，每宽一尺加二寸。

第五节　桁枋、垫板、角梁

　　檐枋老檐枋　　按面阔定长。高按檐柱径。厚按高收二寸。
　　金脊枋　　按面阔定长。高厚按檐枋各收二寸。

檐垫板　　按面阔定长。高按柱径半份，外加二寸。厚按柱径十分之二。如金脊桅梁窄小者，收高一二寸。垫板即是平水。

金脊垫板　　长按檐垫板。高按檐垫板高收一寸。厚同檐垫板厚。

桁条　　按面阔定长。径按柱径。如挑山加挑出一份，除博风厚一份定长。径同前。

挑山桁条　　其梢间长，按面阔，一头以柱中往外，加四椽四当，外入博风。厚按博风厚折半。

随金脊枋假箍头　　长按柱径，高厚同金脊枋。

三岔头　　长按柱径，宽厚同檐枋。即金脊枋箍头。五举一二，六举一二四，七举一二八，八举一三二，九举一三六，十举一四，凡六举每尺加二寸四分，其余皆按此法加之。

老角梁　　长按檐步架一二加斜，再加柱径一份半，再加檐出，除去飞头，共凑若干，用一四斜，再加椽径二份。

梓角梁　　长按檐步架，用一二斜，加柱径半份，再加檐出一份，共凑用一四斜，外加椽子见方五分。宽按椽径二份，厚按椽径二份。

由戗　　长按椽子长外加本身高一分定长。高厚同角梁。

第六节　椽

檐椽　　长按步架一份，用一二加斜，再加平出檐一份。其出檐，按柱高，每柱高一丈，得平出檐三尺。

如有飞檐椽，内除飞头一份定长。见方按柱径三分之一（或十分之三）。

飞檐椽 定飞头长，每柱高一丈，得飞头长一尺，飞尾长按头长三份共得是通长。见方同上。如游廊用一头二尾半。

花架椽 长按步架一份，用举架加斜。见方同上。

脑椽 长按步架一份，用举架加斜。见方同上。

锣锅椽 长按顶步架一份，加椽径一份。见方同上。

哑叭椽 长按檐步架一份，用一二加斜，加桁径半份定长。见方同上。

连檐 长按面阔，外加山出二份，除金边宽二份定长。见方按椽子见方。

瓦口 长按连檐长。高如头号板瓦，高四寸；二号板瓦，高三寸五分；三号高三寸。如筒瓦，头号高三寸，二号高二寸五分，三号高二寸。厚按高十分之三。

小连檐 长按面阔，高按椽径，厚按望板厚。

闸当板 长按面阔，高按椽径，厚按高四分之一。

隔椽板 长按面阔，高按椽径一·四斜（或一二斜），厚按高十分之一。

椽椀 长按面阔，高按椽径一份半，厚按高十分之二。

机枋条 长按面阔，高按椽径，厚按高折半。有锣锅椽用此，无锣锅椽不用。

第七节　望　板

横望板　按通面阔定长。按前后椽子凑宽，内除连檐见方二份，椽头金边二份定宽。其椽头金边，按椽子见方十分之二；又按四分之一。

宽用举架加斜，如五举，加长五寸；如六举，加长六寸；如七举，加长七寸；如八举，加长八寸；如九举，加长九寸；如十举，加长一尺。宽按柱径二份。厚同椽子见方。

找檐横望板　长同燕尾。宽按上檐出加前后桁径各半份，除连檐金边各二份定宽；如有飞檐椽，再除飞檐椽后尾长定宽。

飞檐望板　长同上。宽按飞檐椽通长定宽。俱折见方丈，每丈得板十八块一份，每块长七尺，宽九寸，厚六分。

第八节　挑山各部

挑山博风板　每一步架用一块，长按椽子长，外加斜榫（如五举，每宽一尺加长五寸；如七举，每宽一尺加长七寸）定长。宽按檩径二份。厚同椽子见方。如檩径八寸以上，按桁径二份九扣定宽，按椽子见方八扣定厚。

　　燕尾　　以挑出除去博风厚一份定长。高按柱径折半，厚按高十分之三（即垫板箍头）。

　　镶嵌山花　　二缝折一缝。长按进深，如五檩除四檩径定长。高按金脊瓜柱，如按径椽径各一份，除瓜柱榫桁椀各一份定高。厚按椽径三分之一定厚。二面引条见方五分。

　　博风板　　长按椽子长加斜，榫按本身。

　　挑山箍头檐枋　　其梢间长按面阔，一头加箍头，长按柱径一份，高厚同穿插。

第三章
大木杂式做法

The Building Regulations
In The Qing Dynasty

273

第一节 楼 房

面阔进深 同硬山法。

平面直楼房檐柱 通高，内下截至楼板上皮，高按明间面阔十分之九；上截高按面阔十分之七分二，余（共？）即高。径按通高二十分之一。

第二节 钟鼓方楼

檐柱 通高，内下截至楼板上皮，高按见方尺寸即是；上截高按见方十六分之十五，二共即通高。径按下截高十分之一。

承重 长按进深中，如安挂檐板，前后两头加挑头，各按柱径一份。厚同檐柱下径，高按厚十分之十三。

间枋 长按面阔中，高按檐柱下径十分之九，厚按高十分之七。

楞木 长按面阔中，高按承重宽十分之五，厚按高七分之五。根数，核三尺内外一空，核得若干空，除一空，即根数，要单。如小方楼进（深）只一块板，其根数不拘双单。

楼板　　长按进深，加挑头通长若干，核二空一块。宽按通面阔加承重厚一份，共若干，核宽一尺；块数核单。厚二寸。如错缝，宽按厚折半。如小方楼，进深只一块，不用挂檐板。长按见方外加间枋厚半份即长。其余同。

楼门口　　大楼宽二尺八寸，长按宽十分之十七，小方楼门口宽二尺三寸，长按宽十分之十二。

太平梁　　钟鼓楼用，长按见方加梁厚一份即长。径按长十二分之一。

沿边木　　长按面阔中，高按檐柱下径折半，厚按高五分之三。

挂檐板　　长按沿边木长。高按沿边木高，加楼板厚一份，二共加倍即高。厚同楼板厚。

楼梯　　后高按下截檐柱至楼板高，除去楼板厚即高。进深按高即是。连板宽按楼门口宽。如钟鼓方楼，进深按高十分之八。其余同。

帮板　　长按进深高，用勾股求弦法，即得长。宽按踩板宽十分之十二即宽。厚按宽十分之三。

踢七踩八板　　各块数，按高除去一踩板厚余若干，用踩板宽分之，即得各块数。踩板净宽八寸，加踢板厚一寸，得宽九寸；厚二寸。踢板宽七寸，除踩板宽二寸，得净宽五寸；厚一寸。长按面阔，除帮板厚二分两头加入槽。按踢板厚二份厚即长；杖子，安踩板一块用一根；长按楼梯面阔，宽按长十分之一，厚按宽五分之三。

　　扶手巡杖栏杆　　长按帮板十分之九，高按长十分之一分半。

第三节　钟鼓楼

　　欢门　　面阔按楼见方，除柱径一份，余用三分之一即得。中高按面阔一份半即高。

　　欢门牙子　　每座一块，长按欢门面阔。高按长五分之二。厚按高十分之一分半。

　　平面直楼出檐　　按通柱高二出，每高一丈，得平出三分之一，得飞头长。其余枋梁椽望板桁条等项，俱按通檐柱径，每高一丈收五分核算。

　　直档栏杆　　长按面阔，余除檐柱径一份。高按上截柱高十分之四。

　　重檐楼檐柱　　按前直楼算下截法，得若干，除去楼板厚一份，承重高一份，余即是。檐柱高径，同硬山房法。

　　楼金柱　　按前直楼算通檐柱法，径按檐柱加二成。如里围攒金柱，按通金柱加举架得高若干，内除去檐柱高，承重高各一份，下落在承重上。径同金柱径。

　　上下檐各出檐　　按下檐檐柱高低同硬山房法；上檐出檐同。

　　承椽枋下棋盘板　　高按廊步若干，除去承椽枋厚半份，余若干，用五举得高若干，加桁条上皮至间枋上皮尺寸二共厚若干，再除去椽后尾下皮至承椽枋下皮尺寸，余即高。高厚同歇山棋枋板法。

间枋上皮与承重上皮平。抱头梁下皮，与承重下皮平。

博脊枋　　长按面阔，高按金柱中径折半，厚按高六分之四。

博脊板　　高按博脊高，除去博脊枋，余即高，长厚同棋枋板。如头号布筒瓦，博脊高一尺五寸，每小一号，即收二寸。如用琉璃，即照琉璃瓦博脊高。

下檐檐椽　　照歇山重檐下檐椽法。

以上其余枋梁椽望，俱照硬山歇山法。

十字脊　　四面歇山楼头停。四角用抹角梁四根，或用扒梁二根。四角用交角踩步金，上四面用五架梁、三架梁。二面用通桁条，二面用扒桁条。

枋梁桁条山花，俱同歇山法，椽望板由戗角梁，俱按庑殿法折算。

第四节　　垂花门

后檐柱　　高按门口高，加中下槛高各一份，共高若干，除山柱古镜径高一份，余即高。径按高十一分之一。

面阔　　按檐柱高十分之十二。

进深　　如两边有游廊，后进深随游廊进深檩数，即随前进深，按柱高十五分之四加倍即是。

如前三檩后四檩，内有借一檩，后无游廊，进深按垂步四份，加一顶步凑即进深。如单三檩，进深按檐高即是，除去前垂步，余即是后一步。

如单四檩，进深按垂步二份，加顶步一份，或中缝门两边墙做闪当。如独立柱三檩，进深按垂步二份。前后用垂柱，四面绦环，两山用通雀替，抱枋。前垂步按檐柱高十五分之四。

山柱　　如三檩按后步架，如五举，算法同硬山。如安假山，柱高同檐柱高。如四檩，按檐步加五举，法同卷棚。

垂柱　　上身按檐柱高十五分之四，垂头长按上身长二分之一，如月牙，按桁条径五分之一，凑即长。上身见方，按檐柱径方十分之九。垂头，径按上身见方十分之十五分。

天沟枋　　系前三檩后四檩借一檩无垫板，即用此枋。高厚长随脊枋。

担梁　　俱用通做，如独立柱带麻叶头，长宽厚同硬山法。

随梁　　亦用通做至中，如独立柱随梁长同担梁，亦带麻叶头，宽厚同硬山法。

帘笼枋　　绦环之下安，前檐长按面阔加垂柱见方二份即长。高按垂柱见方十分之九。厚按垂柱见方折半。两山不安雀替；如用绦环，即用帘笼枋；长按垂步，加垂柱见方一份，高厚同上。

折柱　　净长按垂柱上身长，除箍头枋高，帘笼枋高，雀替高各一份，余若干，加上下榫，按本身见方三分之一，余即长。见方按垂柱见方折半。根数按净长二份半分净面阔，得绦环块数，要单块；按绦环块，除一块，即得折柱整根数；两边挨垂，柱另加二根，其宽折半。

绦环　长核折柱长二份，再按净面阔，除去折柱净若干，均核长，再加两头榫，按本身厚各半份，余即长。宽同折柱，净高厚按折柱见方三分之一。两山长按前垂步除去半个山柱径，半个垂柱见方，余若干，加榫，同上。高按垂柱上身长，除去随梁去几面净宽一份，随梁宽一份，帘笼枋宽一份，余即高，厚同上。

雀替　前檐长按净面阔四分之一，加榫按本身厚一份。高同绦环高，加榫按本身厚半分余即高。厚按高折半。

骑马雀替　如垂步不安帘笼枋绦环，即安此。长按垂步架，高按绦环宽五分之七，榫在内，厚同上。

通雀替　独立柱用。长按垂柱至垂柱进深若干折半，除中柱见方半份，垂柱见方半份，余用四分之三，得若干加倍，再加中柱见方一份，余即长。高同随梁。厚同上。

抱牙　独立柱用，高按垂柱檐头高十七分之七。宽按高三分之一，厚按通雀替厚。其余枋梁椽望，算法同硬山法。

第五节　四脊攒尖方亭

柱　高按见方十分之八。径按高十一分之一。

出檐　无斗栱按硬山法，有斗栱按歇山法。

角云　长按桁径三份，用一四一四斜，即长。高按平水高一份，加桁径半份，余即高。厚同柱径。

平水垫板　长按面阔。高按柱径十分之六。厚按宽三分之一。

抹角梁　四角叠用。

雷公柱　径按椽径四份半。高按由戗高十分。

天井枋（井亭用）　里口见方按亭见方十分之二，每块长按里口见方，加本身厚二份即长。高按角梁高二份。同角梁厚。

桁枋　同歇山法。椽望板同庑殿法。

第六节　六角亭

出檐　无斗栱按硬山法，有斗栱按歇山法。

柱　高按每面尺寸十分之十五。径同方亭法。

角至角进深　按每面尺寸加倍。

面对面面阔　以每面尺寸用五七八归除即是。

步架　按面对面尺寸均分。翼角步架，按出檐一份，步架一份，余若干用五七八因即得。

垫板　用方亭法。

花梁　头长按桁径三份，用一一五六加斜。高厚同方亭角云法。

雷公柱　径按椽径五份。长同方亭法。

长扒梁 长按檐步架二份，本身厚一份，桁条机面一份，共若干，用五七八扣得若干，再加尺寸共除即长。高厚同歇山法。

井口短扒梁 长按两步架，如七檩下屋（层）长四步架，高厚同上。上屋（层）扒梁，长法同前，高厚按下屋（层）扒梁高厚十分之九。

交角桁 长按桁条里皮，得每根尺寸若干，外加两头交角，按桁径二份，用一一五六加斜，外每头出边，按本身径五分之一，要足。角梁周径同硬山法。如有斗栱，即用歇山法。桁条里皮，每面尺寸，按面对面中尺寸，除去檩径一份，余若干，用五七八扣，即得每面。

角梁由戗 同庑殿由戗法。

如安斗栱用（编者注：原文缺）。

桃尖假梁头 长按歇山正面法，得若干，用一一五六斜，即是。高厚俱同歇山法。

拽枋 长按面阔，外加两头拽架，按正拽架尺寸，用五七八扣，即得加长。里除同外加一样，高厚同歇山法。

斜拽架 按正拽架尺寸，用一一五六斜，即得。

挑檐桁 法同交角桁法得长。

机枋 长同挑檐桁。

椽望 同庑殿法，其余俱同歇山法。

出入躲闪 俱同六角法。

第七节 八角亭

出檐 无斗栱按硬山法，有斗栱按歇山法。

柱高 按每面尺寸十分之十六。径同方亭法。

角至角进深 按每面尺寸进深。

面对面面阔 按每面尺寸用二四一四因，即通面面阔。步架按面对面均分。翼角步架，按出檐一分步架分凑若干，用二四一四除之。

垫板 同方亭法。

花梁头 长按桁条径三份，用一零八二因，即长。高厚同方亭法。

雷公柱 径按椽径五份，长同方亭法。

长扒梁 长按檐步架二份，本身厚一份，桁条机面一份，共若干，再加每面尺寸即是（宽厚同歇山）。

井口短扒梁 长按两步架。七檩下檐长按四步架。高厚同上。如七檩上层扒梁，长法同前，高厚按下檐扒梁十分之九。

交角桁 长按桁条里皮每面尺寸若干，外加两头交角，按桁径二份，用一四一四加斜，得若干，再加出边，按径，每头加五分之一，余即长。

径同硬山法。桁条里皮每面尺寸，按面对面面阔中，除桁条径一份，余若干，用一四一四除之，即得每面。

角梁由戗　　同庑殿由戗法。

桃尖假梁头　　如安斗栱长按歇山正面法，得长若干，用一（零？）八二因。高厚同歇山法。如重檐，用金柱，用桃尖梁法同前。

搜枋　　长按每面面阔，外加两头搜架，按正搜架尺寸，用一四一四扣，即得加长。里除同外加法。高厚同歇山法。

挑檐桁　　法同交角桁法。

机枋　　长同挑檐桁。

其余俱同歇山法，出入躲闪俱按八角法。

第八节　　圆　亭

头亭圆做大木　　即按八角六角之法，同自金步用由戗起，不用角梁。

出檐　　按柱角中往外出，无斗栱按硬山法，有斗栱按歇山法。

步架　　仍按六角八角法，角斜步架，按正步架用一（零？）八二因即得。

檐椽　　根数按角至角进深尺寸，加平出檐尺寸二份，共若干，用三一四因，得若干，按歇山分椽数。长按平出檐一份，斜步架一份，按举架加斜，得长若干，另将角至角尺寸，如五檩除去面对面正步架二份，如七檩即除去面对面正步架四份，余若干，折半即是。正步架并外加矢圆尺寸，再加柱角外平出檐若干，按举加斜得长若干，并前长，均分即得周围檐椽均长；再按本径除一半，系后斜勾。

飞檐桁　　随出檐法。

顺望板押飞尾　　按柱中角至角加平出檐二份，共为外径，另将飞檐椽通长若干，用一（零？）六除之，得平出若干，加倍将外径内，除去此平尺寸，余即内径。内外径均径用三一四，得圆即长。将飞檐椽通长面宽，将长宽相乘，折核算檐椽上顺望板外径，按前法外径除去平飞头二份，余即外径。内径按雷公柱径即是。将内外径均径若干，用圆法得为长。另将檐椽并脑椽，除连檐净长若干，为宽。长宽相乘折核算。

枋梁桁条　　俱同八角六角法。如枋桁里外俱随圆形式，外加厚，按本身外皮角至角，除去外皮面对面尺寸，余若干，折半即得，外加矢宽椽子，即不用均长算。

其余连檐等项，俱按径一围三一四法算。

第九节　仓　房

柱　　高按面阔十三分之十二，径按高十二分之一。

进深　　按柱高四分之十五。

檐枋　　高按柱下径，其余同硬山法。

枋梁桁椽望　　俱同硬山。

桁条枋梁　　系荒料。

前檐　　明间如有抱厦，檐椽不加出檐。

仓门　　用上下槛抱柱，俱同装修。两山三架梁上用象眼窗。

闸板　　高同抱柱净长即是。长按面阔，除柱径一份，抱柱宽二份，余若干，外加两头入背，按本身厚二份。厚按抱柱厚三分之一。

气楼　　进深按脊二步架即是。面阔按进深十分之十二。柱高按面阔十分之三。柱子见方按高十分之二。

榻角木　　长按面阔。外加柱子见方二份。高按柱子见方十分之十二。宽按柱子见方。

枋梁桁条椽望　　俱同挑山法。前后檐两山尖用与户。

前抱厦　　面阔同明间面阔；进深按仓通进深六分之一。柱高按进深接仓檐步几举即按几举核高；仓檐柱高若干，即除去此举架高尺寸，余若干即是抱厦檐柱高。径按高十二分之一。其余俱同挑山法。

第十节　游　廊

柱　　高按进深五分之六。见方按高十分之一。

面阔　　按柱高六分之十，柱高，自五尺往上核法算。

进深　　按柱高六分之五。

递角梁　　长按进深用一四一四斜，即得长，如两头露桄头，每头外加按桁径半份，用一四一四斜，再加本身厚半份，出边按桁径五分之一，共余即为长。如一头不露柁头，只用加一柁头，一头至中，高厚同平身梁。如方檐柱，厚按柱见方用斜即得厚；高按厚八分之十即得。如里外角俱露头，即按飞头露头算。正梁只用一头到中。

转角以中往外交角桁条　长按面阔进深，加交角本身径半份，再加梁厚半份，桁径五分之一，共除即长。如一头不露，用一四一四斜，再加出边，按本身径八分之一，三共即是。加交角尺寸，如在何梁上，即按何梁厚，里合角，只用至中，加合角按本身径半份。

十字游廊　中间四面梁，长按进深，外加合角，两头按本身厚一份。不出梁头。

桁条　中间四面，按梁处四根，至四角桁条八根，俱按合角算同上。

金脊桁　中间二面使通桁条，二面按步架使扒桁条；长按步架扒至通桁条机面外皮，或者用次间带做。

丁字游廊　中间三面梁。内中一面，长按进深，外加合角，两头按本身厚一份，不出梁头。两边二面，长按进深，一头加合角，按本身厚半份，一头加梁头，按桁径一份。

桁条　中间三面，除三根至二角桁条四根，俱按合角算同上。

第四章

装　修

The Building Regulations
In The Qing Dynasty

289

第一节　槛　框

下槛　　按面阔除柱径一份定长。按柱径八扣定高。厚按高十分之四（又法，厚按柱径十分之三）。

中槛　　长厚同下槛，高按下槛高八扣。

上槛　　长厚同下槛，高按中槛八扣。

风槛　　按次梢间面阔除柱径一份定长。高按下槛高十分之七。厚同下槛。

榻抱柱　　按檐柱高除檐枋上下槛宽各一份定高。按下槛八扣定宽。厚同下槛。

短抱柱　　按金柱高除檐枋上中下槛榻抱柱各一份定高。宽厚同榻抱柱。

窗间抱柱　　如安支摘窗，按檐柱高除檐枋，上槛、槛墙、榻板各一份定高；如安槛窗再除风槛高一份。宽厚同榻抱柱。如金里安同上。

门框　　按檐柱高除檐枋上下槛宽各一份定高。宽厚同下槛（俱外加柱顶古镜）。

门头枋　　长按门口宽定长。高厚同上槛。

门头窗　　按门框除去门口高一份，门头枋高一份定高。宽同门口宽。

门头板　　高宽俱同门头窗，厚按门框厚三分之一。引条长同门头板长，见方五分。

　　榻板　　长按面阔除柱径半份。宽按柱径一份半。高按宽四分之一。

　　连楹　　按面阔除柱径一份定长。按上槛高八扣定高。厚按高折半。

　　栓杆　　高按槅扇高，外加上下槛各一份。宽按大边，厚按宽收五分。

　　门枕　　长按下槛高二份半。高同下槛。厚按高折半。

　　门口高宽　　按门光尺定高宽，财病离义官劫害福每个字一寸八分。

第二节　槅　扇

　　五抹槅扇　　按抱柱高除五分定高。按面阔除柱径一份抱柱二份。分缝一寸四归定宽。按高除抹头五份，绦环二份，裙板一份定花心。按绦环四份定裙板。按看面二份定绦环。

　　花心　　以槅扇高四六分之，以六份除二抹头定高。梓边看面按大边看面六扣，深按大边深七扣，棂条看面按梓边看面八扣，深按梓边深九扣。

　　大边　　以槅扇宽十分之一定看面，十分之一分半定进深。又法：看面按槅扇每高一丈得二寸五分。进深按柱径三十分之八。

　　支摘窗　　按面阔除柱径一份，抱柱三份，分缝五分，二归定宽；按窗间抱柱高除五分，分缝折半定高。

槛窗 按面阔除柱径一份，抱柱二份，分缝一寸，四归定宽，按抱柱高除五分定高。

横披 按面阔除柱径一份，短抱柱宽二份定长。按短抱柱高定高。

帘架 按抱柱高加上下槛高各一份定高，按槅扇二份大边一份定宽。花心按帘架高十分之一定高，按帘架宽除大边宽二份定宽。

棋盘门 按门口高加上下槛高各半份定高。按门口加门框宽一份二归定宽。

屏门 高同槅扇算法，宽同槅扇。每屏门高一丈，得板厚二寸。

第三节　炕上装修

炕沿 长按炕长；两头入墙分位各长二寸。宽按炕沿长，每长一丈，得宽三寸，厚二寸（如有托泥金边，按宽八分之三）。

琴腿 长按炕高，除托泥高一份定高。宽同炕沿宽，厚同托泥厚。

蝙蝠琴腿 长按炕高，除去托泥高一份，炕沿厚一份定高。宽厚同琴腿。

束腰 长按炕沿长，宽厚同上。

托泥　　按炕沿长除炉子分位即长；宽按厚三分之四，厚按炕沿金边。

第四节　　廊门桶（一座内）

八字抱柱　　二根，按檐柱高除穿插及穿插当各一份定高；定宽四寸，厚二寸。

榻板倒肩木　　一块，按廊深除檐金柱径各半份定长，宽厚同前。

门头枋　　一根，按廊深，除檐金柱各半份，八字抱柱宽一份定长，宽厚同前。

踏板　　二块按门口高加顶板厚一份定高，宽按山出加檐柱径半份，除金边宽一份，八字抱柱厚一份定宽；厚二寸。

顶板　　长按廊深，除檐金柱径各半份定长，宽厚同踏板。

哑叭过木　　长同顶板长，宽同顶板宽除砖一进定宽；厚同前。

棋枋板　　按八字抱柱高，除顶板厚一份，门头枋倒肩木宽，门口高，各一份定高。按廊深除檐金柱径各半份，八字抱柱宽二份定宽；厚一寸。四面引条见方五分。

门簪　　长按上槛厚一份连楹宽一份半，并外头长按本身径八分之十；径按门口宽九分之一。

榻橙　　高按下槛高十分之十二。宽同高。厚按榻扇边厚二份。

第五章
大式瓦作做法

The Building Regulations
In The Qing Dynasty

295

第一节 墙 基

单礤墩　见方以柱顶每边加二寸定见方。以台通除柱顶净高定高，其柱顶净高除古镜高，按柱径四分之一。

连二礤墩　长按廊深，加檐金柱顶各半份，再加四寸定长。高宽同单礤墩。

连四礤墩　见方按连二礤墩长，高同前。

掏砌栏土　长按面阔进深，除礤墩得净长。按檐柱中，外加礤墩半份，里加柱径半份，再加三寸，定宽。高同礤墩。

金栏土　长按通面阔二份，如周围廊，再加进深，除廊深二份，共厚，内除礤墩得净长。宽按檐栏土收二寸定宽。高同前（其中坐在柱顶中）。

第二节 台 明

包砌台基埋头前后檐　按通面阔，加山出二份加倍定长。宽按下檐出，除礤墩半份定宽。按埋深定高（其埋深高按石作做法有折半之说）。两山：按进深，加礤墩见方一份加倍定长（系礤墩外皮至外皮）。按山出除磉墩半份定宽。高同前。

如有埋头石，埋深内除所占值砖若干，余即是埋深砖块数。

如有石陡板土衬者，自土衬以下作为土衬背底，其前后檐长，按面阔加山出二份，再加土衬金边宽二份，加倍定长。按下出除磉墩半份，再加土衬金边宽一份定宽。

两山之长同前两山长法（系磉墩外皮至外皮）。按山出，除磉墩半份，再加土衬金边宽一份定宽。高俱按埋深尺寸，除土衬厚定高。唯有踏跺后口无土衬，前后檐内除去此无土衬之尺寸，算接砌踏跺后口；其宽不须加土衬金边之宽，其高不准除土衬之宽，与前埋深尺寸同，其长按踏跺面阔，内除平头土衬净宽二份，系按平头土衬之宽，除去金边即是净宽。其房身土衬之长与平头土衬里口平，如无平头土衬，除象眼细砖宽二份。土衬背后前后檐，长按面阔加山出，再加土衬金边宽二份（系至土衬外皮），内除去土衬宽二份，以此尺寸加倍，即前后檐共得长；内除踏跺后口分位尺寸，即是净长。宽按下檐出，加土衬金边一份，里除磉墩半份，外除土衬之宽，即是净宽。

两山共得长，按进深加磉墩见方一份（系磉墩外皮至外皮），加倍即是长。宽按山出，加土衬金边宽一份，里除磉墩半份，外除土衬之宽，即是净宽。

高按土衬之厚内除陡板往下落槽深五分，余即净高。

包砌台基露明　前后檐外皮之长，按面阔加山出二份加倍即是。如有埋头石者，除埋头石所占分位，背馅按前外皮通长，按檐除山内露明砖宽二份，前后共四份，即是净长。

如有厢埋头石者，按檐除厢埋头石厚二份。

如有混沌埋头石者，安檐除混沌埋头见方二份。其长，内除前后檐踏跺后口，法同前。前埋头内所除尺寸，高按台内除阶条厚定高，宽同前埋头宽，露明砖只一进，背馅宽除露明细砖宽一份即是。两山长按进深，加前后檐下出二份，内除埋头石尺寸，同前法，加倍即是共长。如无埋头石者，除前后细砖宽二份。背馅按进深加磉墩见方一份（系磉墩外皮至外皮），加倍即长，高按露明除去押细砖厚，即高。宽同前埋头之宽，再除细砖宽即是。

如有陡板石，应算陡板背后前后檐之长，按面阔加山出，除踏跺后口尺寸，再除山内陡板石厚二份。如有埋头石，除埋头石厚二分，加倍即通长。按前埋头之宽，除去陡板厚即宽。按台明除阶条高，下加落槽深五分定高。唯踏跺后口之宽，不除陡板厚，其外应另算踏跺后口。其长宽同前埋深法。高按台明除阶条高一份即是。

两山之长，按进深加一磉墩（系磉墩外皮至外皮），加倍即是通长。按前埋深之宽，除陡板厚即宽。高同前。以上无陡板及满不露明者，埋深台明相连算，并高宽同前埋深法。

下檐出　按上檐平出八扣。如歇山周围下檐出，按上檐平出七五扣；如后封护檐者，后檐出多同山出一样。

山出　按柱径二份。

台明高　按柱高每尺得一寸五分即是。如房式大者，按柱径方九扣尺寸，加倍即是（其埋深按石作做法有露明高折半之说）。

小台　按柱径十分之八。

二山押面　长按通进深，加柱顶见方一份（系柱顶外皮至外皮）。

前后阶条　　或押面里口以城砖尺寸分之，即是，只砖一进无背馅。

后檐押面　　如小式或封护檐者，后檐无阶条，用丁砌城砖，以通面阔加山出二份以城砖之宽分之即是。

墙下衬脚　　如山檐廊墙下者，按面阔进深定长，内除柱顶所占几个尺寸，净若干即是，以柱中分中，往外加半柱顶，往里加半柱径，再加柱门一份厚即宽。如槛墙下者，长按槛墙在何处砌，即按何处面阔，内除柱顶见方一份即长。宽按槛墙厚即是。高俱按柱顶厚除古镜即净高。

掏砌柱顶当　　长按面阔进深，或安槅扇、屏门、隔断板，凡无墙者俱用此。各按柱中至中除柱顶一份即长。

如有廊者，连二磉墩上掏砌，除去两山廊墙下衬脚，其余俱系柱顶当分位。长按廊深除檐金柱顶各半份，有几道共得即是。

如檐内者，以柱顶中，外按柱顶见方半份，里至栏土里皮尺寸定宽；如比柱顶宽者，即按柱顶半份即是。如金内者，按金栏土之宽即是。

如廊内者，按檐柱顶见方即是。高按柱顶厚，除去古镜高，再除地面砖厚即是。

第三节　山　墙

山墙　　里皮长按进深，除檐柱径一份；如有廊者，除金柱径一份；如排山者，再除山柱径一份，即是。高按檐柱高，如有廊者，按金柱高，如有随梁除高一份，其高俱加古镜，共得即是通高；内下肩高按通高三分之一。厚按檐柱径一份，如有廊者，按金柱径一份，俱外加柱门一份即是。上身厚除五分；如有护墙板，按柱径不加柱门，再除板厚即厚［系护墙板外皮下（至）柱子外皮平］。柱门按柱径四分之一。

外皮长按进深即是；如后封护檐者，按进深外加后檐柱径半份，如后封护檐有面砖，按后檐柱外皮尺寸再加后檐墙外皮厚，除去檐墙露明砖宽一份，即是外皮细砖长。背馅仍长至后檐柱外皮。

如五出五入墙心，长按进深通长，均除墀头自柱中往里，砖两边各长四分之一，即是均折长。如前廊后不廊者，应算前廊外皮，山墙前面只大至金柱中，高按墀头高即是。如前廊后不廊者，应按后墀头之高即是。厚按山出，除檐柱径半份，外金边宽一份。

墀头 高按檐柱高，加古镜及平水之高，桁径，檐椽及飞檐椽之斜见方，并连檐斜高尺寸各一份，得通高；内除上平出檐用五举均高若干，系檐头至戗檐砖上皮，再除戗檐直高均按细砖见方，外再除一寸核高并盘头二层，枭混，荷叶墩，各高一份余是净高。外皮长按下墙（檐）出除小台即是。里皮长按外皮长除去檐柱径半份。厚按山出，除金边宽一份，加咬中一寸即是。如细砖按里外皮长厚尺寸共厚，除去横头细砖宽二份外，再分个数。

背馅按墀头厚，除去里外细砖宽二份，核进数，按里皮长，除去横头细砖宽一份，核个数，共得个数若干，再加外皮柱中往外至柱子外皮，系半个柱径即是长。以山出除柱径半份，金边一份，外皮细砖宽一份是宽。以此长宽核计砖个数若干，凑入前所约之砖个数之内，即是每层背馅砖个数。

如有角柱，下肩里皮算角柱当，按墀头里皮长，除去角柱厚一份即是长。按下肩高除压砖高一份即是高。外皮算下肩，按外皮长除去角柱厚一份，即是长。高同前。背馅同前。上身算法同前。

如五出五入，为外皮，如出者，自柱中，加砖半个；入者，只到柱中，与前同，均外皮出按柱中出砖，长四分之一即是。其出入按通高分层数，得数若干，然后以五层分之，系五层出檐砖，五层入砖，其余不足五层，不尽之数，俱均余上面之层数。

梢子饯檐 如方砖者，内饯檐砖一个，枭混各砖一个，盘头二层，每层砖半个，荷叶墩砖半个，共砖四个半。以山出除金边加过中一寸定方砖尺寸，如一尺二三寸即用尺四方砖，如一尺四五寸即用尺七方砖。如小式者，用沙滚砖，共高六层，计砖十个半，亦有用砖九个者，不可拘泥，俱按大小酌量核计。

象眼 长按上平出檐，除桁径半份，连檐宽一份，檐椽头金边宽一份即是。高按檐柱并古镜之高，加垫板、桁条，并椽子斜高尺寸各一份，内除去墀头之高，其余尺寸，均用七扣即是净折平尺寸，再以尺寸分之，无须细推，只砖一进。

二山梢子后续尾 长按进深，加前后下檐出，除去小台，系至墀头外皮，外加每层荷叶墩，枭混各出，下一层并上一层均折出尺寸计二份，内将方砖之尺寸二份，与此长内，除之即是折长；上下层折出尺寸，内荷叶墩出一寸五分，混砖出二寸，枭儿出二寸五分，上一层自墀头出六寸，下一层自墀头外皮出一寸五分，共合一处折半，即每头均长三寸七分五厘，即按进深零算，均折出四寸加之即是。如小式者长按进深，加至墀头外皮即后尾净折长。如前廊者，每山其后尾之长，即二截算；内前廊一截，按前廊深外加至墀头外皮，及加枭混之均出，除方砖，俱同前法即是：后一截长按进深，除去前廊深尺寸，后面加至墀头外皮，并加枭混之均出，除方砖俱同前法俱是。如后封护檐墙者，后面尺寸，与山墙后面长尺寸，系与山墙口齐。如有挑檐石者，两头各加至挑檐石外皮，除去挑檐石通长二份，即是净长。高只三层，厚同山墙厚。

　　山尖　　长按进深，加前后平出檐，内每头除连檐宽一份，戗檐连斜折厚一份半，檐椽头金边一份即是净尺寸。如后封护檐者，前面之长同前法，后面之长与山墙后面之长同，系与山墙后口齐。如小式之长，按进深，两头各加下檐出一份，共凑即是净长。高按檐厚（柱）加古镜高一份，檐平水高一份，再加举高至脊桁下皮，再加脊桁径一份，椽子见方，并苫背高二寸斜尺寸一份，内除下墀头之高一份，梢子后续尾高一份，上博风并拔檐，凑计尺寸，斜高一份，其余即是净山尖中高尺寸。俱二个折一个算。其椽子并苫背斜凑高尺寸，如椽子见方二寸五分，再加苫背高二寸，共四寸五分；看脊内系几举，如七举，即按七举加斜之法因之即是。

　　博风拔檐，凑计斜高尺寸，如细尺四方砖高一尺三寸，再加拔檐二层，每层高二寸，共高一尺七寸，用七举加斜之法因之即是。厚同山墙厚。

如前廊房者，求通高之法同前。其长当分做二截算；内下一截前一头至金柱中，其高按金柱通高，加古镜高一份，金平水高一份，桁条径一份，檐椽见方并苫背高二寸，共凑加斜，系五举之处，用一一二斜一份，内除博风连拔檐共厚高尺寸应用一一二斜一份，再除后墀头高一份，梢子后续尾高一份，除净是下截之高。下截下口，长按进深，除去前廊深尺寸，前系至金柱中，后面一头加平出檐，并除连檐钺檐檐椽头金边尺寸，俱同前加除法，即是下截下口之长。下截上口，长按通进深，除去前廊深尺寸，前系至金柱中，后至后檐柱中，即是下截上口之长。在以上下口尺寸，共凑折半，即是下截上下口之均长。上截之高，按山尖高除下截之高即是。上截下口长，按下截上口之长即是。上口系圭形无长，应按上截高尺寸折半，即是圭形之折高。或不折高，折去长一半，亦可。各以砖尺寸分之，其厚同前。

如前廊后不廊，应算前廊墙外皮，长按廊深即是。高按前墀头之高，即是高。廊墙外皮上面，系前梢后续尾高三层，往上廊墙应算外皮象眼一个，长按廊深加平出檐一份，内除连檐宽一份，钺檐砖连斜折厚之份半，檐椽头金边宽一份，同山尖一样加除法。高按山尖下截前高，加后面梢后续尾高一份，山墙外皮高一份，共凑尺寸，内除前墀头连至前梢后续尾上皮高尺寸，余即是象眼一头净高。此乃勾股形，应将此高折半方是折高。厚按山墙外皮厚。此廊墙外皮并象眼之法，因前廊房前低后高，不如此截段而算，不能尽其墙，须随在山墙之后算，方不紊乱。山墙算里皮点砌山花，长按进深，均除桁条所占之尺寸，即是。如五檩除檩径四份，六檩除檩径五份，即是净长。高按平水上皮至平水上皮通举高若干，再加檐平水高一份，脊桁条径一份，椽子见方斜尺寸一份，共凑内除所碍之柁，共凑宽尺寸即是高。俱二份折一份算。

二山拔檐线混　长按椽子共凑长若干。今拟博风比椽子上皮高二寸，系与苫背平，其苫背系在连檐后口衬平，应加博风脊内马蹄斜长，今平高二寸，看脊内几举，如七举以每尺加七寸因之。今高二寸得每坡马蹄斜长一寸四分，两堆（坡）共加二寸八分，此是博风上皮之长，内除博风每坡马蹄之长各一份，方是拔檐上皮之长，应按博风宽，每尺以七寸因之。如细尺二方砖宽一尺一寸，得马蹄斜长七寸七分，两坡共除一尺五寸四分，即是上皮之长。再按此长，除连檐宽二份，盘头砖连斜折厚三份，加前戗檐斜厚尺寸，再除檐椽头金边二份；本身系合角做法，上一层不除马蹄长，下一层应除上一层马蹄，两坡各长一寸四分，共应除二寸八分，今均长共除一寸四分即是均长。高只二层。厚同山墙外皮厚。外加此二层，均出金边，以山内金边之宽收三份分之，每份应得若干。此系连博风金边，拔檐应得二份，如每份宽七份，系上一层出一寸四分，下一层出七分，共凑折半均出，除零应各出一寸，共凑即是厚。

按此厚，除去外面细砖宽一份，即是背馅之厚。如后封护檐墙外皮细砖，其长外加后檐墙外皮厚，除去露明砖宽一份。背馅只到后檐椽外皮即是。

博风　长按椽子凑长共若干。今拟博风比椽子高二寸，往上每坡加马蹄斜长，如七举，加长一寸四分，两坡共加二寸八分，即是上皮之长。再按此长，每坡除本身马蹄，如细尺二方砖，见方一尺一寸，以每尺加七寸因之，得马蹄斜长七寸七分，两坡共除一尺五寸四分，即是下皮之长。将此上下长并于一处，折半即是均折长。再以方砖尺寸分之。如卷棚做法，得砖个数外再另加刽囊方砖一个即是。宽随方砖尺寸。

如散装做者，宽按戗檐砖之高，分数层得数，内除顶上一层，与苫背收平，只一进；其余进深，按山出除檐柱径半份，再以砖宽分之；其长中内除两头，每头方砖，砍做博风头一件；除其方砖两头，每头，只折做方砖半个尺寸即是。

背后金刚墙　长按椽子凑长，不加脊。内马蹄之长系与椽子上皮平，内除连檐，戗檐，檐头金边，俱同前拔檐所除之尺寸，各二分，除净即是上皮之长。再按此长除脊内每坡本身马蹄之长，如七举，以本身宽每尺七寸因之，如细尺二方砖见方一尺一寸，博风之宽，即系一尺一寸，除博风上皮，与苫背上皮平，高二寸，此背后应宽九寸，以七举因之得马蹄长六寸三分，两坡共除一尺二寸六分，即是下皮之长，将此上下长并于一处，折半即是均折长。高按博风宽，除二寸即是高。厚按通厚，除去外皮博风厚二寸，即是厚。如后封檐者，其长后面至后檐檩外皮。

披水　长随椽子通凑长若干，外加博风水椽子高二寸，脊上马蹄，照博风上皮长即是。高只一层，外随吃水勾头一件。如卷棚者，无此勾头；如排山勾滴者，无披水。如封护檐者，其长自后檐檩外皮加至后檐墙外皮上一层拔檐所出尺寸即是。

挑山五花山墙　外皮长按进深，每头加过中一寸。如七檩高至七架梁下皮，内除签尖尺寸，按檐枋宽一份，再除拔檐砖一层，即是净高。厚同山墙外皮法。往上五花山尖计二截；内下一截长，按金柱至金柱中四步架尺寸，内除内白砖厚二份，即是长。高按七架梁下皮至五架梁下皮尺寸，下加山墙签尖，拔檐之高各一份，上除签尖，拔檐之高各一份，同前尺寸。厚随山墙外皮厚，两边随立白二道，各按本身通高，内加除签尖拔檐之法同前，净即是高。其定何砖按外皮核之。上一截长按金桁中至金桁中二步架尺寸，内除立白砖厚二份即是长。高按五架梁下皮至三架梁下皮尺寸，其刨除签尖拔檐，并分立白之法，俱同前。里皮俱应满点砌山花，皆同前点砌山花法。厚同瓜柱之厚，往里收砖只一进。外皮签尖拔檐之凑长，按山墙通长尺寸以砖分之。拔檐厚按山墙外皮加金边一寸。其签尖，按高尺寸分层得数，折去一半即是净折层数。进数按山墙外皮厚。

廊墙 长按廊深，除檐金柱径各半份即是。其露明细砖两头扑在柱子上往外，每边照前尺寸再应加长，按柱径四分之一，共凑即是。高按檐柱高，除去穿插高一份，穿插当一份，即是净高。其下肩高，同山墙下肩。其穿插当同穿插高即是。厚按柱径加柱门一份即是。上身厚，除下肩宽五分。如上身算立柱圈枋，按上身之高二份，各除去上面堆顶，系灰抹滚砖一层高二寸，即是净高；再按上身长，除去立柱宽二份，净长二份，共凑长尺寸一处，以细城砖长分之。线枋以立柱圈枋里皮长高尺寸各二份，以停滚砖长尺寸分之，系合角做法即是。中心棋盘心，斜砌砖方以廊墙上身长，除去圈枋线枋之宽各二份，高以立柱通高，亦除去圈枋线枋之宽各二份，其余乃净长净高尺寸。以方砖尺寸减一寸分之，即得。如细尺四方砖本身方一尺三寸，此款系裁块细砍，仍应砍一寸，以见方一尺二寸分之，即是。余仿此。其背馅后口长按廊深,除檐金柱径各半份即是。高同前上身高,系连堆顶灰抹滚砖一层高二寸在内。厚按柱径尺寸,除中心方砖厚尺寸一份,系圈枋线枋后口与中心方砖口后口齐,其圈枋城砖,线枋停滚砖长尺寸俱同细砖尺寸。唯宽,圈枋核宽五寸,线枋核宽二寸,方为确的。此系细砍起线,并砍八字转头,难依定制尺寸核算。其圈枋上滚摆堆顶灰抹砖一层,不须另算,应归背馅层进之内。

廊子象眼 长按廊深,除桁条径一份,高按廊深,平水上皮至平水上平,用五举高若干,加檐平水高一份,金桁径一份,椽子斜见方一份,内除抱头梁高一份,即是高。俱二个折一个算。椽子斜见方按见方一一二斜,即是。厚只一进砖。

穿插当 长按廊深,除檐金柱径各半份。高同穿插之高,厚系斗砌方砖一进。俱系方砖开条做。如尺寸大者,其上每付凿做双如意云头;如糙砌抹灰,只算滚砖一进。

第四节　檐　墙

檐墙里皮 长按每间面阔,除柱径一份,共计若干堵凑之即是。高按檐柱高,加古镜高一份,除檐枋高一份,净即是高。如核砖共得若干层,除去上签尖分位,均折去一层,即是净层数。厚按檐柱径一份,外加柱门一份,即是厚。上身厚按此厚,除去下肩宽五分,即是上身之厚。如有护墙板者,同山墙里皮除护墙板法。其下肩高，同山墙下肩之高，即是。

檐墙外皮 长按外皮通面阔共若干，内除两边墀头过中各一寸即是长。高按檐柱高，除檐枋高一份，签尖拔檐各高一份，即是净高。下肩高同前。厚按柱子外皮两进砖共凑尺寸即是厚。其拔檐如细砖高只一层，按外皮墙长即是长；按外皮墙厚，加出金边一寸即是厚。签尖按拔檐长即是长，按檐枋高一份即是高，按外皮墙厚即是厚。满算高分砖若干层，折去一半即是签尖折高。

封护檐墙 里皮长、高、厚，尺寸法俱同前。外皮长，按通面阔加山出除去山内金边二份即是长。高按柱高，加檐平水桁条尺寸，再加椽子望板斜，内除顺水高一寸，拔檐三层之高，即是净高。厚按砖二进即是厚。背馅长尺寸，按前长尺寸，除山内露明砖宽二份即是长。不露明即不必除。

如虎皮石外皮者，应按面阔通长尺寸，除去砖腿子二个尺寸，每个系五出五入，每头自柱中均除去砖长四分之一，净即是折长。高同前拔檐三层之高，内上下线砖二层，斜砌菱角砖一层，其长各按砖外皮长即是。背馅按厚，如二进沙滚砖宽九寸，以下线出一寸，斜砌菱角砖出二寸，上线砖出一寸以上，上面线砖共出四寸，加本身九寸共厚一尺三寸，以下线出一寸，加本身九寸，共厚一尺，将此二款，厚于一处，折半系均厚一尺一寸五分。如沙滚砖上下线砖各宽四寸五分，斜砌菱角砖宽一尺，共凑尺寸一处，用三归均之，每层均得六寸三分；进零算应除六寸五分。

其余五寸，即是背馅之宽。其外皮线砖二层，各按前长，以沙滚砖尺寸分之。其斜菱角之长，按前长，除去两头丁砌砖二个正宽尺寸，再按砖宽四寸五分一四斜，得斜宽六寸三分，即以此尺寸归除前除去丁砖所余尺寸，得数若干，再加入两头丁砖二个，共凑个数方是此一层个数。

其背馅之长，如方砖博风不除，应按通长即是。如沙滚砖博风内下二层有山内拔檐所占分位，应均连博风每头，按通长除去二寸即是。

后封护檐外皮虎皮石砖腿子二个　　按每个系五出五入。檐内长按中柱加山出除去金边，如出砖，自柱中加砖长半份，入砖只到柱中，均自柱中往里，按砖长四分之一。山内长按柱中，加至后檐墙外皮厚，再以柱中往里，亦系五出五入，加按砖长四分之一，除去檐内露明砖宽一份，用砖长尺寸分之，即是露明之砖数目。如背馅，檐内长同前，除去山内砖宽一份即是长。厚按后檐墙厚，除去露明砖宽一份即是厚。山内长，只按柱中至柱子外皮，一边自柱中往里，加按砖长四分之一。厚按山墙外皮厚，除去露明砖宽一份，即是厚。共核砖共若干，即是背馅砖数目。

第五节　内　墙

金内扇面墙　　长按面阔，除金柱径一份。高按金柱通高，加古镜，除金枋高一份，外皮应除签尖拔檐之高，同前法。

如有带子板，再除带子板通高，净即是高。下肩同山墙。

如无带子板做法，至金枋下皮，里皮有签尖，上身按通高除去下肩，其余以砖厚分之，得数，均折去一层，方是里皮上身之高层数。如二面棋盘心，立柱圈枋做法，同廊墙一样算。厚按金柱径，加里外柱门共凑即是厚。

槛墙 长按榻板之长，即是长。宽按榻板之宽。高如随支摘者，按柱高加古镜之高，四分之一，内除榻板之高即是净高。如随槛窗者，按明间抱柱之高，加下槛共凑高，内除格心抹头绦环分缝，如五抹者，除格心高一份及上中抹头三根之看面尺寸，中绦环高一份，上下分缝二份共凑除去，再除风槛高一份，榻板高一份，余方是槛墙净高。槅扇中绦环，须与槛窗下绦环齐。如六抹者，再除上绦环高一份，上中抹头一根之看面尺寸，即是。其分缝每道宽不过三分。

隔断墙 长按进深，除柱径一份。高按柱高，加古镜之高，如有随梁，再除随梁之高即是。厚按柱径，加里外柱门各一份；其下肩上身，俱同山墙法；点砌山花，亦如山墙法。

第六节　正身盖顶

苫背 面阔长按通面阔，两头加山出一份，如挑山各加挑至博风外皮一份，内除博风之厚二份即是。如硬山砖博风，每边不过除二寸即是。其背之上皮，与博风上皮平。坡身凑宽，按椽子凑长若干，除连檐并连檐椽头金边各宽二份，即是。

如歇山房正身面阔，按面阔除收山二份即是。其坡身宽，同前做法，两厦当，各连前后檐二角折长，按进深加前后出檐，除连檐并连檐头金边各宽二份即是长，宽按斜出檐，再加收山尺寸，用一一二斜一份共凑，内除连檐椽头金边宽一份即是宽。

垫囊　路数按例，件数同底瓦陇数。

窕瓦　　歇山正身，按面阔除博风以外收山，系至博风外皮，再除排山勾头长二份，以盖瓦尺寸分之，要双陇。以椽子通凑长，用筒瓦尺寸分之，要双件。得数内除勾头二件，即是筒瓦之数。底瓦按盖瓦收一陇即是。以筒瓦通数外加勾头二件，共得数若干，每件如头号筒瓦随板瓦三件，二号三号俱随二件半，十号瓦随二件，得数亦要双件。内除滴水二件，即是净板瓦之数。

如卷棚，盖瓦内应再除锣锅三件，底瓦内应再除折腰五件。如卷棚板盖瓦者，盖瓦件数同底瓦件数除去花边二件板锣锅五件。底瓦系两头亦用花边，应除花边二件，不除滴水。折腰五件同前。其所随锣锅、勾头、花边等项，俱随陇数算。两厦当盖瓦，按进深加檐平出，以盖瓦陇数分之得数，要双陇；内除斜陇盖瓦陇数，即是厦当盖瓦陇数。件数以斜出檐，加收山用一一二斜尺寸共凑，以筒瓦长尺寸分之，内除去勾头一件，即是筒瓦件数。随勾头一件。底瓦照此陇数应抽一陇，件数按前法分之，每陇随滴水一件。四角斜陇盖瓦，以平出檐并收山尺寸一份，共凑以盖瓦宽尺寸分之，得数。内除一头列角一陇，只用勾头一件，其余陇数折半；四角共以八因之得数，即是满折之陇数。每陇凑件数，按厦当盖瓦若干件，再加边陇列角勾头。往里一陇，系筒瓦一件，勾头一件，即将厦当筒瓦件数凑此筒瓦一件，即是每陇折凑筒瓦件数，每陇外随勾头二件，即是底瓦。四角每面（俱应按斜陇盖瓦陇）数，外加一陇，除列角滴水一件，八面共凑陇数若干，折半以前所得角（陇盖瓦连勾头安陇），折凑数目，照几号瓦，陇随几件之法因之得数若干，内除每陇滴水二件，其余即是净每陇板瓦折凑之数。每陇应随二件滴水（外再加八角列角），勾头滴水各八件，方是周围底盖瓦之通陇数。外戗脊下四角列角勾头四件应随戗脊，不在此内。硬山按面阔加山出除排山勾头长二分，分陇数。如无排山，随披水两边各除披水宽半份分陇数，要双陇。如底盖瓦板瓦，内除押梢筒瓦二陇，其余方是盖板瓦陇数，底瓦俱应按盖瓦陇数收一陇方是。其分件数法，俱同前（如后封护檐墙者自后檐檩外皮加至后檐墙外皮再加冰盘沿外出即是）。

排山勾滴 如硬山长按椽子通凑长尺寸，以勾滴尺寸分之。如卷棚者，滴水坐中，滴水要单，应比勾头少一件，勾头连列角成双。有脊者，勾头坐中，连列角仍应比滴水多一件，滴水成双。其滴水后面，俱随压边板瓦一件。得勾头数外，前后檐四角再加拐角滴水四件，即是。

如歇山每山按排山瓦口之长，以勾滴尺寸分之。有脊者，勾头坐中，勾头应多一件；卷棚滴水坐中，滴水应多一件。其滴水后，各随押边板瓦一件。无前后檐滴水四件。

第七节　脊

正脊　按面阔，加山出，除博风厚二份，即是吻外皮至吻外皮。内下衬灰砌城砖一进，高一层，按面阔加山出，每边除排山勾头长一份，即是长。随瓦条五层，今多有做四层者。混砖二层，系用细滚砖砍做，其长俱按通长，两头各除吻兽长，凑计一份，系均至吻兽中。卧陡板一层，按脊通长，除去两头之长二份，镶混砖厚二份，以尺寸分之，加倍即二面件数，系用方砖砍做开条。吻兽下随天盘一件，梓盘一件，系用方砖砍做；圭角一件，鼻盘一件，系用滚砖砍做。

垂脊　如歇山，长按脊桁中至檐桁中，外加半个桁条径；上口不加斜，下口不除脊厚，均按此长即是。随瓦条二份，扣脊瓦一层，各按通长，除去垂兽尺寸一份即是长。混砖二层，按前净长尺寸，以尺寸分之得数，再加一头镶混砖折计半个，共凑即是每层个数。卧斗板一层，按前净长，再除镶混砖厚一份，以尺寸分之，或方砖滚砖不等，俱看大小临时酌定。随垂兽一支，兽座一件，用方砖砍做。如硬山挑山，长按每坡椽子凑长即是长。其兽前，应按狮马几件，总以五件为率。如柱高坡身大者，以柱高核之，每二尺，得存一件，要单。其兽后之长，接通长除去垂兽尺寸一份，并兽前之长，即是净长。随瓦条二层，下一层长按前长，外加至兽座外皮；上一层长再加在垂兽座后口，每层应均长，按前兽后之长，加垂兽之长一半，以尺寸分之，即是均每层瓦条之数。混砖二层，各按兽后长，以尺寸分之得数；外加一头立镶混砖折计半个，共凑即是每层之数。卧斗板一层，以前净长尺寸，加除立镶混砖厚一份，以尺寸分之。扣脊瓦一层，按兽后净长尺寸分之即是。兽前长，按狮马共凑长，每件即按筒瓦之长一份，外再加狮马后扣脊筒瓦一件，共凑即是长。随瓦条一层，长按兽前之长，以尺寸分之即是。

混砖一层，长按前通长，除去撑扒头砖长一份，其余以尺寸分之即是。扣脊瓦一件，并狮马若干件外，撑扒头一件，系用方砖砍做。

圭角一件，系用滚砖砍做。其撑扒头圭角之尺寸，砍做起线有花与寻常细砖不同，均按细砖尺寸，再减一寸，方堪平允。

戗脊 长按斜出檐若干，再加收山至博风外皮尺寸，以一一二斜之，再加勾头长半份，共凑此尺寸用一四斜之得数，再加后口斜按筒瓦宽半份，共凑即是通长尺寸。内分兽前兽后之法，同硬山垂脊之法。唯此脊每道撑扒头圭角下应再加勾头一件。其收山至博风外皮尺寸，按收山尺寸除博风之厚即是。

博脊 长按进深除去至博风外皮收山二份，再除戗脊斜厚一份，按筒瓦口宽一四斜之净即是长。混砖一层，瓦条二层，扣脊瓦一层，即以尺寸用各款尺寸分之即是。

箍头脊 长按椽子通凑长即是长。其余分兽前兽后，俱同前硬山垂脊法。其扣脊瓦内应有锣锅三件。

如歇山，两头各长至檐桁外皮。如小式做法，只混砖一层，瓦条二层，扣脊瓦一层，无斗板垂兽。兽座应用撑扒头圭角，每头各一件即是。

清水脊 长按面阔加净山出二份；其净山出，按面阔除去金边宽即是。混砖一层，瓦条二层，各按通长，每头除去勾头之长半份，以尺寸分之即是。扣脊瓦一层，按通长除去勾头之长二份，以筒瓦尺寸分之即是。衬脊灰砌沙滚砖一进，高二层；内下一层，按通面阔，加通山出二份，内除随披水勾头长二份；上一层，按前分瓦条长尺寸，再除去鼻盘尺寸二份，方是二层之长；今应均折长，即按前分瓦条尺寸分之，即是均折长。其衬脊砖，有用瓦代者，偶一为之，不可为法。两头勾头各一件，鼻子一件，用滚砖半个砍做。盘子用整滚砖砍做。

皮条脊 即按清水脊之长，系瓦条二层，扣脊瓦一层，两头勾头各一件俱按前法分之。

鞍子脊 系盖瓦每陇上加板瓦一件，或有底瓦，亦用板瓦一件，此不须拘泥。

第八节　墁　地

内里墁地 面阔分路数，以通面阔，每边出（除）山墙厚，自柱中往里至山墙里皮尺寸各一份，以砖宽尺寸分之，要单数。进深分个数，以进深后面，除檐砖（墙）厚自柱中往里至檐墙里皮尺寸一份。前面如有砍墙者，不除前面尺寸系至槛中，如槛墙碍者，除槛墙厚半份。丁口柱顶者除柱顶见方一份。以此净尺寸，以砖长尺寸分之，即是每路之个数。如路数或逢双数，应去一路即成单路数。得此一路，改做条子砖剐余两头用，折做一路砖之数目。

廊内墁地 按面阔，每边除柱中至廊墙里皮尺寸二份，分路数。以廊深，外加檐柱顶半份，后面至柱中分个数。如掐柱顶当者，按廊深除檐金柱顶各半份尺寸分个数。如后面有槛墙砖者，除槛墙厚半份。

如路数不足整路者，除去整路外，两边打条子墁。如阶条后口至柱顶有空当者，应算押槽条子砖。俱于临时拟之。

第九节 台 阶

踏跺背底 按下基石通长即是长。按踏跺进深至下基石外皮，即是宽。如有如意石再加如意石即是宽。算沙滚砖高二层。

踏跺背后 随下基石，按通长除去平头土衬之宽二份，即是长。按踏跺进深至下基石外皮，除去下基石通宽一份，即是宽。高按下基石高，除中基石下落槽深五份，其余即是高。随中基石，按踏跺面阔，除垂带宽二份即是长。每层即按每层至基石外皮进深尺寸，除去基石通宽一份，即是宽。按基石厚，除去上面基石往下落槽深五分，即是高。以上中基石，共凑宽一处，分进深。唯催基石无背后，高层数，俱同前分层数。

垂带下象眼 长按踏跺进深，除去垂带斜厚一份，即是长。按台基石明高除去阶条高一份，即是高。厚按垂带宽，即是厚。如细砖内除露明砖宽一份，其余是背馅之厚。如用象眼石，再除象眼石厚一份，应二个折一个算。其垂带斜厚按台明尺寸归除。垂带之长，应每尺加斜若干，以此为法，再用现在垂带直厚用前法因之，即是垂带斜厚。

第十节　炕

高炕　如梢间面阔搭，除山墙自柱中至里皮尺寸，再除隔断墙厚半份，将梢间面阔若干，除去前二项尺寸，即是长。如顺山炕，按进深除槛墙厚半份，后除檐墙自柱中至里皮尺寸，即是长。高不过一尺四五寸，宽五尺五寸，不须胶柱鼓瑟。

炕帮　一面，长按通长分个数，按高除炕沿高分层数。下外加埋头砖高一层，只砖一进。

金刚墙　三面，按炕长一份，再按炕宽，除砖宽二份，加倍共厚即长；只砖一进。高二层。三面圈袖，按炕长，除金刚墙砖宽二份，火道二道，凑宽六寸，即是面阔之长。按炕宽除去砖宽三份，火道宽三寸，加倍即是进深之长，以上共凑只砖一进，高二层。

丁字火道　进深二道，各按棚火尺二方砖二个尺寸计二尺四寸，加倍即进深二道之长。面阔二道，内外一道按尺二方砖长计三份，计三尺六寸，里一道亦长三尺六寸，内除火道宽三寸，净长三尺三寸，共得一处，火道共应长一丈一尺七寸，内除火眼分位五个，均凑长一尺七寸，净长一丈，只砖一进，高二层。外棚火尺二方砖五个，间火眼板瓦七件，如方砖只三个，两头应添棚火沙滚砖，两边各长一尺二寸，计砖三个，加倍共六个。

炕面　以炕通长分路数，以炕宽除炕沿宽一份，分个数。

打码子　以面阔砖路数，除一路，进深砖个数，除去一路，其余相乘，共得多少，即是码子砖数目；系两半个高二层。唯炕调火道做法不一，有蜈蚣火道，珍珠倒卷帘火道等名，恐妨碍不敢另缀，只依前为法，始堪画一。

高炉子　长不过二尺，宽一尺二寸，明高按炕高折半，埋深核计一尺。分砖个数，内除炉堂嗽眼之砖，以现在形势除之。

炉坑　三面凑长，按炉坑板一面尺寸三份，外加砖宽二份，即是长。高同炉子埋深，只砖一进。

第十一节　发券

平水墙　以券口面阔并中高定高。如面阔一丈五尺，中高二丈，将面阔丈尺折半，得七尺五寸，又加十分之一，得七寸五分，并之，得八尺二寸五分。将中高二丈内除八尺二寸五分，得平水墙高一丈一尺七寸五分。平水墙上系发券分位。

头券　凡发券以平水墙券口面阔三三折半定围长。如平水券口面阔一丈五尺，以三三加之，得围长四丈九尺五寸；折半分之，得头券围长二丈四尺七寸五分；以头券用砖厚尺寸归除，得头券砖头伏砖之数。

    头伏   以面阔加头券砖二份之宽定围长。如面阔一丈五尺，砖宽六寸，厚三寸，加头券砖二份，共宽一尺二寸，并之得宽一丈六尺二寸；以三三加之，得围圆长五丈三尺四寸六分；折半分之，得头伏围长二丈六尺七寸三分；以所用砖块宽尺寸归除之，即得头伏砖之数。

    二券   以面阔加头券分位二份之宽，头伏砖二份之厚定围长。如面阔一丈五尺，加头券砖、头伏砖各二份尺寸，共得宽一尺八寸，并之得宽一丈六尺八寸，以三三加之，得围圆长五丈五尺四寸四分，折半分之，得二券围长二丈七尺七寸二分。

    二伏   以面阔加头券、头伏，并二券砖各二份宽厚之数定围长。如面阔一丈五尺，加头券、头伏并二券砖各二份，共宽三尺，并之，得一丈八尺，以三三加之，得围圆长五丈九尺四寸；折半分之，得二伏围长二丈九尺七寸。

    三券   以面阔加头券、二券、头伏、二伏砖各二份宽厚之数定围长。如面阔一丈五尺，加头券、二券、头伏、二伏砖各二份，共宽三尺六寸，并之，得宽一丈八尺六寸；以三三加之，得围圆长六丈一尺三寸八分；折半分之，得三券围长三丈六尺九分。

    三伏   以面阔加头二三券，头二伏砖各二份宽厚之数定围长。如面阔一丈五尺，加头二三券头二伏砖各二份，共宽四尺八寸，并之，得宽一丈九尺八寸；以三三加之，得围圆长六丈五尺三寸四分；折半分之，得三伏围长三丈二尺六寸七分。

　　四券 以面阔加头二三券伏砖各二份宽厚之数定围长。如面阔一丈五尺，加头二三券伏砖各二份，共宽五尺四寸，并之，得宽二丈四尺；以三三加之，得围圆长六丈七尺三寸二分；折半分之，得四券围长三丈三尺六寸六分。

　　四伏 以面阔加头二三四券砖，头二三伏砖各二份宽厚之数定围长。如面阔一丈五尺，加头二三四券砖，头二三伏砖各二份，共宽六尺六寸，并之，得宽二丈一尺六寸；以三三加之，得围圆长七丈一尺二寸八分；折半分之，得四伏围长三丈五尺六寸四分。

　　五券 以面阔加头二三四券伏砖各二份宽厚之数定围长。如面阔一丈五尺，加头二三四券伏砖各二份共宽七尺二寸，并之，得宽二丈二尺二寸；以三三加之，得围圆长七丈三尺二寸六分；折半分之，得五券围长三丈六尺六寸三分。

　　五伏 以面阔加头二三四五券砖，头二三四伏砖各二份宽厚之数定围长。如面阔一丈五尺，加头二三四五券砖、头二三四伏砖各二份，共宽八尺四寸，并之，得宽二丈三尺四寸；以三三加之，得围圆长七丈七尺二寸二分；折半分之，得五伏围长三丈八尺六寸一分。

第十二节　　瓦作算料表

瓦作内用营津加斜法　　五举一一二，六举一一七，七举一二二，八举一二八，九举一三五，十举一四一。以上何举加斜之法，营津大木中，已注释明白。但今椽子加斜，俱遵古用方五斜七之术，置其法而不用，其行已久，悉听其便。其瓦作内有除加出入躲闪之处，非勾股不能尽其情，考营津加斜，乃勾股中所得，毫忽无差，今复录于此，瓦作内用之，庶免商除布算之繁。

砖瓦尺寸

细新样城砖，每个长一尺四寸，宽七寸，厚三寸三分。

灰旧样城砖，每个长一尺五寸，宽七寸五分，厚四寸。

细停滚砖，每个长八寸五分，宽四寸，厚二寸。

灰沙滚砖，每个长九寸，宽四寸五分，厚二寸一分。

头号筒瓦，分陇数，长九寸，宽八寸。

二号筒瓦，分陇数，长七寸，宽七寸。

第六章

小式瓦作做法

The Building Regulations
In The Qing Dynasty

第一节 墙 基

单磉墩 以台通除柱顶净厚定高。以柱顶加四寸定见方。

连二磉墩 以台通除柱顶净厚定高。以廊深尺寸加金磉墩半个、檐磉墩半个定长。以金柱顶加四寸定宽。

连四磉墩 以台通除柱顶净厚定高。按连二磉墩长定见方。

檐栏土 以通面阔进深，各除磉墩定长。按磉墩半分柱径半份再加三寸定宽。高同磉墩。

金栏土 以通面阔除磉墩定长。以檐栏土宽除磉墩半份加倍定宽。高同檐栏土。

第二节 台 明

包砌台帮 以通面阔加两山出定长，按下檐出除半磉墩定宽。

按台通高除阶条高定高，两山以通进深加磉墩见方一分定长。按山出除半磉墩定宽。有押面高同前，如无押面，按台通高定高。

前后檐　　如无阶条，用押面砖。按面阔加两山出定长。按下檐出除柱顶见方半份定宽。两山长按进深加柱顶见方一份定长。按山出除柱顶半份定宽。

墙下衬脚　　以面阔进深各除柱顶定长。按半柱半顶各一份，加八字定宽。按柱顶厚除鼓镜高掏当厚定厚（有墙用此）。

槛墙下衬脚　　长同前。宽按本身厚。如有押槽厚同前。

掏砌柱顶当　　以面阔进深廊深各除柱顶定长。按柱顶定宽。厚按柱顶除地面砖定厚。

下檐出　　每柱高一丈，得上檐出三尺，下檐出二尺四寸（照上出八扣）。

山出　　按柱径二份。小台六寸。金边二寸。倒肩二寸。八字二寸。

台明高　　每柱高一尺得一寸五分。随封护檐同山出。

第三节　　山　墙

山墙　　外皮以进深定长；如有廊子，加廊深定长；如封护檐墙，按进深加柱径半份定长。高按墀头定高；下肩按柱高十分之三定高。按山出除柱径半份金边一份定厚。里皮以进深除柱径一份定长。高按柱高：如前后廊按金柱高除随梁高一分定高。按柱径一份加八字定厚。柱门按径四分之一。

如有护墙板按柱径一份，除板厚一份定厚；此内应除榻板、倒肩、顶桩、笼箍分位砖块。

　　廊墙　　以廊深尺寸除檐金柱径各半份定长。按柱高除檐枋穿插高各一份定高。下肩高同山墙。下肩按柱径一份加八字定厚，上身减五分。

　　如上身立柱，圈枋，中心斗如砌方砖立柱，按上身高宽分个数；如砌城砖砍细五寸线枋，按上身除周围圈枋宽分个数；细停滚砖中心斗砌方砖，以方砖高尺寸一四斜分个数。背馅，按上身厚，除陡板厚一份定厚。

　　穿插当　　按廊深除檐金柱径各半份定长；按檐枋高定高，只砖一进。

　　廊象眼　　按廊深除桁径定长；按廊深用五举高若干加檐平水桁径椽枋各一份，除抱头梁高一份定高。俱二个折一个，只砖一进。

　　墀头　　高按檐柱高加古镜，平水、桁径、椽枋、连檐、望板高各一份，如有飞檐椽，再加飞檐一份，得通高；内除上出五举一份，盘头厚二份，戗檐斜高一份，枭混厚二份，荷叶墩厚一份，定高。外皮长按下檐出除小台一份；里长按外长除柱径半份，厚按山出加咬中一寸，除金边定厚（除戗檐斜高，按直高，用一四归除，即是。或用七因亦可）。

　　梢子戗檐　　枭混用整砖，荷叶墩盘头用半个砖。凡算梢子象眼，长按上平出除檐柱径半份，连檐雀台戗檐斜厚各一份定长。高按戗檐直高一份再加上出五举折半高一份即高。

　　墀头象眼　　长按上出除桁径半份，连檐金边宽，戗檐厚各一份定长。高按柱高，加古镜平水桁径椽枋各一份，得通高；除去墀头之高，其余尺寸，均用七扣，只砖一进。

又法：每柱高一丈，核砖二十个。

续尾　长按进深加下出二份，除小台二份，前后各除方砖尺寸。如细尺二方砖，按一尺一寸除；枭混荷叶墩，均出四寸，前后各剩七寸，除之即是。厚按山墙外皮上身定厚（荷出一寸五，混出二寸，枭出二寸五，按三均除之）。

如封护檐墙，长按进深加柱径半份，下出一份，除小台一份，一头除枭混，长同前。

山尖　二个折一个。按进深加下出二份定长。按山柱高加古镜、桁径、椽、枋、望板、苦背各一份得通高；除山墙外皮高，拔檐博风续尾桁椀高得净高。厚按山墙外皮上身定厚。

又法：高按步架加举，加桁径椽枋望板背各一份，如折砌山墙一堵，山尖折半即是。

如封护檐墙上截，二个折一个。按进深定长。高按前法。除下截高定高。下截一段，按进深加下出柱径各半份定长，按檐墙外皮高除山墙外皮续尾高各一份定高。

点砌山花　二缝折一缝。长按进深，如五檩除四檩径定长。按金脊瓜柱高加桁径椽高各一份，除瓜柱榫桁椀高各一份定高。按柱径半份加咬中一寸定厚。

又法：按步架加举加桁径檐平水椽高各一份，除三架五架梁高各一份定高。

山花　二缝折一缝。长高同点砌山花，厚定例应厚二寸。只砖一进。

二山拔檐　二层：内上一层按前后坡椽子凑长，除博风宽一份，本身厚一份豇檐厚连檐雀儿台各二份定长。下一层除本身厚一份二层共凑均折长。背馅除本身厚一份，盘长厚二份，厚按山墙外皮下肩厚除细砖宽一份定厚。

博风 按椽子凑长定长；背馅除本身宽一份，豇檐厚连檐雀儿台各二份定长。按山出除博风厚一分定厚。按博风高定高。如散装做按豇檐高分层数得若干，除一层即是（应除柱径半份定厚；应除椽子高二寸定高）。

披水 按前后坡椽子凑长定长（无背馅）。

排山勾滴 调脊以勾头作中，按勾头宽分件数成单；滴水抽一件，板瓦同滴水。

卷棚，如歇山，按金桁中至中，按滴水宽分件数成单；勾头抽一件，板瓦同滴水（勾头俱应比滴水多一件）。

第四节 檐墙及内墙

后檐墙 按通面阔，除咬中二寸定外皮长。高按柱高，除檐枋，拔檐，堆顶，各一份定高。下肩同山墙。厚按柱径一份，上身减五分。拔檐堆顶按外皮长定长。堆顶高按檐枋高定高。宽按墙厚定宽，折半定厚。里皮以面阔除柱径定长。高按柱高，除檐枋高定高。厚按柱径一份加八字定厚（如有护墙板同山墙法）。

后封护檐墙 外皮以通面阔加山出二份，除金边宽二份定长。高按柱高加古镜平水桁径椽方望板各一份，除拔檐三层。其余俱同前。

槛墙　　长按榻板长。高按柱高十分之三；如安支摘窗；按柱高四分之一。厚按榻板宽定厚。

隔断墙　　长按进深除柱径定长。高按柱高。厚按柱径一份加八字二份定厚。

点砌椽当　　按椽子根数抽一根，每空沙滚砖半个。

第五节　盖　顶

苫背　　歇山按面阔除收山二份定长。宽按坡身除连檐雀儿台各二份。两厦当并四角长按进深加廊深一二斜，上出各二份，除连檐雀儿台各二份加倍。宽按收山一二斜上出各一份，斜连檐雀儿台各一份定宽。

硬山按面阔加山出二份，除博风厚二份定长。宽按坡身除连檐雀儿台各二份。

垫囊　　按通进深，查例得路数。按正陇底瓦，每陇计一件。

歇山宽瓦　　正陇盖瓦，按面阔除收山二份，分陇成双；按椽子凑长分件数，除锣锅三件，勾头二件。底瓦抽一陇，得件数若干，除折腰五件，滴水二件。两厦当正陇盖瓦，按博脊长分陇成双，二山加倍。宽按收山一二斜山出各一份分件数。除勾头一件。底瓦抽一陇除滴水一件。

　　八角斜陇　　折四角，按檐步一二斜上出起翘各一份分陇，件数同前，除勾头二件。底瓦陇数同盖瓦除滴水二件。四角外加勾头四件，滴水八件（此系重檐之下檐分陇）。

　　硬山　　按面阔加山出二份，除披水宽一份，如有排山，除勾头长二份，分陇成双。按椽子凑长分件数，除锣锅三件，勾头二件。底瓦抽一陇分件数，除折腰五件，滴水二件。板盖瓦，除板锣锅五件，花边二件。底瓦除折腰五件，花边二件。

第六节　脊

　　清水脊　　长按面阔加山出二份，除金边二份定长。混砖一层，瓦条二层，扣脊筒瓦一层，俱按长分个数。外加扒头圭角勾头各二件。

　　箍头脊　　长按檐桁外皮定长。混砖一层按长撑头一件分个数。

　　扣脊筒瓦一层，按长分个数，得若干，除锣锅三件，勾头二件（系歇山做法，应有瓦条二层）。

　　如硬山，按椽子凑长，每头除一筒瓦直长，加一个一四斜长。

　　角脊　　长按收山五举一二斜，上檐出各一份，用一四斜定长。混砖一层，按长除撑头半份分个数。瓦条二层，按长除圭角半份分个数。扣脊筒瓦，按长分个数，外加勾头一件。

花素撑扒头，每件细尺四方砖一个。素圭角，每件细停滚砖半个。

博脊　长按进深，除收山二份，角脊厚一份定长。混砖一层，瓦条二层，扣脊筒瓦一层，俱按长分个数，无撑头圭角。

第七节　墁　地

墁地　按通面阔，除柱径一份，八字二份分路数成单。按进深，除柱径半份，八字一份，槛墙厚半份分个数。

第八节　台　阶

踏跺背底　长按下基石长。宽按踏跺进深，至下基石外皮即宽。

如有如意石再加如意石即是宽。沙滚砖高二层。背后，随下基石长，除去平头土衬宽二份，即是长。宽按踏跺进深，至下基石外皮，除去下基石宽一份，即是宽。高按下基石厚，随中基石长，按踏跺面阔，除垂带宽二份，即是长。其余同前，唯催级石无背后。

垂带下象眼　长按踏跺进深，除垂带厚一份即是长。高按台明，除阶条高一份定高。宽按垂带宽定宽。每二个折一个算。如有象眼石，除去象眼石厚定宽。

第九节　炕

顺山高炕　长按进深，除檐墙并槛墙里皮尺寸定长。俱宽五尺五寸，高一尺五寸。

凡炕帮，按炕长定长。高除炕沿厚一份，得净高尺寸。凡三面金刚墙，按炕长一份，宽二份，除隔角四份，得净长尺寸。按滚砖一进，高二层。

凡做袖，按炕宽除滚三进定长。调火道，按炕长除滚砖六进定长。火道按炕宽折半，除滚砖二进半定长。共凑尺寸，按滚砖一进，高二层。

凡棚火，按调火道并戗火尺寸，得净长尺寸。

凡打码子，按炕面路数个数，各减一份核算，每码子一个，核沙滚砖一个。凡炕面，按炕长分路数，按宽分个数。

高炉　按炉坑往外加滚砖二进定长。宽按炕高定宽。炉台露明，按炕高三分之一定高。炉腿按炉坑深定高，共得净高尺寸。凡除炉膛灶门炉口，径六寸，自乘七五，扣深八寸，嗽眼长八寸。宽按炉台宽，高按通高，除炉口深，计分位沙滚砖二十七个。

炉坑　见方大小深浅，酌定核算。

凡搭高炕内炕帮，按炕长，高按炕高，除炕沿厚一份。加埋深砖一层。三面金刚墙，按长一份，宽二份，除砖四进。圈袖按长一份，宽二份，除砖八进。再除火道凑宽一尺二寸。调火道按净长一丈。棚火尺二方砖一个。沙滚砖高十八个。间火眼板瓦七件（如方砖只三个）。打码子，按炕面路数，个数各减一路。炕面按炕长分路，按宽分个数（应除炕沿宽）。

又法：三面金刚墙并圈袖，火道折凑长，按炕长二份，宽四分，再加三尺四寸即是。沙滚砖计一进高二层。

第七章
石作做法

第一节　埋　头

单埋头　　高按台通除阶条高一份定高，宽厚同阶条。

厢埋头　　高按台通除阶条高一份定高，两山宽按阶条除本身高一份，俱外加榫长一寸，厚同阶条高。

混沌埋头　　如有土衬，按台明高除阶条高一份定高。见方按阶条宽。

第二节　台　基

台基　　挑山歇山面阔进深，按柱中面阔进深，外加台基，以柱中往外宽尺寸，按上平出檐，十分之内除二分，算回水八分，得台基宽若干，加倍即是。如有斗栱，按平出檐尺寸，十分之内除二分半，是回水七分半，即得台基宽尺寸。硬山山出，按山柱径十分之十八即是。挑山山出按前后檐台基，以柱中往外宽若干，十分之九即是。

台基露明　　高按柱高十分之二，如歇山并有斗栱房，须弥座做，自地面算至耍头下皮高若干，十分之二分半。如无须弥座做，至耍头下皮高十分之二。如方亭，并有斗栱者，自地面至柁下皮高若干，十分之一分半即是露明高。埋头深按露明高折半。

正座月台　　面阔如三间至明间有槅扇者，按明间面阔一份，再加次间面阔各半份，共凑即是面阔。（系至次间中）如五间只有三间槅扇者，按中三间面阔，外加一阶条宽，即是面阔（系阶条中，对次间柱子中），进深按面阔折半。露明高，按房身下台基露明高，除一踩高五寸余即是，埋头同房身。

如宫门大门用包台基月台，面阔按门台基面阔若干，两边外加宽，各按门台基露明高一份，共凑即是。中进深按面阔折半。两山进深，至墙即是。高按门台基露明高折半。再地势叠落，临时酌定。埋头随房身埋头下皮平。

月台上安滴水石　　长合间，其两次间，长至月台墙（阶）条里口。宽按上平出檐若干，除去下台基宽若干，余用二分之三即宽。厚按宽三分之一。

柱顶　　见方按柱径加倍，厚同柱径。古镜高按柱顶厚十分之二。

阶条　　长按台基面阔。如歇山房四面，按台基面阔进深，除去横头分位即长。宽按台基宽若干，除去柱顶见方半份，余即是宽。高按宽十分之四，高至四寸止。块数，合柱中，要单块数。

两山条石　　长按进深除前后阶条宽二份，余即长。宽按两山出台基宽，除柱顶见方半份，即是宽。高同阶条高。如挑山圭背墀头用条石，两头长按柱顶见方二份，宽按前法，外加按柱径十分之二。其余同上。

　　埋头　　高按台基露明高，埋头深，共若干除去阶条，高一份，即是高。宽高同阶条。

　　土衬　　按通面阔加山出金边各二份定长。两山长按进深加下檐出金边各二份，除本身宽二份定长。宽按陡板厚一份，加金边二份。金边按台明高十分之一。厚同阶条高。

　　随陡板用土衬　　长按台基面阔进深，加金边，除横宽，踏跺至平头土衬里口合角，除净即是。宽按陡板厚一份，外加金边宽二份，如砖包砌，按细砖宽二份。厚按宽十分之四。金边宽按台基露明高十分之一，自二尺往外，俱用金边宽二寸，自五尺往上，每高一尺，递加金边五分。

　　混沌台基角柱　　高同陡板高。宽按阶条宽。厚按宽三分之一。系要不合缝。外加上下榫各长按高十分之一，径按长加倍。

　　陡板　　长按面阔进深，除角柱宽厚，踏跺面阔加象眼石里口合角，除净即是长。高按台基露明高，除去阶条高一份，净若干，加落土衬槽，按本身厚十分之一，共凑即是高。厚按高三分之一，自高一尺二寸往下，俱用厚四寸。

　　如无角柱，按面阔加山出二份定长；两山按进深加下出二份，除本身厚二份定长。宽按台明高除阶条高一份，外加落土衬槽深五分，上榫长五分定宽。厚同阶条高。

第三节　山墙石作

角柱　高按下肩高除压砖板高一份定高。宽按山出除金边一份加咬中一寸定宽。厚同阶条高。

圭背角柱　高按下肩，除压砖板高，净即高。厚按柱外皮，至墙外皮厚，即厚。宽按厚一份半。

后檐混沌硬角角柱　高同前法；见方同圭背角柱厚。

随圭背角柱压砖板　长按一步架，外加一份八字为长。宽按角柱厚。高按宽折半。

随硬山房有墀头角柱　高按下肩高除压砖板高，净即高。宽按墀头宽。厚按柱径折半；自柱径八寸往下，俱用厚四寸。

随硬山房后硬拐角角柱　高同前。见方按墀头角柱宽。

随硬山压砖板　长与挑檐石后口齐；无挑檐石，长按一步架并墀头以柱中往外长，共即长。宽按墀头宽，高同角柱厚。

腰线石　长按墙角柱，面阔进深，除压砖板长宽即长。高同压砖板高，宽按高一份半。

随硬山挑檐石　长按墀头上身长，加檐步架；如有金柱，外加金柱半个柱径；再加出枭混，按本身高十分之七，凑是长；同压砖板后口齐。宽按墀头宽。高按宽十分之四。

第四节　门石槛石

殿宇明间过门石　　长按檐柱中，至台基外皮宽若干，除去阶条宽一份，余若干，加檐步架一份，金柱顶见方一份，共即长。宽按长三分之一。厚按宽十分之三。

次间过门石　　长按檐柱中，至台基外皮宽，除去阶条宽一份，余若干，加檐步架一份，金柱顶见方半份，共凑即长。宽厚同明间。

如宫门中缝用过门石，长按中柱顶见方一份，两头再加各按宽一份，共即长。宽按柱顶见方十分之十一。厚按宽十分之三。如两接做，长宽法同前，厚同上。次间长宽厚同明间。

合同通槛垫　　长按面阔除柱顶见方一份，余即长。宽按柱顶见方。厚按宽十分之三。

掏当槛垫　　长按通槛垫法，再除去过门（石）宽；余若干，折半即是长。宽厚同上。

廊门桶槛垫　　外一块，长按廊深加下出一份，金柱顶见方半份，除阶条宽一份定长，里一块，长按廊深，除檐金柱顶各半份定长。宽按廊门桶深折半定宽。厚同阶条高。又外一块，宽按山出除柱顶半份。里一块宽按廊门桶深，加金边，除外一块宽定宽。通宽按山出加柱顶半分。

脱落中槛带下槛槛垫　　长按门口宽。宽按长折半。厚按宽

nbsp;

十分之四，连下槛在内。

脱落槛两头带下槛门枕槛垫　　长按中槛宽十分之九，宽厚同中槛。

门枕　　槛垫上安，长按槛垫宽。宽按长七分之三。厚按宽折半。再加落槽，按厚四分之一。

门枕鼓里带门枕　　长按下槛厚二分之一，外按下槛高三分之五，共即是。厚按下槛厚二份，高按下槛高三分之八。

门鼓　　高径按下槛高，若幞头鼓做，高按下槛高十分之十四，宽按高十分之七，厚按高十分之五。

踏跺石　　长按槅扇宽二份定长。如无槅扇按门口宽一份定长。宽按阶条宽八扣，厚按栓（台？）明高除阶条厚一分定厚。

栓架　　高按栓见方三份半，宽按栓见方三份，厚按栓见方一份半。

栓眼　　见方按栓见方三分之八，厚按栓见方折半。

第五节　　须弥座

须弥座各层　　高低按台基明高五十一分归除，得每分若干；内圭角十分；下枋八分；下枭六分，带皮条线一分共高七分，束腰八分，带皮条线上下二分，共十分；上枭六分，带皮条线一分，其高七分；上枋九分。以上除上枋外，其余宽俱按圭角厚二份半九扣。上枋宽按圭角宽十分之十一，再核台基宽窄。如不随房身台基安，宽即同圭角宽。

如枭儿枋子薄者，二层做亦可。土衬宽厚同圭角土衬。比枋子出金边同上金边法。圭角，比枋子出唇子，按土衬金边折半。束腰，比枋子束腰若干，按枭儿连线高七分之五。

台基高六尺，内圭角一尺一寸五分，下枭儿八寸，束腰一尺一寸五分，上枭儿八寸，上枋一尺一寸，下枋一尺。

月台高五尺五寸，内圭角高一尺零五分，下枋九寸，下枭儿七寸五分，束腰一尺零五分，上枭儿七寸五分，上枋一尺。

随须弥座土衬　长按台基面阔进深，加金边，除本身横头，至踏跺土衬里口核角算，即是长。厚宽按上法，上落槽，除金边宽，往后满落槽，深同皮条线宽算。

圭角　长按台基面阔进深，加唇子宽，除本身横头，凡有入角用间柱，加间柱见方即长。宽厚同上。外加上踩阳梗，高同皮条线宽。下加满落下土衬槽法。

下枋下枭上枭　各长按台基面阔进深，加间柱见方，除角柱见方，如无角柱，即除本身横头宽，即是长。宽厚同上法。外加上踩阳梗，下落阴槽同上。

束腰　长按台基面阔进深，除角柱，加间柱见方，如无角柱，除束腰进深若干，再除本身横头宽，即是长。宽厚同上法，外加上踩阳梗，下落阴槽同上。

上枋子　长按台基面阔进深，如安龙头，除四角龙头，每角按龙头宽用一四斜；如无龙头，除本身横头宽，即得长。宽厚俱同上法。下落阴槽同上。

龙头下角柱　下落在圭角上，上顶上枋下皮。长按下枋净高一份，下枭儿净高一份，束腰净高一份，上枭儿净高一份，共凑即是长。见方按龙头宽用一四斜，即得见方。外加上下榫，各按见方十分之一，径按长加倍。

随须弥座入角用间柱 长同龙头角柱法。上下榫，长径俱同前法。见方按枭儿厚加倍。

龙头 长按台基明高加倍。高按台明折半。宽按高六分之七。下面两肋龙头明长按通长折半。下面中明长，按两边明长，除宽半份即是。

第六节　台　阶

踏跺 面阔如合间安，按柱中面阔，加垂带宽一份即是。如合门口安，按门口宽一份，框宽二份，垂带宽二份即是。

如殿宇前有月台，正面安踏跺，按前大门。后檐明间踏跺面阔同。

如前有大门，后檐用连三踏跺，中间踏跺面阔若干，即是后殿月台踏跺如意长，除去两头金边即是面阔，有合甬路宽者。

如殿宇前月台用垂手踏跺，面阔按月台通面阔，除去正面踏跺面阔，余若干，用四分之一即得面阔。抄手踏跺面阔，同垂手。如无垂手，按月台进深三分之一即是。如台基安栏板柱子，里外空当，按月台进深，除去踏跺面阔，余若干折半即是。如正殿前，大门用连三踏跺，通面阔按三间面阔，加垂带宽一份即是。

按门随柱子仍用垂带。门前月台如用单踏跺，面阔按门明间面阔，加垂带宽一份即是。如用连三磴磋，面阔按门三间面阔，加垂带宽一份即是；中尢垂带。如抄手踏跺，按月台中进深，三分之一即是。

凡踏跺进深，按台基石宽。

凡安御路口踏跺进深，按月台明高十分之二十七。

凡磴磋进深，按月台明高十分之三十。

踏跺垂带 长按台明高，除靴头直高分位，按本身厚，每一尺得高一寸二分，余若干为勾；基石凑进深若干，除垂带前金边，按本身厚靴头直高三份，只除二份，余若干为股；用勾股求弦得若干，即是长。如安垂带头，长即按通长，除去垂带头垂带长尺寸，余若干，净即长。宽按台基石明宽四分之五。

如比阶条宽者，即随房身阶条宽。厚按垂带净进深归除，垂带长，得每尺加斜若干，将阶条厚，用每尺加斜，连本身除之，即得垂带直厚。垂带斜厚，同阶条厚。

如台基月台踏跺安栏板柱子，踏跺用垂带头带基石头象眼石。垂带地伏长按垂带马蹄长，外加象眼长，按垂带厚折半，前加垂带前金边若干，后加象眼外金边，同前垂带前金边，共即长。如随御路垂带头，前面无金边不加宽，按垂带宽一份，里口齐，外加金边宽，同平头土衬金边宽。高按垂带象眼长若干为股，依股得勾法高若干，再以垂带直厚若干，地伏直厚若干；二共凑若干为弦；以弦得股法得高若干，加前象眼若干高，再加下基石厚，三共凑长若干；内除地伏头至垂带金边长若干为弦；以弦得勾法；得若干即除若干，净若干即是垂带头通高。垂带长按带象眼长若干为股，依股为弦长若干，再加垂带厚，除靴头高分位净若干为勾，流勾得股若干，二共凑即是垂带长。如随御路，即无靴头，带地伏长，按带垂带长，下除金边按地伏厚二份，上除金边按地伏厚折半，余若干，即是带地伏长。以股得勾法，按垂带进深归除台明高，即得每股长一尺，得勾高尺寸。以弦为股为法，按垂带通长归除垂带进深，即得每弦长一尺得股尺寸，以弦长得勾高法，按垂带长归除台明高，即得每尺得勾高尺寸。

礓磋垂带 长按台基明高。加进深垂溜若干，共凑高为勾；无靴头进深为股；用勾股求弦得若干是长。宽按厚加倍，同前法。如比阶条宽者按阶条宽即是。

中基石 长按踏跺面阔，除去垂带宽二份余即是长。明宽一尺一寸，再加缬绊一寸；上基石无缬绊厚五寸，外加落缬绊一寸。园圈用明宽一尺，厚四寸，缬绊同上。块数按台明用厚除之，再均合厚薄。

下基石 长按踏跺面阔，外加两头金边，同垂带前通金边，共凑即是长。明宽同中级石明宽，再加落缬绊同上。要核足垂带下马蹄使。垂带马蹄宽，按台明净高归除。垂带长，按每尺加斜若干，即按垂带厚，除去垂带厚，靴头斜厚，按前直厚十分之十一余用前法因之，即得马蹄宽。如前法足用，按前法；如不足马蹄用，即按马蹄宽，加垂带前通金边，共凑是宽。厚同中级石明厚。

礓磋石 长按面阔，除去垂带宽二份即长。宽按本身厚加倍即得宽。再将宽归除垂带长，即得路数。再核均宽。厚同垂带厚。

平头土衬 长按踏跺下基石外皮进深若干，除房身土衬金边宽一份，下基石宽一份，余即是长。如随须弥座，前除垂带头通长金边，同基石头金边一样。宽厚同房身土衬。如房身须弥座做法，宽仍随象眼石厚一份，加金边宽二份即宽。

象眼 长按垂带进深若干，除去垂带下马蹄宽，即是长。高按台基高，除去阶条厚，余即高。厚按宽三分之一。如随陡板安，高厚即同陡板。

台基月台合当处，垂头地伏下象眼；长按地伏抄手踏跺里空当若干，余踏跺上垂头地伏至垂带外皮长尺寸，余即是长。宽同地伏宽。厚按房身台基明高，除去月台明高，余若干即是厚。垂带地伏至垂带外皮长，按垂带地伏长，除去本身正宽一份，再除垂带上金边宽一份，余若干，即是垂头地伏至垂带外皮尺寸。

御路 长按垂带法，下基石不留金边，宽按长七分之三，厚按宽十分之三。

御路两边中级石 长按踏跺面阔，除去垂带宽二份，御路宽一份，余若干，折半即是长。明宽同前法。厚按明宽归除御路进深，得级数若干，除下一级，加台面一级，共若干归除台明高，即得级石明高。再加落缝绊一寸，上级无缝绊。下基石长，按中级石长，加垂带宽一份加金边宽，共凑即是长。如安垂带头，长同中级石长。宽厚同中级石。前安如意石，宽厚同前法。垂带前面无金边。露明宽同中级石。

踏跺前如意石 长同下级石长，宽按基石明宽加倍，厚按宽十分之四。

第七节　勾　栏

随踏跺垂带头地伏　　长按正宽二份半。正宽按栏板厚二份。厚按栏板厚，外加厚，按下皮垂头若干为弦，以弦得勾高若干即是外加厚。外加宽，按垂带上地伏直厚为股，以股得勾若干，如下垂带头长，二共长若干为上垂带长，为弦，以弦得股若干，即是垂带直长；再加地伏外至面枋金边宽，二共即是外加宽。再凑正宽，二共即是通宽。地伏外金边，按地伏厚折半即是，垂带上地伏直厚，同算垂带厚法一样。垂带地伏下皮垂头长，按地伏厚六分之四，即是下皮垂长。

台基上垂头地伏　　长宽厚并外加宽厚，算法俱同踏跺上垂头地伏法。同台基勾高即是象眼地伏厚股长，又称象眼地伏长。再以勾股求弦。

垂带上地伏　　长按垂带通长，下除垂带头带地伏长，并地伏前金边宽，上除垂带地伏，下除尺寸净若干是长。宽按栏板厚二份是宽。高同垂带厚。按月台上地伏厚核算。

长身地伏　　长按空当并面阔进深，除垂带地伏，除龙头法，同面枋除去净凑核长。宽按栏板厚二份。高同栏板厚。

长身柱子　　明高按台基明高二十分之十九。下榫长按见方十分之三。见方按明高十一分之二。柱头长按见方二份。如殿宇台基月台安做，高按阶条上皮至平板枋上皮高四分之一即是。其余同上。

垂带上柱子　按长身柱子明高，外加下斜勾长，按柱子见方为股，以股得勾高若干，二共凑长若干，内除面枋至柱子金边勾高若干，余若干即是净高。金边为股，以股得勾，其法俱随垂带形核法。柱头高同正柱头高法。

长身栏板　长按柱明高十分之十一为明长，外加两头榫各长按本身高二十分之一。明高按柱子明高九分之五，下面加榫同两头。厚按明高二十五分之六。后檐栏板坐中。其长，再按块数空当均核长。

垂带上槛板　长按垂带通长若干，上加垂带上地伏直厚为股，得勾长若干；再加柱子至面枋金边宽为股得弦长若干；三共通凑长若干；内除地伏下至垂带金边宽，又除抱鼓至地伏金边宽，按地伏厚三份，除柱子斜见方一份，余若干折半即得明长。外加榫，长按本身直宽若干为股，得勾长即是外加斜长。宽不加斜榫共凑即是通长。宽按长身栏板明宽为弦，得股若干即是宽，连带金边，象眼金边勾宽在内。厚同长身栏板。如宽除象眼栏板正宽，按长身栏板宽，除带象眼勾高余若干为弦，依弦得股若干，即是带象眼正宽。

月台与房身台基合当处栏板　长按厚法俱同上。

垂带上抱鼓　直长按垂带上槛板法一样。宽按长身栏板宽，除去柱子外皮至面枋金边宽为股，得除勾高若干，余若干为弦，得股宽若干即是宽；即同栏板正宽。厚同栏板厚。长不加长身榫。宽加榫，同长身栏板。如垂带上二块做，下一块宽同抱鼓；加榫同抱鼓，其余同上一块。

第八节　石　券

碑亭券石洞　　面阔按见方柱中四分之一为面阔。平水高按面阔六扣。

券脸石　　高按面阔自一丈往下，每面阔一尺高一寸八分，用一八因，自高一丈往上，每加一尺递加高一寸。长按高十分之十一。以长合路数若干，只要单路。再以路数均背长进深。厚按高八扣。如墙薄者，即随墙厚。如香草边外加高，除挨平水二块不加外，其余外加高按本身高十二分之一。

券石　　按券背法，得每块长若干，再收分背长，如龙门券背长，一百分分之，收分二分，即得弦长，龙门券外加矢高，按弦长百分之四。

第九节　龙蝠碑

头品碑　　高一丈一尺五寸。屃头高，按碑高三分之一。宽同高。厚按碑身折半。碑身净高，接通高除屃头即是。宽按屃头宽。每宽一尺每边金边四分，共除金边，其余即是宽。厚同宽一样，收金边净即是厚。下榫长，按碑身高十分之一，宽按碑身宽三分之一，厚按宽折半。

龙蝠　　长按碑檐厚五份半。台头高按碑檐加倍。埋头按碑檐十分之一。龙蝠顶长，按碑蝠通长十分之四，余六分即是龙蝠顶长。碑檐高按台头高十分之一分半，余即是高。宽厚同朐头。其碑檐所鼓之处，按龙蝠处顶长尺寸，除碑檐厚一份，余若干，檐前四分，檐后六分即是。

水盘　　面阔，按碑檐宽加倍。进深按龟蝠通长，除顶长尺寸净若干，前后各加碑檐厚一份，共凑即是。其水盘石，前后左右分做四块；内前后二块，长按面阔，宽按水盘通进深三分之一；左右二块，长按水盘进深，除去前后二块宽二份，净即是长。厚按宽三分之一。按面阔除碑檐宽定宽，其余折半得若干，再加龟蝠圆形收净象眼尺寸为半弦，再加以碑檐宽折半为矢宽，按弦矢求通法得若干折半为弦，另以碑檐后至水盘石后一块里口若干为勾，用勾股求弦法，得弦长若干，余半径之内股股长尺寸即是，加象眼尺寸。共凑定长。左右二块，宽厚同前后一样。

第十节　　杂样石作

滚墩石　　长按影壁高十分之六，高按长二十五分之十一分半，厚按高十分之六。

街心石　　长随甬路长，宽按甬路宽十分之一，厚按宽十分之四，或随砖层数。如鱼脊背，高按宽百分之二。

甬路牙子石　　长随甬路长。宽按街心石宽折半。厚同街心石厚，除鱼脊背。

炉坑厢条　　长按坑长。宽按坑里口宽四分之一。厚按宽十分之四，厚至四寸止。

沟漏石　　见方按沟里口见方五分之七，厚接见方三分之一。

水沟门　　长按里口宽五分之八。高按里口五分之八。厚按高三分之一。

棚火石　　长按灶火门宽加倍。宽按灶墙厚为宽。厚按宽十分之四，厚至四寸止。

水簸箕滴水石　　长按散水宽，除牙子砖余即为长。宽按长三分之二。厚按宽三分之一。

宇墙角柱带拔檐扣脊瓦　　高按墙至拔檐高，外加拔檐砖厚尺寸，再以宽折半，用八举得高若干，连扣脊在内，三共凑即通高。外加下榫同角柱法。宽按墙厚，外加拔檐金边，每边一寸五分，共凑为宽。厚按宇墙厚定之。

如安栅栏角柱，长同上。宽同上法宽，除去一边拔檐金边宽，余若干，外加代楹子宽，按栅栏厚加倍即是楹子宽，二共凑即是通宽。厚按宽三分之四。

石栅栏门　　高按角柱明高，外加本身厚半份，共凑即是连签头转轴高；内下转身长，按本身厚折半，上转身长，按本身厚八扣。签头上皮，与转身齐。宽按门口宽折半，外加角柱厚五分之二，共凑为宽。厚按宽六分之一分。

第十一节　　石作做糙做细分法

柱顶　　上面并四围缝随阶条高做细。

埋头　　一头两肋随包砌砖宽并二迎面做细。

阶条　　头缝后口，并底面随包砌砖宽，上面好头做细。虎皮石宽七寸。

陡板　　围缝并迎面做细。连榫底面灌浆。

压面　　头缝后口上迎面，并下面随砖宽做细。

角柱　　两头并背面随砖宽二进三迎面做细。

压砖板　　两头一肋，并上下面随砖一进做细。

腰线　　头缝一肋，并上下面随砖一进做细。

挑檐石　　两头两肋，并上下面做细。

槛垫　　四围缝并上面做细。

踏跺下基石　　头缝一肋并下面做细。不准落槽。

中基石　　头缝上迎面并底面随槽做细。

催级石　　头缝一肋并迎面，底面随槽宽做细。

垂带　　两头并迎面，底面随象眼宽做细。

须弥座　　四围缝并迎面做细。

以上青白石。

柱顶　　四围缝做糙，随阶条上面做细。

埋头　　一头二肋，随包砌做糙。二迎面做细。底面灌浆。

阶条　　头缝后口并底面宽随包砌做糙。二迎面并好头做细。虎皮石宽七寸。

压面　　头缝后口，并上下面随砖宽一进除金边做糙。一迎面并金边做细。

角柱　　两头并背面随砖宽二进做糙。三迎面做细。

压砖板　　一头一肋，并上下面砖一进出头三面做糙。三迎面做细。

腰线　　头缝井上下面，随砖一进做糙。一迎面做细。

挑檐石　　一头一肋，并上下面外皮砖一进做糙。三迎面做细。

槛垫　　四围缝做糙，上迎面做细。

土衬　　头缝一肋做糙，上面金边做细，往里做糙，不算落槽。

踏跺下基石　　头缝一肋做糙，上面做细。不算落槽。

中基石　　头缝并底面随槽做糙，上迎面做细。不算落槽。

催基石　　头缝后口，并底面随落槽做糙，上迎面做细。

垂带　　头缝并底面随象眼砖宽一进做糙，三迎面做细。

须弥座　　围缝做糙，迎大面做细。

撞券　　四面做糙，迎面做细。

券头石　　两头并背面做糙，一头底面做细。随形凿打。

仰天　　头缝后口并底面做糙，上面做细。不算槽。加踩枭儿。

地伏　　头缝并底面做糙，三迎面做细。外算落槽。

栏板　　两肋底面做糙，二大面、一小面做细。

柱子　　底面做糙，五面做细。

桥面　　围缝做糙，上面做细。

夹杆　　背面做糙，一头并三迎面露明做细，往下做糙。瓦陇算凿打。

套顶　　六面做糙。

噙口　　围缝做糙，上面做细。

以上青砂红砂等石。

第八章

土作做法

357

前后檐刨槽　按面阔加两山外番尺寸定长。以柱中往外加番三尺，往里加番二尺并之定宽；如有廊子在内加廊深。两山长按进深除去有槽里番尺寸定长。以柱中往外加番二尺，或二尺五寸，往里加番一尺五寸，或二尺量式并之定宽（其式因地而施）。

又法：其山里番尺寸，按磉墩见方半份加整数；外番尺寸，按山出尺寸，加整数即是。前后檐里番尺寸按磉墩见方半份加整数，外番尺寸，按下檐出尺寸加整数即是。深按埋深若干加灰土灰每步实厚五寸，黄土每步实厚七寸，掏当厚五寸即是。

槽内　如碇下柏木地丁，按槽长宽折见方丈用丁，旱槽一百四十四根，水槽一百九十六根；其长短径尺寸，临时酌定。

水槽七寸分当，横竖各四十路，自乘一百九十六根；旱（槽）八寸分当，横竖各十二路，自乘一百四十四根。

丁上筑打大夯碢灰土黄土　按槽长宽折见方丈，其步数按槽之虚实深浅酌定。

灰土　一步，渣虚一尺得实厚五寸，黄土一步，渣虚一尺，得实七寸。

丁上或砌虎皮石，或碎砖掏砌丁当。丁上筑打大夯碢，按槽长宽深五寸折见方丈，内除丁头分位核算；其余均径七寸，扣之（土？）方除。

内里填厢　按面阔加两山磉墩见方各半份，除去两山檐栏土宽各一份定长。如周围廊，按面阔除去两山金栏土之宽各半份定长。按进深加磉墩见方各半份，除去前后檐栏土之宽各一份定宽。如前后廊，宽按进深，除去前后金栏土之宽各半份定宽。如前廊后不廊，按进深加檐磉墩见方半份，除檐栏土宽一份金栏土宽半份定宽。内除檐磉墩头，按磉墩见方一份，除檐栏土宽一份，即是金边之宽。如前廊后不廊，按磉墩见方半份，除金栏土宽半份，即是前廊金边宽。

后檐按檐磉墩见方一份，除檐栏土宽一份，定后檐金边宽。

踏跺地脚刨槽　　长按下基石长加份数，宽按进深加整数，深按下基石厚灰土厚加整数即是。

散水地脚槽　　按通面阔加山出二份，丁砌，每山再加长一尺五寸五分，其砖长宽各一份，牙子厚一份，三共一尺五寸五分，系沙滚砖。有踏跺加进深二份。两山长按进深加下出二份，加倍即是。

刨槽　　厚一尺见方丈，按槽长宽深折见方丈，大夯硪灰土见方丈，按槽长宽折见方丈（此系一步，有几步用几步，因之即是）。

刨槽四尺土方　　按槽长宽深折见方丈，用四归分之，即是方土。

第九章

桥座做法

*The Building Regulations
In The Qing Dynasty*

第一节 石 作

桥洞 中孔以十九分定之，次孔梢孔比中孔各递减二分。金刚墙以十分定。雁翅直宽以十五分定。先定河口宽若干，再以河口宽定孔数。

如定三孔：按河口宽以百零三分除之。内用十九分作得中孔面阔。

十七分作次孔面阔，加倍。十分作分水金刚墙宽，加倍。十五分作每边雁翅直宽，加倍。

如定五孔：按河口宽以一百五十三分除之。以十九分为中孔，十七分为次孔，十五分为梢孔，十分为分水金刚墙之宽。十五分为雁翅直宽。

如定七孔：按河口宽以一百九十九分除之。以十九分为中孔，十七分为次孔，十五分为再次孔，十三分为梢孔，十分为分水金刚墙，十五分为雁翅直宽。

如定九孔、十一孔：各按中面阔十九分，其余面阔各（递）减一分半。

如定十三孔、十七孔：各按中面阔十九分，其余次梢孔面阔各递减一分。

如定一孔：按河口尺寸，以三分分之，内一分，为金门，二分每分为雁翅直宽。

以上桥洞，或以中孔为准，次梢孔各递减二尺，看现在形式而论，不可执一，唯梢孔面阔，要比金刚墙稍加阔大，比分水金刚墙之宽小者不合做法。

桥长　如三孔至十五孔，俱按梢孔两边金刚墙里口至里口长若干，加倍即是桥上两头牙子外口直长丈尺。

如一孔按金门面阔尺寸，再加两头雁翅直宽尺寸，三共凑长若干，加倍即是牙子外皮至外皮直长尺寸。

地伏　里口宽按桥长四丈得宽一丈。自长四丈至九丈，每长一丈，递加宽二尺。自长九丈得宽二丈，自长九丈往上，每长一丈，递加宽五寸。

以上宽窄，亦有核走道之宽窄者，应时酌定核算。

仰天　外口宽按地伏里口宽若干，外加地伏之宽二份，再加两金边二份，共凑即是外口尺寸。桥长九丈以内，金边各宽四寸。长九丈以外，金边各宽按长一丈，递加金边一份。

桥洞进深　按仰天外口通宽尺寸，除每边枭儿往里收进尺寸，按仰天厚四扣，得每边收进若干，净即是桥洞进深尺寸。

金刚墙　长按桥洞进深若干，外加两头凤凰台，各按金刚墙宽，每宽一丈，外加长二尺。分水尖每头各长，按宽折半即是。以桥洞进深，加凤凰台长二份，分水尖长二份，共凑即是金刚墙通长尺寸。露明高，按宽六扣，再以河深浅酌定，埋头深按压步数装板厚一份即是。

券洞中高　俱按桥洞金门面阔，折半得若干，再按此尺寸加一成尺寸提升，共得即是中高。

举架　　自如意石往上举起，按中孔中高尺寸，相减若干，加中孔过河撞券，按券脸高折半，二共若干，以中孔中，至梢孔中长若干，除之得每丈举架若干，即以牙子外口至桥中长若干，以所得尺寸，每丈因之即得。或按桥通长折半，每丈加举一尺二寸。如十丈以外，每丈加举六寸五分。

平水墙至如意石上皮高　　安装板上皮，至仰天上皮通高若干，除去平水墙高若干，又除去举架高若干，净余若干，即是平水至如意石上皮高尺寸。

雁翅　　长按直宽，用一四一四因即是斜长，高与平水墙同，八字柱中，至梢孔里皮尺寸，按两边平水墙宽一份即是。

雁翅上泊岸　　长按雁翅直长，加凤凰台长尺寸共得为股；另将雁翅直宽，除八字柱中尺寸，余若干为股；用勾股求弦法得长。高按平水上皮，至如意石上皮高若干，除去如意石至八字柱中垂溜尺寸，按每丈垂溜一寸，余若干即是。

两边金刚墙　　宽按分水金刚墙宽折半即是。

雁翅桥面　　宽按八字柱中，至牙子外皮长尺寸若干，用二五因之，加翅，如长一丈，得二尺五寸，核得宽若干，内除仰天宽一份，定一二斜计除去若干，净余若干，再加仰天正宽一份，即是雁翅桥面宽。

掏当装板　　券内长按金门面阔，有几孔算几孔，共凑即是长。以金刚墙长，除去分水尖长，每路宽二尺分之，即是路数；要路数成单，坐中。

外分水尖装板，按分水尖长，用宽二尺分之，即是路数；加倍即两头路数。每路凑长，按每孔金门面阔，每路两头各递加本身宽一份，即是每孔之长。有几孔算几孔，即是每路凑长。俱宽二尺。大桥厚一尺，小桥厚七寸。

分水尖外牙子　长按分水尖装板末一路凑长，两头顶雁翅外皮，每头各加本身厚一份即是长。宽按装板厚一份，灰土二步，共凑即是宽。厚同装板厚。

迎水顺水装板　按雁翅直长，除分水尖长，并分水尖外牙子厚一份，余长尺寸以每路二尺分之，即是路数。刃头顶雁翅每路递加长，每头各按本身宽一份，共得即是长。其余路数，各按第一路递加。厚按掏当装板厚。

迎顺水外牙子　长按两头泊岸，宽厚同上牙子一样。

分水金刚墙石料　外路净长，按金刚墙至凤凰台长，再加水分尖长，用一四斜，将斜长尺寸加倍，并入金刚墙尺寸，加倍即是六面外围尺寸；内除本身宽二份，再除四拐角尺寸宽一份，计四分，共得前净尺寸，即是周围石料通长丈尺。每层应凿打斜尖八块。宽按金刚墙之宽均分路数，石料宽二尺不等。厚按宽折半。

分层数，按金刚墙高均匀，外加落缝绊厚一寸。如分水金刚墙中，有背后石，长按金刚墙尖至尖尺寸，除外尖斜尺寸二份，净若干即是长。如二路者加倍，厚不加缝绊一寸。凿打斜尖，一路者每头二块，二路者每头一块。

两边金刚墙石料　长按分水金刚墙尖至尖尺寸，再加雁翅长尺寸二份，共得若干，内系二拐角尺寸，按外路石宽每尺两头各收四寸，共收若干，再加二角尖尺寸，各按本身宽一份，计二份，共得即是长。

每层应凿打斜尖四块。宽厚俱同分水金刚墙外一路。如里路，背后以金刚墙外皮，是雁翅明长尺寸；系外路外口共得若干，内除外路石宽，每尺收四寸，计四份，即是里路石外口长；再以本身宽每尺收四寸，计二份得若干，除去外口，再加角尖尺寸二份，各按本身宽一份，即是里路净得长。每层亦用凿打斜尖四块。宽厚同分水金刚墙里路石。

雁翅上泊岸石料 宽厚同河身泊岸。

雁翅后象眼海墁 长按雁翅直长，按凤凰台长，二共得若干，一头除桥身雁翅外宽，按泊岸通宽，内除本身宽，其余尺寸以每尺应收长二寸五分，共收长若干，再除去泊岸石宽一份，净即是按泊岸第一路长。

其第二三四路，俱照此法相增减。长宽按雁翅直宽，除泊岸大料石宽。其余路数，以每路尺寸均分。其宽厚同装板。每路应凿斜尖一块。

券脸石 高按中孔面阔，自一丈一尺往下，每面阔一丈，用高一尺六寸。自一丈一尺往上，每加一尺递高九分。长按高十分之十一，以长核路数，要成单，再以路数均有长。厚按高九扣。

如中一块有吸水兽者，外加厚按高三分之一。

如内券用砖发券者，券脸石厚与高同，其余同上。

内券 券石高按中孔面阔。

如面阔一丈，至一丈三尺者，用高一尺五寸。如面阔一丈往下者，每尺递减一寸。

如面阔一丈三尺往上者，每尺递加一寸。宽按高十分之六，再与路数均匀尺寸。长按宽加倍，再以进深均匀尺寸。

券脸内券俱同一样路数。

券石算背法 按券口法得若干，每尺收一分即是弦长。中一块每寸收一分五厘，即是弦长。加矢高按收背若干，加一倍半即是。

撞券石 高按券脸高七扣。宽按高三分之四，应进零算。长按平水上皮至雁翅上泊岸上皮高若干层，每层长按八字柱中至柱中若干，两头加泊岸石宽二份，共得长若干，再加泊岸上皮撞券，有通长一层，两头至仰天两头，与仰天下皮平。通撞券上皮至中仰天下皮高若干，分层若干，各长按弧矢求弦长若干，以上共得长若干，内除券洞中高，加券石高一份为弦。如除第一层，按第一层尺寸为勾，按勾弦求股法，得股长若干，除去提升一份，净若干加倍即是。除券石至券石外皮尺寸，其余层数俱照此法。有几孔除几孔，所有得净尺寸再加倍即是二面厚长，两边斜尖并挨券口俱应凿打。

仰天 长按桥面通长，内除八字柱中至八字柱中长若干，其余尺寸折半为股；将股用二五因得若十为勾；用勾股求弦法，得弦长加倍；再加八字柱中至中尺寸，共得若干；再加弧矢背长；按弧矢求背法，得外加若干，通共并得若干即是长。高按券脸高八扣，宽按本身高三分之四应进零算，每边分单块数，内中一块锣锅，长按厚三份，外加厚以净厚加半倍，即是外加厚。

桥心 凑长按桥通长，除去牙子厚净若干，再外加弧背长即是。宽按桥地伏里口宽，如宽一丈八尺以内，用五分之一得宽，如一丈八尺往上，用六分之一得宽。厚俱按宽，如宽四尺至三尺，俱按宽十分之三，如宽三尺以下，厚按宽十分之四。

两边桥面 通长与桥心同。宽与仰天里口若干，除去桥心宽，余若干，用宽二尺除之得路数，要成双，再以路数均分宽。厚按宽折半。

雁翅桥面 各长按桥牙子外皮，至牙子外皮长，内除八字柱中，至泊岸外皮入角至入角净若干，折半得若干，再除里拐角分位，按仰天宽，每宽一尺得除二寸五分，净即是长。宽按牙石通长，除中宽尺寸，余折半即是宽。每路宽厚俱同桥面。其各路之长，以通厚尺寸归除，通长每尺应收若干，以每路之宽用此收尺寸，收之，即是各路收长。

如意石 长按仰天外口齐，宽二尺，厚按宽折半。

牙子石 长按仰天里口齐，宽按地伏里口宽，自三丈往上，宽二尺五寸，三丈往下，宽一尺五寸。厚按宽折半。

柱子 见方按地伏里口，宽一丈五尺以内，得见方七寸；二丈五尺以内，得见方八寸；二丈九尺以内，得见方九寸，三丈往上，见方一尺。

柱头高按见方加倍。柱头下皮至栏板上皮，高按栏板高五分之一。

柱通高按栏板上皮至柱头下皮高一份，柱高一份，以上三共得若干，即是高。外加下榫长三寸。八字折柱，长同上。宽按正宽见方加倍。厚按正柱见方四分之五。

栏板 坐凳中要单。长按柱子净高加二成，用一二因得长。其余按地伏长，除金边，并柱子抱鼓均分尺寸。高按柱子见方一尺得高二尺六寸，如见方或大或小，俱按见方，每寸递加减高五分。厚按高二十五分之六。

以上两头，并下面加阳榫，各长一寸五分。

抱鼓　　长宽厚与栏板同。只一头，并下面，各加阳榫长一寸五分。一头做抱鼓，其抱鼓去地伏金边，大桥一尺，小桥五寸。

地伏　　长按仰天长，除两头至仰天金边，与抱鼓至地伏头金边同。宽按栏板厚加倍。高按宽折半。每边块数要单，内一块锣锅长，按厚五分，外加厚法，同仰天。

第二节　　瓦　作

金刚墙并雁翅背后　　高与金刚墙高同。长按金刚墙并雁翅外皮明长若干，再按石宽，每尺收四寸，共得尺寸若干，四分因之得除若干，即是砖里口长。以里外口共得尺寸折半，即是均折长。高内应除象眼海墁石分位方是净砖层数。宽按桥身下截撞券背后长若干，除去两头金刚墙外皮，至外皮长若干，余折半即是宽。

撞券背后至桥面铺底　　高按平水墙上皮，至桥面上皮中高若干，除去桥面厚即是通高。分为两截；内下一截；自平水上皮自如意石上皮高若干，内除如意石厚，又除如意石下撞券厚净即高。长按八字柱中至柱中长若干，再加两头往里，按泊岸石宽二份即是长。上一截自如意石上皮至桥面下皮高若干，按弧矢法折高若干，加如意石厚，又加如意石下撞券厚，共得即是高。长按桥长至如意石外皮长即是长。各通宽按桥身宽，除两边撞券石宽分位，净即宽。

以上共得长若干，内除桥洞分位，按弦矢折除砖若干，又除桥心石，比桥面石多厚若干，除砖若干，即是砖数。

其如意石下，埋头撞券石厚一份共得若干，除本如意石厚净即是埋头深。

仰天　　除金边净宽若干，如比撞券窄，外两边，再加两条窄若干背后砖，如比撞券宽，再除本身所占之宽分位砖，如同撞券一样，不除不加。

象眼两边撞券下　　系地脚上，如意石下砖。与象眼背后砖下皮平。

如意石下背底砖　　长按如意石长，两头各加如意石宽一份，共得即是。宽按如意石一份半。高按深。

雁翅上泊岸背后砖　　长按泊岸长，内除泊岸石宽，每宽一尺除二寸五分，除若干即是里长，外长按里长，再除桥雁翅，按本身宽，每宽一尺除二寸五分，除若干，即是外长。里外均折即是长。宽按河身泊岸背后砖齐。高与泊岸同。

第三节　搭材作

随金刚墙搭材盘架子　　长按水分金刚墙六面得长，并二边金刚墙连雁翅，凑长若干即是。宽按金门高，大小，高矮，或二尺，或二尺五寸，不可拘定，俱看大小形式而论。高按金刚墙高每高三尺，搭拆一次，即得几次。

雁翅上泊岸材盘架子　　长按泊岸长共凑即是，搭拆几次同上。

撞券两头材盘架子　　长按八字柱中至柱中若干即是。高按平水至桥面高，分搭拆几次同前。

桥身两边搭平桥架子　　长随平水墙长。按河宽，雁翅尖至尖为外长。两边金刚墙里口至里口为里长。以此里外口相并，折半即是折长。宽按两雁翅直长若干，内除分水尖长若干，净若干即是宽，搭拆几次，与金刚墙同。

又往上随撞券改搭，长按八字柱中至柱中即是长。宽按雁翅直长，加凤凰台长，二共即是宽。搭拆几次，与雁翅上泊岸同。

券子　　柱子缯梁桁条顶桩，按面阔一丈，用径五寸，白一丈往上，每高面阔五尺，递加径一寸。路数按面阔进深定，按顶桩径四份得若干，各按进深面阔分之，得面阔几路，要成双，进深路数不拘，层数按中高，除平水若干，用缯梁桁条得径若干，分之即是。

柱子　　中二路至顶上缯梁上皮即是长。次二路各递减一桁条一缯梁径，共得即是长。各路数照前，递减径一寸与上同。间有用架木锯截做者，不必核长。

顶桩　　长按金刚墙高即是长。径同上。

缯梁　　第一层，长按券口面阔，两头除去锣锅搔厚，余即是长。第二层以中高尺寸为弦，再以缯梁桁条各一层得高为勾，按勾弦求股法，得若干，除去提升尺寸一份，再除锣锅撺厚一份，余若干加倍即是第二层长。其余往上各层，俱照此法算长。

桁条 长按券进深。如过一丈五尺以外者，分层两截算。搭头长按径二份。每根只加一份即是长。径同上。

拉扯饯木 用架木做，每面阔进深，折平面一丈，用架木四根。锣锅撺每缯梁一层用四个。内桁条上二个，各长俱按缯梁径一二斜即是。宽按长减半倍。厚按宽折半。

撑头木 长按桁条径二份即是长。径同上。根数按空当算。

第四节　土　作

桥身刨槽 长按两边金刚墙背后土外皮至外皮即是长。宽按迎水、顺水，牙子石外皮至外皮若干，加牙杆之径二份，共凑即是宽。如无牙杆即不用加。深自地面上皮至埋头下皮，外加丁头深五寸，共得即是深。如系旧河，中间深自河底上皮至埋头下皮，再加丁头共凑即是中间深。

两头泊岸分位，自河岸上皮至河埋深下皮即是深。如无丁，即不用加丁头深。

桥身两头刨槽，每头长二段，内如意石下一段，长按如意石背底砖宽一份，又押槽加如意石宽一份，共凑即是长。宽按如意石长，再加两头押槽按如意石宽二份即是宽。

里一段长按牙子至牙子外皮直长若干，除去桥身槽长若干，折半即是长。外宽与如意石下之宽同，里宽按外宽，每长一丈，两边共收五尺即是宽。深柱地面上皮，至地脚下皮，即是深，其地脚灰土并石砖所占之深，应加如意石厚一份，再加下埋头砖高一份，再照此尺寸，加一倍即是通深。

金门装板并顺水迎水装板下筑打灰土　　步数按牙子石高，除装板净厚若干，每厚五寸得一步。此款只算二步。

长分三截，内一截，按金门面阔，共凑即是长。宽按金刚墙至尖长即是宽。两头二段，里长各按金门凑面阔，外加分水金刚墙，共宽若干，共凑即是里口长。外口长按此长，再加雁翅直宽二份，即是外长。里外口共凑折半即是均折长。宽按雁翅直长即是宽，内除分水尖长一份，再除分水尖外牙石厚一份，余即是两边各净宽尺寸。

迎水顺水装板牙子石外筑打灰土　　迎水宽按雁翅直长若干尺寸一份即是。顺水宽按迎水土宽加倍即是。长俱合河口之宽窄算。以上灰土不过二步。

两边金刚墙砖背后灰土　　步数按金刚墙高，每厚五寸，得一步。每边每步分二段。内里一段，宽按雁翅直宽，再加雁翅尾，按石砖凑宽一四斜之尺寸半份共凑即是通宽。内除外皮石砖凑宽若干，除去即是净宽。里长，按金刚墙外皮明长尺寸，内除石砖得宽尺寸，每尺两共除八寸，净若干即是里长。外皮按里长，再加本身二份，共凑即是外长。

外一段，宽随泊岸背后土外皮齐，按河身旧泊岸石砖共宽尺寸一份，再背后土宽一份，共凑若干，内除雁翅尾，按金刚墙石砖共宽，用一四斜尺寸半份，净即是宽。长按金刚墙，并雁翅直长二份，即是长。

桥两头铺底砖下筑打灰土　　自金刚墙上皮，至铺底下皮高若干，每高五寸，得灰土一步。每头分为二段：内里一段，宽按雁翅泊岸砖宽一份，共即是宽，亦系土后口，与河身泊岸土后口齐。里长按桥身宽，外加两头雁翅长，按泊岸石宽，每宽一尺，两头共凑五寸，共加即是里长。外长按至河身泊岸土后口齐，通宽每宽一尺，两头共加五寸，再加桥身宽，共凑即是外长。此款无押槽，灰土步数俱按前高。

外一段长按桥身至牙子外皮通长，除去桥身下截背后砖长，里一段土宽，余若干折半即是。宽与前两头刨槽同。里外之长，与前桥两头刨槽同。其灰土步数，按如意石厚一份，再加下埋头深若干，共凑若干，即灰土分位，每步用五寸分之，即得步数。

两头如意石下筑打灰土　　长宽尺寸，俱同前刨槽尺寸。灰土步数，与桥外一段步数同。

分水金刚墙并装板土下　　长宽随板形势算。

牙子石外下牙杙　　按牙子石长，以一丁一空算。

两边金刚墙下　　长按金刚墙长，二雁翅长，共凑若干即是。宽按石宽，砖宽，二共宽若干，加一成为金边，共凑即是宽。以上两头，按河身泊岸，再算河身泊岸尺寸。

第五节　石料凿打

　　自撞券往上，各层撞券之长，系勾股求弦法得长。如通撞券下口通长四丈，自通撞券往上，至仰天下皮矢高五尺。如五层，每层高一尺，将通长四丈为弦，往上高五尺为矢。用弦矢求通径法，得通径八丈五尺，折半得四丈二尺五寸为勾股之弦。再以半径除去今矢高五尺，净三丈七尺五寸。

　　第二层下口之长，即将第一层撞券本身之高一尺，并入前净尺寸内，共凑系三丈八尺五寸为勾，以通径折半为弦，用勾弦求股法，得股长一丈八尺，加倍得三丈六尺，即第二层下口之长。如往上每问一层下口之长，即勾内再加层厚相并用勾弦求股法，得数加倍即是。余仿此。两头挨撞券凿打，系平弧矢，以一头上口较下口收长若干为半弦，即将此加倍得若干为正弦，用求弧矢法，折之得若干，折半，再以宽乘之，即是一头撞券凿打见方尺寸。

　　雁翅上泊岸石料，撞券凿打斜尖，按本身宽，每尺应斜尖长二寸五分，如宽二尺，得斜尖长五寸，系象眼形，折半核折宽二寸五分。以宽厚乘之，即是撞券凿打见方尺寸。

　　雁翅上象眼海墁石，每路一头，蹦撞券凿打。亦按本身宽每尺斜尖应长二寸五分，同前。一头外路，除泊岸斜宽，以泊岸直宽，归除外路泊岸斜长，每尺应得若干，即以泊岸石正宽，以前所得每尺斜长若干尺寸因之即是。应除外路石料宽尺寸，凿打斜尖。以泊岸直宽，归除直长，每尺得直长若干，即以本身宽，以前每尺应得直长若干，因之即是斜尖长。折半即是折长。再以宽厚折之，即是凿打见方尺寸。其弧矢求通径法，按弦长折半自乘，再用矢宽（弧矢即弦矢也）。除之，再加矢宽尺寸即是。

第六节　算锅底券法

算锅底券法，先要得弦径外皮长，按券口连券石中高若干，用十四份除之，得每份若干，核二份，即头一层。券矢倍（背？）宽每份做十分之一，即得一边矢宽。再往上，每加一层券，核高二份，矢倍宽。做一百分之三，得若干加前十分之一，共若干，连前头层矢背宽，共得若干，因之即得矢宽。递加至核高十八份，俱照此法。自十九份往上，每得中高十四分之二做一百分递加二分，得矢宽若干，加倍，用通面阔，连券石径若干，除两头矢垂（宽？）余若干，即为弦径外皮尺寸。每层俱按下口弦径核算。

假如券口连券石中高一丈四尺，用十四份除之，得每份一尺，核二份，即二尺，系头层每份一尺，得矢宽一寸，头层矢背二尺，得一边矢宽二寸，余矢余弦即二层下长。又往上二层矢背宽二尺，即十四分之二，将二尺，做一百分之三，得六分，即每一尺递加六分，并前每尺得一寸，共每尺加一寸六分，连前矢背二尺，共矢背四尺，用一六因之，得矢背六寸四分，加倍得两矢宽，一尺二寸八分，用通径，除去两头矢宽，余若干，即为三层下弦径。再往上第三层，矢背宽二尺，照前递加法，每尺六分，加前一寸六分，共得二寸二分，并前一二层矢背宽四尺，共六尺，用每尺二寸二分因之，得一尺三寸二分，加倍二尺六寸四分，用通径若干，除去两头矢宽，余即各弦径若干。凡桥座雁翅，并上押面，斜长若干为弦，直长为股（或为勾）。直宽为勾（或为股）。用通勾归除通股，每勾一尺，得股若干，即是押面上下口斜尖宽（若踏跺垂带，即是下马蹄长）。如求上口直斜宽，以通股归除通弦长，核每股一尺，得弦长若干为实，用押面本身宽为法因之，得上口直斜宽（如踏跺垂带，即是上口斜厚）。

假如勾三尺，股四尺，得弦长五尺，如本身宽一尺，得上下口斜宽一尺六寸六分六厘（若垂带，即下马蹄也）。上口直斜宽一尺二寸五分（若垂带，即上口斜厚也）。

如迎顺水掏当装板，并桥两头横铺海墁石，每路加长，两头各按每勾一尺，得股长若干。加之即是。如整一四一四斜之势，即按每路石宽若干，每路两头，各递加本身宽一份即是。

第十章
牌楼做法

The Building Regulations
In The Qing Dynasty

379

注：本章曾经刘敦桢先生注释，载《中国营造学社汇刊》三卷四期，题为《牌楼算例》[*]，请读者参阅原刊（括弧中按语皆刘先生所注）。

第一节　木牌楼

【甲　四柱七楼大木分法】

面阔　明间面阔按十七尺为棂星门，次间面阔一丈五尺。

柱　柱子四根，长俱一样；内明间二根，系与明间大额枋（按：即龙门枋）底皮平，次间二根，系与次间大额枋上皮平（按：木牌楼各柱直径，不照斗口六倍比例，本节遗漏未载待考）。次间边柱高；自夹杆往上，至小额枋下皮，按夹杆明高一份（夹杆明高以五尺五寸为率），往上加额枋，花板，平板枋，灯笼榫。往下加夹杆埋头，系按明高八扣，又加套顶一份，又加管脚榫一份，按管脚顶厚折

---

* 《牌楼算例》已编入建筑工业出版社1982年出版的《刘敦桢文集》
　　（一）。——编者注

明间中柱高；按边柱通高，除去灯笼榫尺寸，另加上榫，按本身径十分之一分，插入龙门枋内。灯笼榫；按斗科踩数，自大斗斗口底，至撑头木上皮高踩数，再加挑檐桁下皮至正心桁下皮举高若干，再加正心桁椀，按正心桁径四分之一分，再加斗底高，按一踩六扣，共凑即是灯笼榫长（按：灯笼榫与边柱系一木做出榫上装昂栱俾边楼稳固）。

龙门枋　明间龙门枋；长按明楼面阔一份，夹楼面阔二份，至次楼高栱柱外皮，高按柱径加二成，厚比高收二寸。

大额枋　次间大额枋二根，系明间花板分位，长按面阔加箍头，高按柱径加一成，厚比高收二寸。

小额枋　小额枋三根。内明间一根，即次间花板分位，高按柱径九扣，厚比高收二寸。次间二根，一头带做明间雀替，按明间面阔四分之一分，一头出榫，按柱径一份，高按柱径八扣，厚比高收二寸。

明楼　明楼（或云正楼）面阔要整尺寸，系按明间面阔一丈七尺折半，得八尺五寸，再加五寸得九尺即是。

次楼　次楼面阔七尺，按次间面阔一丈五尺折半，得七尺五寸，弃所余五寸，得整数七尺即是。

边楼　边楼面阔，按次间通面阔，除去次楼面阔一份，高栱柱见方一份，余若干，折半即是。

夹楼　夹楼面阔，按通面阔，除去明次边楼各面阔，及高栱柱见方，余若干折半，即夹楼面阔（按：夹楼在明楼与次楼之间）。

高栱柱　高栱柱；高按次楼面阔八扣，得高若干，再上加单额枋高一份，平板枋高一份，再加灯笼榫（按：即单额枋上皮至正心桁椀上皮高尺寸），再下加大额枋高一份，花板高一份，再加小额枋高半份，七宗共凑，即是通高（按：高栱柱上带灯笼榫固定明次各楼，斗科下穿大额枋带折柱下榫插入小额枋之半，系一木做出）。见方按大额枋厚八扣。

单额枋 明次楼单额枋，点中算，高按高栱柱方加一成，厚同高栱柱。

斗栱 斗口以一寸六分为率。明楼如重翘重昂，次楼减一踩数，边夹楼又比次楼减一踩数（按：次楼斗栱出跳据实例所示或与明楼等，或较明楼减少一拽俱可，似无定则）。

挑檐桁角梁檐椽望板 挑檐桁、角梁、檐椽、望板，俱按庑殿做法。

飞头出檐 明间飞头六寸，其余飞头五寸，各按此三份定出檐。

折柱 折柱；高随各额枋高，进深按柱径三分之一分，面阔按进深七扣。

花板 花板；高同折柱，各间要单块数，厚按折柱进深，系连雕活在内。

边夹楼坠山花 边夹楼坠山花；长按斗口拽架，外加平出檐二份，至飞檐椽头齐，高自平板枋上皮，至扶脊木上皮，厚按椽径一份半。

次间雀替 次间雀替；长按次间面阔四分之一分，高同小额枋，厚按柱径十分之三分。

假箍头 随各额枋做假箍头〔按：牌楼大额枋之榫伸出边柱外侧部分谓之箍头，其式样分三种，（甲）如普通霸王拳形状，（乙）垂直截去，（丙）垂直截割后再向内做凹曲线如偃月形，其位置或上口与额枋上皮平或下口与额枋下皮平，以不与昂嘴冲突为原则，亦有根本不伸出或不装假箍头之例〕，长按柱径，高按额枋高五分之四分，厚比高收二寸。

戗木　戗木俱在中边柱头安，或一二斜，或一四加斜，必须度其地势。每戗木一根，用戗风斗一件，长按戗木径，宽按长八扣，厚三五分不等。

挺勾　挺勾，每楼一间用四根，长上至挑檐桁，下至小额枋，长八尺，径按长百分之三分，每根用屈戌二个。

【乙　四柱九楼大木分法】

柱　柱子四根，内明间二根，高按边柱之高，再加一明间大额枋（即龙门枋）之高即是，俱与各间大额枋上皮平。

龙门枋　明间龙门枋；长按面阔加一柱径，高按柱子加二成，厚比高收二寸。

大额枋　大额枋二根，系次间用，长按面阔外加一个箍头，高按柱径外加一成，厚比高收二寸。

小额枋　小额枋二根，长同大额枋，高按柱径八扣，厚比高收二寸。

楼　明间正楼面阔，按明间面阔折半，次楼按次间面阔折半，其边楼夹楼，核尺寸均分。

高棋柱　明次楼高棋柱；高按牌匾或按龙凤板高，外加龙门枋高一份，再往下至小额枋中，系带折柱一根，见方按大额枋厚，每边收二三寸不等（按：前节四柱七楼做法高棋柱见方照大额枋厚八扣较本条明晰）。

单额枋　明次楼单额枋三根，长按明次楼面阔，外加高栱柱见方二份，系箍头宽，高按高栱柱见方加一成，厚比高收二寸。

平板枋　平板枋九根，系明楼三根，次楼二根，边楼二根，夹楼二根，高按二个斗口，宽按三个斗口。

花板折柱　花板每间核单块数（按：花板亦有例外用偶数之例）。明间折柱高，按次间大额枋高，按明间小额枋高，折柱看面宽，按柱子四分之一分，厚按宽再加一花板厚（按：花板厚未规定待考）。

斗科　斗科口数，用十一等材，或十等材，昂翘踩数临时酌定，无垫栱板。

戗木　戗木八根，内明间四根，至明间小额枋，次间四根，至次间小额枋，径按柱七扣。

第二节　　石牌楼

【甲　三间四柱火焰牌枋分法】

明间面阔及柱高　火焰牌枋三间，先定通面阔若干丈，用七十分之二十五分，即得明间面阔尺寸。明间柱子高，按明间面阔十分之十二分，即是柱子露明尺寸。

次间面阔及柱高　次间面阔，将通面阔除去明间面阔尺寸，余折半，即是次间面阔。

次间柱子，按明间面阔柱子，除去一小额枋净高，余即是次间露明尺寸。

逆算法　如先定明间柱子尺寸，按柱子高十二分之十分，共得若干，即是明间面阔尺寸。次按面阔，按次间柱子同明间一样算法。

面阔俱系柱中至柱中尺寸，柱子俱系柱顶石上皮，至蹲龙下皮尺寸。

柱见方及上下榫　柱子见方，按明间柱子露明高六十一分之七分，即是见方尺寸。下榫长，按柱子见方折半，径按柱子见方三分之二分。上榫长五寸，径七寸。

梢间边柱之额枋头绦环头　梢间柱子上，一边带额枋头；长按本身宽，除去见方，余折半即是长，高同小额枋高，进深厚按柱子见方折半。绦环头；长高同额枋头，厚按本身高十分之四分。

梓框云墩　梓框（按：即木造牌楼之槏柱）。宽按柱见方三分之一分。是面阔，进深按面阔十分之十一分。云墩（按：云墩在梓框上承受雀替）。面宽按梓框进深。是面宽，进深按本身面宽十分之十四分。高按雀替高是高。俱柱子上带做。

小额枋　明间小额枋；高按柱子见方七分之六分是高，厚同柱子见方，长按面阔除去一个柱子见方若干外，两头各加榫长，按柱子见方四分之一分即是。榫高按小额枋高，厚按高折半。次间小额枋算法同。

雀替　雀替；高按小额枋折半，厚同本身高，长按净面阔四分之一分。榫子；长按小额枋榫长折半，高同雀替高，厚按雀替厚三分之一分。系在小额枋上带做。

绦环 绦环（按：即小额枋上大额枋下之花板）；长宽同小额枋，厚按柱子见方七分之五分半。是厚，两头榫子长宽厚，俱同小额枋。

大额枋 大额枋长宽厚及榫子，俱同小额枋。

柱顶皮至上额枋之高 明次间柱子顶皮，至上额枋上皮尺寸，按明间面阔中至中尺寸一成。

箍头及榫 明间中柱，每根外侧安箍头一个，系在大额枋一头分位，上顶云头云尾，下顶梢间大额枋上皮。长按柱子见方二分之一分是长，宽同额枋，厚按额枋宽折半。榫子；长同箍头本身长，宽厚同本身。

边柱大额枋箍头同明间算法。绦环无箍头。小额枋箍头。高同小额枋本身高，长厚榫子同明间算法。

火焰 明间火焰，连榫子高，按柱子面阔里皮至里皮尺寸折半即是，宽按本身高六扣，厚按本身宽三分之一分。榫子长，按通高尺寸半成（按：匠工俗语，成为十分之一，半成即百分之五），高一丈，得榫五寸，宽按火焰宽三分之一分，厚按火焰厚折半。

次间火焰，通高按次间净面阔核算，同明间一样，宽厚榫子俱同明间一样。

云头 云头；长按明间净明阔，除去火焰宽尺寸，净余三分之一分是长，高按本身长九扣，厚按本身高三分之一分。外榫长；同额枋榫子，宽按云头高折半，厚按云头本身厚是厚。次间云头，长宽厚榫子，俱同明间算法。

云尾 云尾；长同云头长，高按云尾本身长七扣，厚同云头厚。榫长宽厚同云头。

蹲龙及座　蹲龙连座高，按柱见方二份是高（按：原文作二分，系二份之讹意，即二倍）。内座子高五分之一分，见方按柱子见方，阴榫对柱子阳榫。次间同（按：以上言柱身以上部分，以下言抱鼓石与基础杂项）。

抱鼓　抱鼓；高按边柱净通高十分之三分是高，宽按本身高八扣，厚按柱子厚折半。肋里下面为阳榫二个，长按抱鼓高十一分之一分，将一分再做六扣，宽按长三分，厚按抱鼓厚三分之一分。

柱顶石　柱顶（按：即柱下础石）见方，按柱子见方三份，厚按本身见方折半，阴榫随阳榫。柱顶古镜高按柱子见方十分之一分（按：古镜系础上凹曲线，其平面随柱之切面或方或圆）。

埋头；深按柱顶厚，除去古镜净尺寸，加豆渣石底垫厚，共凑，除去露明高，是埋头尺寸。

柱顶下豆渣石装板底垫石，见方按柱顶见方二分，按海墁路数分宽，厚按柱顶见方折半。

抱鼓石及底垫　中柱前后用抱鼓，边柱前后外山三面用抱鼓。

抱鼓下用底垫，长按抱鼓宽，除去占柱顶分位，净余外，加金边二寸，是通长，宽按抱鼓厚十分之十六分，厚按宽折半。

月台　定月台进深，按中柱露明高。是进深、面阔按各柱通面阔，加进深尺寸共凑，是通面阔尺寸。露明高，按中柱四十分之一分，自五寸以下，俱算五寸。

阶条　阶条；长按面阔进深核算，厚按柱子净见方四分之一分，宽按本身厚三分。

墁地 阶条里口海墁，进深核单路数算，宽厚同阶条厚。海墁前后各进深。按月台进深六分之五分定进深。加倍，再加月台进深共凑，是通进深。两山进深，同前后进深。海墁通面阔按月台面阔，加两山进深共凑是面阔，与地皮平，上一层用糙板细砖平墁，背底一层用糙砖立墁，大夯灰土地脚二步。海墁四面安牙子石，长按海墁面阔进深凑算，宽一尺二寸，厚七寸，宽系城砖一立一平尺寸厚系砖宽尺寸。

马尾礓磜及垂带 前后如为连三马尾礓磜，俱系垂带中对柱中。通面阔按柱子通面阔，加垂带一根宽，即是。进深按月台露明五份，是磜进深。礓磜垂带；宽按柱七分之六分，厚同阶条。

地脚小夯 牌枋地脚小夯，按柱子见方三分之一分，每一寸系土一步。

云罗架子 搭云罗架子，每一缝计一间，通面阔按柱中面阔若干，加梢间柱子，连埋头通长三分之二分即是，进深按明间柱子通高三分之二分，高按明间柱子通高六分之五分，用枰绳法同斗栱牌枋。

【乙 五间六柱十一楼牌楼分法】

面阔 若先定通面阔若干，用二百五十分除之，得每分若干，用五十六分得明间，五十一分半得次间，四十五分半得梢间（按：昌平明十三陵牌楼面阔九十四英尺九英寸，以二百五十分除之，四舍五入结果，明间占五十六分，次间五十一分，梢间四十六分，每间递减五分，适相等可与本条参证）。

柱高　明间柱子高，按明间面阔十分之十二分，即是柱子露明尺寸。次间柱子，按明间柱子除去一小额枋净高尺寸，余即是柱子露明尺寸。梢间柱子，按次间柱子高，除法同次间柱子。

逆算法　如先定明间柱子尺寸若干，明间面阔，按柱子高十二分之十分，得若干，即是明间面阔尺寸。次梢间面阔，次梢间柱子，同明间一样算法。面阔，系柱中至柱中面阔尺寸，柱高俱系土衬上皮，至大额枋下皮尺寸。

柱见方及其他　明次梢间柱子见方，按明间柱子明高尺寸，用六十一分之七分即是。连带镶杆宽，按柱子见方七分之十二分是宽。埋头，按明间柱子自月台往上明高六分之一分即是。埋头下榫长，按柱子见方折半，径按柱子见方三分之二分。上榫长五寸径七寸。

梓框云墩　梓框；宽按柱子见方三分之一分，进深按面阔十分之十一分，长按柱明高长，除去绦环高、小额枋雀替高、云墩高、夹杆明高，余即是长。次梢间法同。

云墩带斗，高同雀替高，面阔同梓框进深，进深按本身面阔十分之十四分。

柱带做梓框云墩　明间柱子带做云墩，其高低一面随明间，一面随次间，次间柱子一面随次间，一面随梢间，梢间仅一面有梓框云墩。

额枋头绦环头　梢间边柱上，一边带做额枋头。长按本身宽，除去见方，余折半即是长，高同小额枋高，进深厚按柱子见方折半。

绦环头；长宽同额枋头，厚按本身高十分之四分。

小额枋 小额枋；高按柱子见方七分之六分，厚同柱子见方，长按面阔除去一个柱子见方净若干外，两头各榫长，按柱子见方四分之一分，共凑即是长。榫高按小额枋高，厚按小额枋厚折半。

雀替 雀替高按小额枋高折半，厚同高，长按净面阔四分之一分是长。榫子；长按小额枋榫子长折半，高同雀替高，厚按雀替厚三分之一分，在小额枋上带做。次梢间算法同明间。

绦环 绦环；长同小额枋长，高按柱子见方十四分之十二分半，厚按柱子见方七分之五分半，榫子长高厚同小额枋。次梢间算法同明间。

大额枋 明间大额枋；长按面阔，外加两头出头，各按柱子见方十四分之十五分，三共凑若干，即是长。高厚同小额枋。下面做柱子阴阳榫，上面做雷公柱阴榫，两榫各按本身高四分之一分。

雷公柱 明间雷公柱；长按面阔除小楼面阔一份；余若干，外两头加平板枋头，各按本身高八分之一分，共凑即是长。高按大额枋六分之十分，厚按大额枋厚十四分之十一分。外下榫；长按本身高十分之一，宽按柱身厚折半，厚按宽折半，每块下面榫二个。

次间雷公柱，长按次间面阔，法同明间。宽厚并外加下阳榫，俱同明间，两头不加平板枋头，一头做大额枋阴榫。

梢间雷公柱，长按梢间面阔，法同明间，宽厚并外加下阳榫，俱同明间，两头不加平板枋头，一头做大额枋阴榫。

斗口　　明间斗口重昂，带坐斗枋做，长按雷公柱除平板枋头长，再加两头昂出各一拽架半口数，共凑即是长，宽按连昂六拽架一个口数，高按五踩一个口数。口数按柱子见方十一分之一分，即是一个口数，一踩二个口数，一拽架三个口数。斗栱攒数空当中，八分之，前后每分用平身科一攒，两山各角科二攒，无平身科。

次梢间斗栱，同平身科算法。

明次梢间各楼出檐及瓦陇　　明间正楼用庑殿瓦片；长按斗栱长，加两头出檐，按本身宽，除去斗栱宽，余若干，即是头出檐，再加斗栱长，共凑即是瓦片长，宽按大额枋高一份，斗科高一份，共凑高若干，用十分之七分是宽，即三五出檐，高按宽折半，即是高。

分瓦陇；按柱子见方十分之一分，是底盖各直宽，按算直宽，分前后檐正陇，长陇按正脊长，除去角脊厚，用一四斜二分，余若干分之，得若干加倍即是长陇数，要底瓦坐中。斜短陇，按瓦通长，除正陇尺寸，余若干分之。长陇长，按瓦片宽，除去正脊厚，余若干折半即是。步架按八举加榫，即得长。

两厦当分正陇，按正脊厚，余若干分之，要底瓦坐中。斜短陇按瓦片宽，除去正陇尺寸，余分之，长陇长按瓦片长除去正脊长若干，折半即是。

山步架为股，檐步架用八举得高为勾，以勾股求弦长，即得陇数。

次梢间瓦片，即按次梢间斗科算，俱同明间法，分陇数并长宽，俱同前。

各间小楼及边楼　　小楼，明次间挑山做，梢间一头挑山，一头庑殿做。面阔，俱按柱子见方七分之十五分。进深俱按柱子见方七分之十二分半。高按进深十分之七分，如正脊带吻做，再高，按本身高折半，共凑即是通高。一斗二升麻叶斗科，要空当正中，前后正面，整攒各二攒，两边半攒各二攒。其梢间一头庑殿做，前后加倍，即得长，高按瓦片高四分之三分，厚按高七分之四分。

瓦片上角脊，带做兽头狮马，每块上四道。各长按瓦片宽，除正脊厚，余折半，即步架为股，又将瓦片长，除脊长，余折半，即山步架为勾，用勾股求弦长若干为斜，平步架又为股，将檐步架用八举得若干，又为勾，又用勾股求弦得长若干，再加上斜，按本身高一份，高按正脊高十分之六分，厚按高三分之一分，厚至四寸止。

小楼挑山上正脊带吻，长按小楼面阔，除山瓦长二份，余若干即是长，高按小楼通高二分之一分，厚按高折半。

边楼上长，按小楼面阔，一头除去排山瓦长一份，一头除去步架长，按进深四分之一分，余若干即是长，高厚同上。

小楼上垂脊带做兽头，正座（楼？）每座四道，边楼每座二道。各长按瓦陇一坡长五分之四分，高按正脊高十分之六分，厚按高三分之一分，厚至四寸止。

边楼上角脊，每楼二道，长同正楼角脊法；宽同垂脊法（按：上列诸条言夹杆石以上部分，以下言夹杆月台基础杂项）。

夹杆　　夹杆每根柱子用二块，各自月台往上露明高，按柱子带厢杆宽八分之十五分，即是明高。埋头；随柱子埋头，共凑即是，宽随柱子宽，厚按宽除去柱子见方，余若干折半，即是厚。

噙口　噙口每座二块，核见方算，长按夹杆见方六分之十分即是长，宽按长折半，厚按宽四分之一分，外加落下土衬槽。

管脚榫　柱下管脚榫顶，见方按夹杆见方八分之十分，厚按见方十一分之五分，做管脚榫眼。

豆渣石装板　管脚顶下豆渣石装板，见方按柱顶见方加倍，按路数分宽，厚按柱顶厚折半。

月台　月台进深，掏口土衬见方三份，即是进深。面阔按各柱通面阔，加进深一份，共凑是通面阔。露明高一踩五寸，埋头下至管脚顶下皮。

阶条　阶条；长按面阔进深凑算，厚按柱子见方四分之一分，宽按厚三份。本身厚十分之一分，噙口下，掏夹杆土衬，合见方算长，外两头各加金边，按噙口露明高折半，得金边宽若干，加倍，再加前噙口长，共凑即是通长，宽按长折半，厚同噙口连落槽，同上面满落。噙口榫对缝，下铁锭。

海墁　阶条里口海墁，进深用单路数算分，宽厚同阶条。

海墁进深，按月台进深三分，即是通进深。面阔按月台通高面阔，加两头山进深，按月台通进深，余若干加之，即是通面阔（按：此条意义含混，疑有脱简待考）。

牙子石　海墁四面牙子石，长按面阔进深凑算，宽按城砖一立一平尺寸，厚按砖宽尺寸。

地脚　小夯灰土地脚；宽按月台进深外，两边加押槽，各宽按明间柱子明高八分之一分，共凑即是宽。按月台长，两头加押槽宽，共凑即是长，步架（数？），如不安装板，按柱子见方二分之一分，有一寸得一步，如每（安？）装板，三分之一分，有一寸，得一步。

下丁 豆渣石装板下地丁（按：即打桩），宽按装板宽一份；外两头押槽各宽，按装板宽六分之一分，共凑是宽，长按柱中面阔，加宽一份即是长。豆渣石空当砌砖，筑小夯灰土。

搭云罗架子 搭云罗架子，每一缝计一间。通面阔，按柱中面阔若干，加梢间柱子连埋头，除榫长尺寸，即是通面阔，高按明间柱子通高三分之二即是高。每折见方一丈五尺用桅木一根。

每丈用架木三十根。

每四丈用松木九根。

拉扯 明次间柱子头上，用拉扯绦环，里口径按柱子上榫径六分之七分，外口径按里口径加宽二分。两边靶；各长按柱子见方，除去外口径，余若干折半，得若干二分之三分即是靶长，宽同上，厚按宽十分之三分半。

梢间柱子用拉扯，里外口长宽同上，两边有靶。

铁销 大额枋下面每块用铁销（按：即铁锭又称鼓卯）二个。雷公柱下面每块用铁销二个，如下面有榫，即不用销。斗科每块用铁销二个。小楼每块用铁销二个，以上铁销长七寸，见方二寸五分。

第三节　琉璃牌楼

【甲　三间四柱七楼琉璃牌楼】

总释　四柱七楼牌楼一座，计三间，内明间面阔一丈九尺六寸，二次间各面阔一丈六尺二寸，夹杆外皮至外皮通面阔五丈四尺四寸，进深六尺六寸五分，通高三丈四尺五寸。台基通面阔五丈九尺一寸，进深一丈零六寸，明高一尺七寸，埋深四尺，安哑叭中柱边柱万年枋，安砌青砂石土衬套顶，青花石斗板押面，前后连三礓磜二座。券内海墁，夹杆，厢杆，须弥座，字圈，并券门三座，豆渣石底垫二层，檐石上身灰砌旧样城砖二面。并两山贴落（按：贴落系北平匠工术语，即贴装之意）。浅花琉璃中柱、边柱、额枋、绦环、花板、雀替、高栱柱，正楼次楼三座用歇山，夹楼二座用夹山，边楼二座，系内侧夹山，外侧歇山，俱安琉璃单翘单昂斗科。头停瓦七样黄色琉璃瓦心，绿色镶边。海墁背墙，并琉璃花活斗科头停背面，灰砌旧样城砖，墙身四面（按：即不贴落琉璃处）抹饰红灰提浆。地基刨槽，面阔七丈，进深二丈，筑打灰土九步，周围押槽黄土十五步。

中柱　哑叭中柱二根，各高二丈一尺五寸，外埋深二尺，径一尺。

边柱　哑叭边柱二根，各高二丈，外埋深二尺，径一尺。

万年枋　万年枋三根，内一根，连两头榫长二丈零六寸，二根各连榫长一丈七尺二寸，高一尺一寸，厚九寸。

以上俱用北柏木（按：中柱边柱即哑叭柱，与万年枋同在壁内，为牌楼之骨架）。

台基　台基；面阔五丈九尺一寸，进深一丈零六寸，明高七寸，不露明高一尺。

土衬　三面青砂石土衬十八块，凑长七丈四尺三寸，宽二尺，厚一尺。

套顶及底垫　青砂石套顶四个，各见方三尺，厚一尺。套顶周围及夹杆须弥座下，豆渣石底垫一层，厚一尺。

周围押面　周围青花石押面十六块（按：押面即压面），凑长十三丈一尺四寸，宽二尺，厚七寸五分，明高七寸。

斗板　青花石斗板八块，凑长三丈七尺四寸，宽一尺，厚五寸。

礓磜　前后连三礓磜二座，面阔五丈二尺，进深三尺五寸，内平头土衬四块，凑长一丈二尺，宽一尺二寸，厚五寸。

礓磜石八路，每路计八块，凑长四丈四尺，宽一尺，厚五寸。

垂带　垂带八块，各长三尺九寸，宽二尺，厚七寸。

象眼石　象眼石四块，各长三尺，高一尺，厚五寸。

牙子石　牙子石二路，计二十块，凑长十丈零五尺二寸，宽一尺，厚五寸。

台基底垫　台基豆渣石底垫，面阔五丈九尺一寸，进深一丈，均厚一尺五寸，二层。

海墁　券内海墁，明间一段面阔九尺八寸，宽六尺六寸，二次间海墁二段，各面阔六尺四寸，宽六尺六寸，青花石厚七寸。

海墁下砌砖　明间海墁下背砌城砖一段，面阔八尺六寸，进深七尺三寸，高一尺。二次间海墁下背砌城砖各一段，凑长一丈零一寸，宽七尺三寸，高一尺。

须弥座夹杆下土衬　须弥座夹杆下土衬四段，露明青花石，不露明青砂石，厚七寸。

夹杆　青花石夹杆八块，各高六尺零五分，见方二尺四寸。

夹杆背后砌砖　夹杆背后四段，内二段各面阔二尺四寸，宽一尺八寸五分；高六尺零五分。二段各面阔一尺四寸，宽一尺八寸五分，高六尺零五分，俱用城砖，内除柱子四段。

两山夹杆后砌砖　两山夹杆上背砌二段，各长二尺三寸，至额枋下皮高九尺六寸，进深厚八寸，用城砖，内除雀替一段，二尺三寸，折高一尺七寸，厚七寸，折见方尺二尺七寸三分七厘。

厢杆　青花石厢杆二块，各高六尺零五分，宽一尺八寸五分，厚一尺。

明次间及两山须弥座　青花石须弥座六块，各面阔三尺六寸，进深宽六尺四寸五分，高四尺零五分。

明间券门及门内须弥座　明间券门一座，里口里阔一丈零四寸，中宽一丈三尺五寸，进深六尺。须弥座高四尺，进深六尺零五分。

青花石平水石四块，内二块各高二尺，二块各高一尺七寸，宽一尺四寸，进深连花头长六尺三寸。青花石券石十一块，进深各连花头长六尺三寸，内中一块，上口宽二尺，下口宽一尺三寸五分，余十块上口各宽一尺九寸五分，下口宽一尺五寸五分，厚一尺四寸，外加湾宽厚二寸。

券脸二道，各折凑长三丈八尺三寸四分，宽一尺四寸，花活。

次间券门及门内须弥座　二次间券门二座，每座里口面阔七尺，中高一丈一尺六寸，进深六尺。须弥座高四尺，进深六尺零五分。

每座青花石平水石四块，内二块各高二尺，二块各高一尺七寸，宽一尺四寸，进深连花头长六尺三寸。每座青花石券石九块，内中一块，上口宽二尺，下口宽一尺二寸五分，八块上口各宽一尺七寸五分，下口宽一尺三寸，厚一尺四寸，外加湾厚二寸。

每座券脸二道，各共凑长五丈五尺二寸八分，宽一尺四寸，花活。

明次间须弥座后砌砖　明间须弥座背后一段，面阔一丈七尺六寸，宽五尺九寸，至额枋下皮，高一丈三尺二寸，用城砖，内除券门一座，面阔一丈三尺二寸，进深五尺九寸，折高九尺九寸，夹杆头二段，各高一尺九寸，宽二寸五分，厚五尺九寸，雀替四段，各长五尺一寸，折高一尺九寸，厚七寸，折见方尺八百零三尺七寸四分。

二次间须弥座上，背砌二段，每段面阔一丈四尺二寸，宽五尺九寸，至额枋下皮，高一丈一尺六寸，内除券门一座，面阔九尺八寸，进深五尺九寸，折高八尺，夹杆头二段，各长五尺九寸，高一尺九寸，厚二寸五分，雀替四块，各长四尺，折高一尺五寸，厚七寸，折见方尺四百八十四尺九寸六分五厘。

各间琉璃柱 明间黄色绿色琉璃中柱，二面计四根，各通高一丈四尺八寸五分，宽二尺。每根分为十一件，每件宽二尺，厚八寸。

两梢间并两山檐角黄色绿色琉璃方柱，二面计四根，各通高一丈四尺八寸五分，面阔宽二尺，厚二尺。每根高分为十一层，每层计二件，每根共计二十二件。

各间柱后砌砖 明间中柱背后二段，各高一丈四尺八寸五分，宽二尺，厚四尺七寸，用城砖，内除柱子高一丈四尺八寸五分，径一尺，折见方尺十一尺一寸三分五厘。

各间雀替 明间二面，贴落黄绿色琉璃雀替四块，每块计七件，厚六寸。

二次间二面，贴落黄绿色雀替八块，每块计五件，厚六寸。

两山，每山贴落黄绿色琉璃连二雀替一块，计八件，厚六寸。

各间小额枋 明间小额枋，二面计二根，各长一丈七尺六寸，高一尺七寸。每道计十件，宽一尺七寸，厚七寸五分。

二次间小额枋，二面计四道，各长一丈四尺二寸，高一尺七寸。每道计八件，高一尺七寸，厚七寸五分。

两山贴落小额枋二道，各长二尺三寸，高一尺七寸。每道计二件，高一尺七寸，厚七寸五分。

小额枋后砌砖 明间小额枋背后，长一丈七尺六寸，高一尺七寸，进深四尺八寸，城砖砌。

次间小额枋背后二段，各长一丈四尺二寸，高一尺七寸，进深四尺八寸，城砖砌。

各间绦环板花板 明间绦环板花板，前后二面，每面计九堂，黄绿色。折柱十根，各高一尺七寸五分，宽五寸，厚七寸。花板九块，各高一尺七寸五分，宽一尺四寸。背面一段，长一丈七尺六寸，高一尺七寸五分，进深四尺六寸，城砖砌。

二次间绦环花板，前后四面，每面计七堂。折柱八根，各高一尺七寸五分，宽四寸，厚七寸。花板七块，各高一尺七寸五分，宽一尺五寸五分，厚七寸。背面二段，各长一丈四尺二寸，高一尺七寸五分，进深四尺六寸，城砖砌。

两山每山贴落花板一堂，及折柱二根。折柱各高一尺七寸五分，宽四寸，厚七寸。花板一块，高一尺七寸五分，宽一尺五寸，厚七寸。

各间大额枋及背后砌砖 明间大额枋，二面计二道，至次楼高棋柱，各长二丈六尺八寸，高一尺八寸。每道计十八件，各高一尺八寸，厚七寸五分。背面一段，长二丈六尺八寸，高一尺八寸，进深四尺五寸，城砖砌。

二次间大额枋，二面计四道，各长一丈四尺二寸，高一尺八寸。每道计八件，高一尺八寸，厚七寸五分。背面二段，各长一丈四尺二寸，高一尺八寸，进深四尺五寸，城砖砌。

两山贴落大额枋二道，各长二尺三寸，高一尺八寸。每道计一件，高一尺八寸，厚七寸五分。

明间正楼尺寸 明间正楼一座，高棋柱外皮至外皮，面阔一丈二尺四寸，进深六尺。

明间正楼高棋柱　　明间正楼黄绿色琉璃高棋柱，每座二根，二面计四根，各高六尺五寸，见方一尺四寸，每根分为六件。背面二段，各净高五尺一寸，宽一尺四寸，厚三尺二寸，城砖砌。

明间正楼龙门枋　　明间龙门枋（按：即木牌楼之单额枋，此云龙门枋与前不符，待考）二面计二道，各长九尺六寸，高一尺四寸。每道计六件，高一尺四寸，厚七寸。背面长九尺六寸，进深四尺六寸，城砖砌。

正楼两山龙门枋　　两山龙门枋二道，各长三尺二寸，高一尺四寸。每道计二件，高一尺四寸，厚七寸，背面二段，凑长六尺四寸，高一尺四寸，厚七寸。

明间正楼平板枋　　四面黄绿色琉璃平板枋二十八件，宽八寸，厚五寸。背面面阔一丈零六寸，进深四尺二寸，宽五寸，城砖砌。

明间正楼匾　　明间正楼中心青花石匾二块，各长七尺二寸，高三尺一寸，厚一尺八寸，青花石字匾，周围龙边，二面，每面计十八件，俱宽八寸，厚一尺一寸，黄绿色琉璃。龙边里口周围线砖二面，每面计二十二件，宽五寸五分，厚二寸，绿色。

绿色线砖外口，立花黄色线砖，二面，每面计六件，宽五寸五分，厚二寸。

匾背后并龙边，面阔九尺六寸，高五尺一寸，进深厚二尺六寸，城砖砌。

明间正楼斗科及楼顶　　明间正楼，四面摆安单翘单昂黄绿色琉璃斗栱，内角科四攒，每攒计三件，平身科十六攒，每攒计三件。直栱板二十件（即垫栱板），押椽二十件（即盖斗板），机枋三十八件，机枋头四件，花桁十六件，素桁条十件，花桁条头四件。背面面阔折长一丈零四寸，进深折宽四尺四寸，自平板枋上皮，至桁条上皮，高二尺二寸，城砖砌。正楼头停堆顶，正身面阔折长一丈零四寸，宽六尺，连椽子背后折长一尺二寸，城砖周围摆砌用黄绿色角梁四件，黄虚错角四件（即宝瓶），斜椽二十四件，连檐四十八件，套兽四件，起翘十六件（即衬头木），板椽二十二件。头停苫背，正身面阔一丈一尺，坡深一丈一尺四寸，两厦当凑长二丈零四寸，宽二尺八寸。

大脊一道，用七样黄色琉璃，正吻二支，吻座二套，剑把二件，背兽二件，正当沟二十二件，压带条二十二件，群色条十六件，通脊五件，扣脊瓦八件。垂脊四道，用垂兽四支，兽座四件，托泥当沟四件，正当沟二十件，压带条五十二件，平口条二十件，垂脊十二件，扣脊瓦十六件。

角脊四道，用角兽四支，兽座四件，斜当沟十六件，压带条三十二件，角脊四件，三连砖四件，撺头四件，梢头四件，方眼螳螂勾头八件，仙人四件，走兽八件，遮朽瓦四件，扣脊瓦四件。

博脊二道，用正当沟十件，压带条十件，博脊连砖二件，博脊瓦二件，挂尖四件。

二山博风用博风砖十二件。

二山排山用勾头十四件，滴水十六件，板瓦十六件。窑瓦。

次间次楼 二次间次楼二座，每座高栱柱外皮至外皮，面阔九尺，进深六尺。

次楼高栱柱　　黄绿色琉璃高栱柱，每座二根，二座二面计八根，各高六尺五寸，见方一尺四寸，每根计六件。背面二段，各净高五尺一寸，宽一尺四寸，厚三尺二寸，城砖砌。

次楼龙门枋　　龙门枋（按：应作单额枋）二面计四道，各长六尺二寸，高一尺四寸。每道计四件，高一尺四寸，厚七寸，二座四段。背面一段，面阔六尺二寸，进深四尺六寸，城砖砌。

次楼二山龙门枋　　两山龙门枋每座二道，各长三尺二寸，高一尺四寸。每道计二件高一尺四寸，厚七寸。背面凑长六尺四寸，高一尺四寸，城砖砌。

次楼平板枋　　次间次楼，每座四面平板枋二十四件，宽八寸，高五寸，二座。

背面面阔七尺二寸，宽四尺二寸，高五寸，城砖砌二座。

次楼匾　　二次间次楼每座龙匾二面，每面面阔五尺，高三尺九寸。分三层，内下一层计四块，高一尺二寸五分，中层计三块，上层计四块，俱高一尺三寸，厚七寸，深花，二座四面。龙匾周围白字平面绿色线砖十八件，宽四寸，厚七寸。二座四面。白字外口，平面黄色线砖十八件，宽二寸，厚七寸。龙匾并线砖背面，面阔六尺二寸，高五尺一寸均厚四尺四寸，城砖砌。

次楼斗栱及楼顶　　次间次楼每座四面，摆安斗栱单翘单昂，每座内角科四攒，平身科十二攒，每攒俱计三件。直栱板十六件，押槽十六件，机枋二十八件，机枋头四件，花桁条十四件，素桁条八件，花桁条头四件，二座。

背面面阔折长七寸，进深折宽四尺四寸，自平板枋上皮至桁条上皮，高二尺二寸，城砖砌。次间正楼二座，每座头停堆顶，正身面阔七尺，宽六尺，连椽子背后折高一尺二寸，城砖砌。周围摆安黄绿色琉璃，每座用角梁四件，套兽四件，黄虚错角四件，起翘十六件，斜椽二十四件，板椽十四件，连檐四十二件。头停苫背，正身面阔七尺六寸，进深一丈一尺四寸，两厦当凑长二丈四尺，宽二尺八寸。

大脊一道，用正吻四支，吻座四件，剑把四件，背兽四件，正当沟二十八件，压带条三十六件，群色条二十件，通脊六件，扣脊瓦十件。

垂脊四道，用垂兽八支，兽座八件，托泥当沟八件，正当沟四十件，压带条一百零四件，平口条四十件，垂脊二十四件，扣脊瓦三十二件。

角脊四道，用角兽八支，兽座八件，斜当沟三十二件，压带条六十四件，角脊八件，三连砖八件，撺头八件，梢头八件，方眼螳螂勾头十六件，仙人八件，走兽十六件，遮朽瓦八件，桁脊瓦八件。

博脊二道，用正当沟二十件，压带条二十件，博脊连砖四件，博脊瓦四件，挂尖八件。

二山博风，二座用博风砖二十四件。

二山排山，二座，用勾头二十八件，滴水二十八件，板瓦三十二件。

窨瓦。

夹楼斗棋及楼顶 夹楼二座，每座通面阔七尺二寸五分，进深六尺。平板枋二面计二道，各长七尺二寸五分，每道计五件，高五寸，厚八寸，二座用四道。

背面长七尺二寸五分，宽四尺二寸，高五寸，城砖砌。二面摆安单翘单昂斗栱，内平身科十攒，每攒三件，直栱板八件，押楣八件，机枋十八件，花桁条八件，素桁条四件。

头停堆顶面阔七尺，宽六尺，连椽子背面折高一尺二寸，城砖砌。二面摆安黄绿色板椽十四件，连檐十四件。

贴落平面绿色琉璃坠山花二缝，每缝计六件，各均长二尺九寸，均高七寸，厚二寸五分。

头停苫背面阔七尺二寸五分，坡身一丈一尺四寸。二山披水二道，用披水十六件。

大脊二座二道，用正吻四支，吻座四件，剑把四件，正当沟二十八件，压带条三十二件，群色条二十件，正通脊六件，扣脊瓦八件。

垂脊二座四道，用垂脊（兽？）八支，兽座八件，托泥当沟八件，平口条六十四件，压带条八十八件，垂脊十六件，扣脊瓦三十二件。

窨瓦。

边楼斗栱及楼顶　　边楼二座，每座通面阔四尺五寸，进深六尺。

三面平板枋十三件，宽八寸，高五寸。

背面面阔二尺七寸，进深四尺二寸，高五寸，城砖砌。三面摆安单翘单昂头栱，内角科二攒，平身科六攒，俱每攒计三件，直栱板七件，押楣七件，机枋十三件，机枋头二件，花桁条六件，素桁条四件，花桁条头二件。

背面面阔折长三尺五寸，进深折宽四尺四寸，自平板枋上皮，至桁条上皮，高二尺二寸，城砖砌。

头停堆顶，面阔折长三尺五寸，宽六尺，连椽子背后折高一尺二寸，城砖砌。三面摆安黄绿色角梁二件，套兽二件，黄虚错角二件，起翘八件，斜椽子八件，板椽六件，连檐二十一件。

一山贴落平面绿色坠山花一缝，计六件，各均长二尺九寸，均高七寸，厚二寸五分。二座，每座头停苫背，正身面阔三尺八寸，坡身一丈一尺四寸，厦当长一丈零二寸，宽二尺八寸。

一山披水，用黄色披水四件，二座，每座调大脊二座二道，用正吻四支，吻座四件，剑把四件，背兽四件，正当沟八件，压带条十二件，群色条八件，正通脊二件，扣脊瓦二件。

垂脊二座四道，用垂兽八支，兽座八件，托泥当沟八件，正当沟四十件，压带条一百零四件，平口条四十件，垂脊二十四件，扣脊瓦三十二件。

角脊二座二道，用角兽四支，兽座四件，斜当沟十六件，压带条三十二件，角脊四件，三连砖四件，撺头四件，梢头四件，方眼螳螂勾头八件，仙人四件，走兽八件，遮朽瓦四件，扣脊瓦四件。

博脊二座二道，用正当沟十件，压带条十件，博脊连砖二件，博脊瓦二件，挂尖四件。

一山博风，二座，用博风砖二十四件。

一山排山，二座，用勾头十四件，滴水十四件，板瓦十六件。

窀瓦。

大额枋，龙门枋，绿色箍头四十件。

第十一章

琉璃瓦料做法

—

409

第一节 琉璃影壁

【甲 通例】

长 按大门面阔：如一间，长按面阔十分之十七；如大门三间者，长按通面阔十分之十一。

高 按大门柱高并台基露明高共凑高若干，再以通高十分之八，即是影壁至檐柱高尺寸。如单影壁不随大门者，高按本身长十分之六即是。

厚 按高十分之三。

【乙 须弥座】高按至檐柱高十分之三，内：

土衬 得六分。宽按高加倍。金边按本身高三分之一。

圭角 得九分。宽按高。金边按本身高四分之一。

下线枋 得五分。宽同混。金边按本身高十分之一。

下肩涩 得六分。宽同冰盘涩。金边按本身高十分之六。

下枭儿 得六分。宽同冰盘涩。金边按本身高十分之八。

下鸡子混 得四分。宽同高四分。金边按本身高四分之一。

束腰 得十三分。宽按高折半。

上鸡子混 得四分。宽按高四分。

上枭儿 得六分。宽同冰盘涩。

上冰盘涩　　得六分。宽按高三分之七。

上线枋　　得五分。宽同混。

以上各高，按须弥座通高用七十分除之，每分若干，俱长一尺三寸。

束腰内如用花束腰者，按束腰通长三分之一。束腰四面四角用金刚间柱者，高同束腰，见方按本身高十分之八。

【丙　上身】

方磉科　　四件（即柱顶）。见方按柱子加倍，高二寸五分。

方柱子　　四根。见方按上身至檐柱高十三分之一。长按见方加倍算。自磉科上皮，至替桩下皮，净高若干，用长若干除之，得若干件。

如柱子带立线枋，再均核长，每根内有柱头一件。

槛砖　　（即下槛）高与磉科同。宽同替桩宽。件数按四面磉科里皮长若干，用长一尺三寸除之即得。

替桩　　（即上槛）高按槛砖高十分之八。宽按高二分之七。件数按四面柱子里皮长若干，用长一尺三寸除之，即得件数。

额枋　　（在替桩上）高按柱子见方七分之九。厚按高三分之一。件数按四面柱子里皮尺寸，用长一尺三寸除之即得。每头每角安绿色耳子二件。

扇面　　（每面用一板）高按槛砖上皮至替桩下皮高，用四分之三为中斜高。正宽按中斜高，用一四归除，厚按正宽四十分之三。块数折见方尺每一尺六寸得一块。花头件数按扇面块数十分之六。

　　岔角　　每面四角安四块。斜长按扇面正宽四分之三。中宽按本长十分之八。厚与扇面同。块数按折见方尺每一尺二寸得一块。

【丁　拔檐五层】共出六寸，内：

　　下线　　一层，出一寸。

　　混砖　　一层，出一寸五分。

　　炉口　　一层，出一寸。

　　枭儿　　一层，出二寸。

　　上线　　一层，出五分。

　　以上各按影壁通长，并各层应出尺寸，用每件长一尺三寸除之，各得若干件，俱宽七寸厚二寸五分。

【戊　头停脊瓦料】（随瓦料样数。接头停尺寸核算）

　　半混　　博风下随山用。

　　满山红　　即山尖每山用一件。

　　博风　　按两坡尺寸并样数算。

　　样数自高九尺以下用九样，自高九尺以上，每高三尺应大一样。

第二节 琉璃花门斗栱歇山做须弥座

方磉棋 四件，挨门口用。

圆磉棋 四件，四角用。

槛砖 一层，即下槛与磉棋平。

方柱子 四根。

圆柱子 四根。

方圆柱子，自磉科上皮至平板枋下皮之十三分之一即是见方，每根有花柱头一件。

替桩 一层（即上槛）。

花小额枋 一层（即挂落分位）。高按柱子见方一份半。厚按（高?）十分之四。每角随带花耳子二件。以上各件与影壁同。

花由额垫板 一层。高按小额枋高十分之四。宽按本身高加倍。件数，长俱与小额枋同。

花大额枋 一层。高按柱子见方六分之十。厚同小额枋。件数亦同。每角随带花耳子二件。以上件数俱在柱子里口算。

花平板枋 一层。高按柱子见方十分之四。宽按本身高二份半。件数按通面阔及进深每角每面除本身宽一份，净得若干，用一尺二寸除之。每角每十字平板枋头一件，十字见方按宽二份。高宽同上。

斗栱昂 厚按柱子见方十分之二，如通身按柱子者，大昂厚按柱子见方六分之一。高按踩数连斗底至耍头上皮算。

如斗口重昂者，每攒计三件，踩数搜架，高宽与大木法同。按面阔进深用昂厚十分除之要空当作中。四角安角科四攒，后尾长按科中往外出若干之六分之八，即是后尾尺寸。前带正心桁搜枋。

角科　　每角用一攒。每攒件数与平身科同。

花垫栱板　　长按科中除昂厚一份半。高按二踩并斗底厚一寸，件数同斗科攒数同黄色押肩（即盖斗板）与盖斗板同。宽按外机搜架通宽，厚按本身宽五分之一。件数同栱板。

绿色机枋　　高按昂厚二份。宽按本身高四份。长按科中尺寸。件数同斗栱攒数。四角机枋头四件，十字见方，按角科中往外加搜架，加交角，俱同大木做法。

黄虚错角　　（即宝瓶）高按桁条径机枋高各一份即是。

挑檐桁　　件数按通面阔及进深加搜架加交角，俱与大木分法同。四角用交角桁条头同机枋头四件余若干用一尺三寸除之。厚按昂厚三份，宽按机枋宽八分之九。

起翘　　（即衬头木）八件，长宽厚俱同大木分法。

板椽　　（即长带望板）长按挑檐桁中至斗栱中若干之三倍。

檐椽飞檐椽　　每二根为一板。宽按椽径二份，空当二份，即椽径四分。高按椽径二份半，椽径按挑檐桁径厚折半。

斜椽　　每角用二板，长宽高同前。

角梁　　四根（系带梓角梁）。长按板椽长加倍。高各按椽径二份。厚按椽径二份。

头停脊瓦料　　按头停面阔进深，并举架核算，用七样至九样止。

第三节　房　座

【甲　正脊】

调大脊　　长按两山博风外皮至外皮若干，内除勾头长一份，即净长。高连当沟通高，按正吻高折半。

正当沟　　一层二面用，每面按正脊通长，用当沟尺寸除之，得数成单。

压带条　　一层二面用，每面数同正当沟。

相连群色条　　按正脊通长，内除吻座长二份，用相连群色条之长除之得件数。

此款系大房窀四样以上瓦料，自黄道以下，有相连群色条一层，其五样六样瓦料，只用二面群色条。

群色条　　二面用。每面按通脊长，内除吻座二份，用群色条之长除之得件数，加倍即二面数。此款大房窀五样至七样瓦料者，用在通脊之下。如门楼影壁窀七样至九样瓦料者，通脊下只用压带条一层，不用群色条。

黄道并赤脚通脊　　按通脊长，内除吻长八扣尺寸二分，用黄道之长除之，得件成单。

此款系大房窀四样以上瓦料者用此，如用五样以下瓦料者，只用通脊。不用黄道。

通脊 按正脊通长，内除吻长八扣尺寸二分，用通脊之净长除之，得件成单。

此款系大房窑五样以下瓦料者用之。如墙顶，只用三连砖。

正吻 通脊两头共用二只，高按柱高每高一丈，得吻高四尺，如有斗栱从耍头下皮起算。随吻座二套，背兽二件，剑把二件。吻通长按高四分之三。

【乙 垂脊】

通长 如随歇山房，长按扶脊木中至正心檐桁外皮，上除脊厚连斜半份，按扣脊筒瓦口宽折半，并脊步举架加斜分位，余即净长。

如随硬山挑山房，长按每披苫背并连檐宽一份，上除脊厚连檐斜半份即是下皮长。其上皮应加后斜靠正脊尺寸。如脊里七举，即按本身高十分之七加之用。

正当沟 歇山挑山硬山房，俱按排山滴水之数用，内如挑山房硬山房，照排山滴水之数，每山除去列角滴水四件，余数即是。

平口条 如歇山房外用正当沟里用平口条，按脊长加倍，除去排山当沟尺寸，余用平口条之长除之，得件。如挑山硬山房，即照外皮当沟之数。

压带 （二面用）按脊下长用压带条之长除之，得数加倍即是。

垂脊 如歇山房，按脊上皮长，除去兽长七扣尺寸一份，余用垂脊之长除之得件数。如挑山硬山房，按脊上皮长，除去兽长七扣尺寸一份，走兽仙人各长一份，余用垂脊之长除之，得件数。除兽长尺寸，各按兽高一份。除走兽仙人尺寸，按筒瓦长一份。

如歇山大房，用七样以上瓦料者，方用垂脊。

如门楼墙顶，用九样瓦，只用三连砖不用垂脊。

如挑山硬山大房，用七样以上瓦料者，兽后用垂脊，兽前用三连砖。

如门楼影壁，用八九样瓦料者，兽后用连砖，兽前用小连砖，兽前用连砖之数，按走兽仙人之数，得长若干，除去撺头一件，余用连砖之长，除之得件。

垂兽　　每垂脊一道，用一只，长同高，随兽座一件。

走兽　　如随歇山房者，或蹲九，或蹲七，或蹲五，俱按规制用。如随挑山硬山房用者，按每柱高二尺，得蹲一件，成单。

仙人　　每垂脊一道用一件，下用方眼勾头一件。

撺头撑头　　每垂脊一道用一件。

托泥当沟　　随歇山房，每垂脊一道用一件。

扣脊筒瓦　　如随歇山房，按垂脊之上皮，除去垂兽七扣尺寸一份，余用筒瓦之长除之，得件数。如随挑山硬山房，按脊之上长，除去兽长七扣尺寸一份，余用筒瓦尺寸除之，得件数。

【丙　戗脊】（一名岔脊）

通长高　　按歇山平出檐若干，收山若干，除博风厚，再加排山勾头长半份，共长若干，用一四一四加斜得若干，再用一零五六加举斜，再加出翘，按椽径三份，再加后斜，按斜筒瓦口宽半份，共凑即通长。高按垂脊高九扣。

斜当沟　　按四面滴水之数，除去列角滴水八件，挂尖代正当沟四件，再除托泥当沟四件，再除正当沟之数若干件，余若干。以四分分之，即是戗脊下每道二面斜当沟之数。

压带条　　按脊长除去搁头长一份，余用压带条之长除之，即得每面件数，加倍即是。

戗脊　　兽后用。算法同前列角硬山房法。

连砖　　兽后用。算法同前。

戗兽　　每道用一只。高按垂脊高九扣，长同高，外随带兽座一件。

扣脊筒瓦　　算法同前。

走兽　　算法同前。

仙人　　每道用一件。下随带方眼勾头一件。

摔头　　每道用一件。

撑头　　每道用一件。

【丁　博脊】

博脊　　歇山房山花外皮用。长按通进深，除去前后净收山尺寸，按满收山除去博风厚一份净若干，照此二份再除戗脊厚，按筒瓦口宽一四斜一份，余即是博脊。

挂尖　　长高按金桁径一份。每博脊一道用二件，上面代博脊瓦，下代正当沟。

正当沟　　（一面用）按脊通长，内除两头挂尖二件分位（按：

斜当沟长二分）净用当沟之长除之即得件成单。

压带条　　（一面用）件数同正当沟。

承奉博脊连砖　　按博脊通长，除挂尖分位尺寸，用承奉博脊连砖之长除之，得件成单。

此款系大房窨五样以上瓦料用之，如大房窨六样以下瓦料者，用博脊连砖。

博脊瓦　　件数同连砖。

【戊　重檐下檐博脊】

通长高　　长按面阔进深，每面加角金柱头径二份，即外皮角至角尺寸。高随各样瓦料样数，自七样瓦料高一尺为比例，每大一样加高四寸。

正当沟　　（一面用）按博通脊长，用正当沟之长除之得数，四面俱成单。

压带条　　（一面用）件数同正当沟。

群色条　　（一面用）按脊通长用群色条之长除之得数。如大房窨四样以上瓦料，方用此。如用五样以下瓦料者，只用压带条，上坐博脊，不用群色条。

博脊　　按脊通长，除去合角吻长八件八扣尺寸，余用博脊之长除之得数，四面俱要成单。

蹬脚瓦　　即扣脊筒瓦，按脊通长，除去合角吻通长八份，余用筒瓦之长，除之得数，四面俱要成单。

满面黄　　路数按金柱径一份，除去筒瓦口宽一份，余用见方除之，即得路数。外路按蹬脚瓦之长，用见方除之，里路按柱子里皮尺寸再加椀口，按本身宽一份，通长用见方除之，如里路只容半路，即按半路算，如只用一路分位，件数即同外一路算。

　　合角吻　每角用二只，四角共用八只，各按长十分之七。每只随剑把一件，无吻座，无檐（背）兽。

【己　重檐、下檐、角脊】

　　通长　长按平出檐并一步架共若干，除去金柱头径一份，余若干，用一四一四斜，再用一零五六举，再加出翘按椽径三份，共得即长。

　　斜当沟　按面阔进深，加出檐，外每面每角再加椽径三份，得角至角尺寸若干，用正当沟尺寸除之，即得每面件数。四面共得若干，内除去四面正当沟若干件，四角共除去列角滴水八件，其余即是斜当沟之数，以四分分之，即是每道二面的件数。角脊上附属各样瓦料，如压带条，博脊连砖，博脊，扣脊筒瓦，戗兽，走兽，仙人，撺头，揣头，以上九款俱同前戗脊算法。

【庚　窕瓦及夹陇】

　　排山勾头　两山每山滴水之数，按垂脊之下正当沟之数（即是勾头之数），加一件即是。板瓦自四样以上，每滴水一件，随板瓦二件，自五样以下，每滴水一件，随板瓦一件。

　　如挑山硬山房两山，每山滴水之数，按垂脊下之正当沟，加前后列角滴水四件即是。勾头之数，照滴水之数（即板瓦照正当沟之数），减一件即是。

头停前后坡正陇底瓦　　陇数按正当沟之数即是，盖瓦加一陇。筒瓦件数，按苫背并连檐宽共若干用筒瓦之长除之得件，内每坡有勾头一件。板瓦按筒瓦勾头之数，每件随板瓦二件半，内每坡有滴水一件。如挑山硬山房，算法同此，其板瓦亦按押七露三算。

两厦当正陇底瓦　　陇数按正当沟之数，加挂尖当沟件数，共凑即是，盖瓦陇数按底瓦每山加一陇即是。筒瓦件数按苫背并连檐宽，共凑长若干，用筒瓦之长除之，得件数，内每陇有勾头一件，板瓦用前后坡算法。

四角斜陇　　底瓦陇数按斜当沟件数，加托泥当沟件数，每面按角加滴水二件，共得即是。盖瓦按底瓦陇数，每角除二陇即是。盖瓦折陇，按满陇之数，每角除去二陇，系单勾头一件，其余陇数折半。每陇筒瓦之数，按厦当之数加一件算，再加边陇筒瓦一件，共得即是。每折陇得数，每陇勾头二件，四角加勾头四件。底瓦折陇，按满陇之数，每角除去二陇，系单滴水一件，其余陇数折半。每陇折瓦之数，按厦当筒瓦之数核算即是。每折陇凑数，每陇滴水二件。

重檐之下檐　　四面正陇底瓦，按正当沟件数即是。盖瓦，每面按底瓦加一陇即是。筒瓦件数，按苫背并连檐宽共得长若干内除去博脊分位（按：金柱径半分），余若干，用筒瓦之长除之，得件。内有勾头一件。板瓦按筒瓦之数，并勾头每件随板瓦二件半，内有滴水一件。

四角斜陇　　底瓦按斜当沟若干，每角加滴水二件即是。盖瓦陇数，按底瓦陇数，每角除二陇即是。筒瓦板瓦折陇，俱同前。盖瓦件数，按正陇筒瓦件数减一件，余递加边陇筒瓦一件，共得即是。每陇得数，每陇勾头二件，四角外加勾头四件。底瓦每陇按五陇筒瓦件数核算，即是。每陇滴水二件。

庑殿头停 两山底瓦，每山只正陇一陇。盖瓦，每山只正陇二陇。其余应用底盖瓦陇数，并各件数目，俱照前列角重檐下檐四角算法。

竹子瓦 即箭杆瓦，用于圆亭者。上锐下丰，层层套窀，如竹节式。大清工部则例琉璃无定例表中误作行子瓦。顷见雷氏笔记引乾隆十一年续增则例一条附录如下：

竹子瓦每长一丈三尺八寸。宽四寸，核计价银八分八厘。

又长一丈一尺九寸。宽四寸，核计价银七分六厘。

又长九尺三寸。宽四寸，核计价银五分九厘。

又长七尺三寸。宽四寸，核计价银五分九厘。

又长一尺五寸。宽四寸，核计价银九厘。

如尺寸长短一同，以每折见方一尺，核银一分五厘七毫，递加增减。

【辛 硬山墀头梢子用琉璃】

下线砖 一层。按本身厚出五分之二。

半混 一层。出五分之三。

枭见 一层。出五分之四。

上线 一层。出五分之一。

戗檐 一件。

以上件数按墀头长宽，除本身宽，用各长分之，即得件数。

【壬　琉璃博风】

半混一层　　长按苫背除连檐得净长，再除博风高一份，加墀头宽一份加头长，连墀头长出檐一份，除本之宽一份，净得长若干，用半混之长除之。

博风一层　　通长按苫背并连檐尺寸，除本身宽一份，余用本身之长除之，得件要成单，内两头有博风头二件。

梁思成年谱

（1901年4月20日—1972年1月9日）

1901年　4月20日　生于日本东京，祖籍广东省新会县（今广东省江门市新会区）。

1906—1912年　在日本横滨大同学校幼稚园、神户同文学校初小读书。

1912年　随父亲梁启超、母亲李蕙仙回国。

1912—1915年　在北京汇文学校、崇德学校高小读书。

1915—1923年　就读于北京清华学校。在校期间担任校军乐队队长、校刊美术编辑。

作为清华"爱国十人团"成员参与了"五四"运动。

1920年　在父亲梁启超的指导下，与徐宗叙、弟梁思永合译英国威尔逊的《世界史纲》，译稿经梁启超修改后于1927年在商务印书馆出版。

1922年　6月　抵菲律宾马尼拉，探望于同年3月至此养病的母亲李蕙仙、大姐梁思顺及时任马尼拉总领事的姐夫周希哲。

1923年　5月7日　与梁思永同赴天安门参加"国耻日"纪念活动，途中被军阀金永炎的汽车撞伤，急送医院治疗，诊断为左腿股骨复合性骨折，三次手术后始康复，从此左腿比右腿短了约一厘米。休学一年，其间，在父亲的教导下研读《论语》《左传》《孟子》《战国策》《荀子》等书。

1924年　4月　参加接待印度诗人泰戈尔访华讲学活动，并结识胡适、徐志摩、陈西滢、张欣海、丁西林等人。

6月　赴美国宾夕法尼亚大学建筑系学习，其时林徽因在宾夕法尼亚大学美术系学习，选修建筑系课程。梁思成选修了阿尔弗莱德·古米尔为二年级学生开设的建筑史课。几堂课毕，他找到古米尔教授表示他非常喜欢建筑史，交谈中古米尔问及中国建筑史的情况，梁回答说，据他所知，中国还没有建筑史专著。

9月13日　母亲李蕙仙因患癌症病逝。

1925年　收到父亲寄来的国内重新出版的［宋］李诚著《营造法式》。梁启超在该书扉页上写道："……一千年前有此杰作可为吾族文化之光宠也已，朱桂辛校印甫竣赠我此本，遂以寄思成、徽因俾永宝之。"当时，梁思成虽看不懂书中宋代建筑术语和内容，但产生了要研究和掌握中国古代建筑历史的强烈愿望。

1927年　2月　从宾夕法尼亚大学建筑系毕业，获学士学位。

6月　获宾夕法尼亚大学建筑系硕士学位。在校期间曾任建筑学助教，并获彭省大学建筑设计金质奖章、南北美洲市政建筑设计联合展览会特等奖章。任英美市政建筑荣誉学会会员，任美国费城市政设计技术委员。

6—8月　任保罗·克瑞特事务所副设计师。

7月　在美国哈佛大学研究生院城市设计专业读研究生。

1928年　2月　在导师兰登·华尔纳的指导下，准备完成博士论文《中国宫室史》。在哈佛大学阅读完当时所有能找到的有关中国建筑的资料后，发现靠这些资料不可能完成博士论文，与导师商定回国作实地调查、收集资料，两年后提交博士论文。

3月　与林徽因在加拿大渥太华结婚。与林徽因同赴英国、瑞典、挪威、德国、瑞士、意大利、西班牙、法国参观考察建筑。

9月　创办东北大学建筑系，任系主任、教授。林徽因是当时唯一可以找到的另一位建筑学教师。并邀请陈植、童寯、蔡方荫等赴东北大学建筑系任教。成立梁陈童蔡营造事务所。

1929年

1月19日　父梁启超因医疗事故逝世。

8月　女儿梁再冰出生。

11月　梁思成设计并监修的梁启超墓在香山卧佛寺东建成。

同年设计王国维纪念碑。

1930年

林徽因结核病复发，赴北京香山养病。

完成《中国雕塑史》讲课提纲，并在东北大学初次讲授。

与陈植、童寯、蔡方荫合作设计吉林省立大学校舍，与林徽因共同设计辽宁锦州交通大学分校（后毁于战争）。

1931年

6月　离开东北大学到北京，在北京北总布胡同三号安家。

9月　任中国营造学社法式部主任。

同年通过徐志摩认识了金岳霖，从此金与梁氏夫妇结下了深厚的友谊，直至逝世。

1932年

梁思成在杨文起、祖鹤州两位老匠人的帮助下，读懂了清工部《工程做法则例》，又深入研究整理了学社收集的大量民间做法抄本，于1932年完成《清式营造则例》一书，并于1934年出版。这是我国第一部以现代科学技术的观点方法总结中国古代建筑构造做法的著作。

调查河北蓟县独乐寺，并发表调查报告《蓟县独乐寺观音阁山门考》和《蓟县观音寺白塔记》。论证独乐寺建于辽代，这是当时所知道最古的一座木构殿堂，也是我国第一次用现代科学的方法调查测绘古建筑的调查报告，在国际学术界引起重视。

6月　调查河北宝坻县广济寺三大士殿，并发表调查报告。这是继蓟县独乐寺之后发现的又一座辽代建筑。

应聘为国民政府中央研究院历史语言研究所通讯研究员并兼任研究员。

结识后来成为著名汉学家的费正清夫妇，与他们建立了亲密的友谊，直至1949年中美断交后失去联系。1971年美国乒乓球队访华后，收到费正清夫人费慰梅来信，请梁思成协助他们申请访华，不幸在费氏夫妇到达北京前几个月，梁思成去世，最终未能见面。

与蔡方荫、刘敦桢合写《故宫文渊阁楼面修理计划》。

与林徽因合写《平郊建筑杂录》。

1932—1933年 — 任北京大学教授，讲授中国建筑史。

1933年 — 3月　调查河北正定县隆兴寺及正定古建筑。

9月　调查山西大同上下华严寺、善化寺、云冈石窟等。发表《正定调查纪略》《大同古建筑调查报告》《云冈石窟中表现的北魏建筑》等论文。对以上二处的古建筑做了详尽的分析鉴定。调查山西应县佛宫寺木塔、浑源县悬空寺。鉴定应县佛宫寺木塔为我国古代乃至世界上现存最高的木构建筑。

11月　调查河北赵县隋代赵州桥（安济桥）并发表《赵县大石桥即安济桥》。鉴定赵州桥为隋朝李春所造，是世界上最早的敞肩桥。

1933—1934年 — 兼任清华大学教授，讲授建筑学。

1934年 — 任中央古物保存委员会委员。

与林徽因共同设计北京大学地质馆。

8月　调查山西晋中地区13个县古建筑。与林徽因合作发表《晋汾古建预查纪略》，对晋汾地区13个县的古建筑作了简明扼要的介绍。

10月　调查浙江省6个县的古建筑。此行先赴杭州对六和塔进行调查，而后对灵隐寺双石塔及闸口白塔进行调查，鉴定此三塔建于宋代。刘致平亦赴杭州对三塔做了测绘。之后又赴宣平县调查延福寺，确定延福寺建于元泰定三年，同时又在金华天宁寺发现了一座元代大殿。回程中路过江苏吴县、南京顺便调查了角直保圣寺、南京栖霞寺石塔及梁萧璟墓等。调查后写成《杭州六和塔复原状计划》（1935年发表）和《浙江杭县闸口白塔及灵隐寺双石塔》。同年，中国营造学社受中央研究院历史语言研究所委托，由梁思成负责开始详细测绘北京故宫。至1937年因抗日战争爆发而中断为止，共测绘故宫建筑60余处，另测绘了安定门、阜成门、东直门、宣武门、崇文门、新华门、天宁寺、恭王府等处北京古建筑。同年应中央古物保管委员会之邀，拟定蓟县独乐寺、应县佛宫寺木塔修葺计划。

同年与刘敦桢合作拟定景山五亭修葺计划大纲，该工程于1935年12月竣工。

1935年　2月　考察曲阜孔庙建筑，并做修葺计划。发表《曲阜孔庙之建筑及其修葺计划》一文，对孔庙40座建筑进行了调查，部分做了详细测绘。在修葺计划中较全面地阐述了对古建筑维修的观点。

受中央研究院及教育部委托，主持中央博物馆及中央图书馆的建筑设计竞赛。

设计北京大学女生宿舍。

参加故都文物整理委员会，担任顾问。

1935—1936年　发表梁思成主编、刘致平编纂的《建筑设计参考图集》10集，前5集简说由梁思成执笔，后5集简说由刘致平执笔。

1936年　与莫宗江、麦俨增同赴晋中对《晋汾古建预查纪略》中所述古建作了详细的测绘调查。

调查河南开封宋代繁塔、祐国寺铁塔及龙亭、河南龙门石窟、山东历城神通寺隋代的四门塔、泰安岱庙及济宁北宋建的铁塔寺铁塔等19个县的古建筑。

4月　在北京接待美国建筑学家和城市规划学家克拉伦斯·斯坦因及其夫人。受斯坦因影响，梁思成开始关注和思考城市规划问题。

10月　由平津各大学及文化界人士发起的《平津文化界对时局的宣言》发表，向国民政府、行政院、军事委员会提出抗日救亡八项要求。梁思成和林徽因在《宣言》上签名。

调查山西和陕西19个县的古建筑，主要调查测绘西安市的大雁塔、小雁塔、香积寺塔，咸阳周文王陵、武王陵、唐代顺陵，兴平县汉武帝陵及霍去病墓等。

1937年

6月　调查陕西西安和耀县古建筑。

梁思成、林徽因应顾祝同之邀赴西安做小雁塔的维修计划，并为西安碑林工程做了设计。对上次遗漏的西安化觉巷及大学习巷清真寺做了详细测绘。对玄类塔、秦始皇陵等又都补作调查，并赴耀县调查药王庙。

梁思成从陕西西安返北平后即与林徽因、莫宗江、纪玉堂一起奔赴山西五台山。在五台山豆村找到了佛光寺，通过详尽的测绘调查，论证佛光寺建于唐大中十一年。梁思成苦寻多年的唐代遗存殿宇终被找到。

在赴太原途经榆次时发现了永寿寺雨华宫，经调查证实雨华宫建于宋大中祥符元年（公元1008年），为唐宋两代木结构过渡形式的重要实例。

7月　佛光寺工作完毕后，他们又到台怀、繁峙、代县调查了十几处建筑，工作两天之后才听说卢沟桥战争已于五天前爆发，便立即赶回北平。

抗日战争爆发，北京营造学社停止工作，暂时解散。与朱启钤、刘敦桢协商将学社的重要资料全部存入天津英资麦加利银行保险库中。

9月　梁思成夫妇带着两个孩子，和林徽因的母亲离开北平，经湖南、贵州等地，历时4个月，于1938年1月到达云南昆明。途中林徽因患肺炎，从此，林徽因的健康状况时好时坏，一直没有恢复。

1938年 刘敦桢、刘致平、莫宗江、陈明达等先后来到昆明，中国营造学社在昆明恢复工作。学社最初设在昆明循津街"止园"。因敌机对昆明的轰炸日益加剧，又因研究工作必须依靠中央研究院历史语言研究所的书籍资料，因此随研究院迁往昆明郊区龙头村，租用了一处尼姑庵（兴国庵）作工作室。

美国建筑杂志 *Pencil Point* 1938年1月号、3月号，分两期刊出梁思成学术论文 *Open Spandrel Bridges of Ancient China* Ⅰ. *The An-chi Chiao at Chao-chou, Hopei* Ⅱ. *The Yung-t'ung Ch'iao Chao-chou，Hopei*。

1939年 梁思成因患脊椎软组织硬化卧床休息近半年。

8月 梁思成与刘敦桢、莫宗江、陈明达赴四川调研考察古建筑。他们往返于岷江和嘉陵江沿岸、川陕公路沿线，历时半年调查了大半个四川。四川省现存古代木建筑多建于1646年以后，因此他们调查的重点是汉阙、崖墓、摩崖石刻。

国立中央博物院聘请梁思成担任中国建筑史料编纂委员会主任。

担任四川省古物保存委员会委员。

1940年 在龙头村建成了他们为自己设计的简易住房。

11月 日机对后方的轰炸越来越凶，中央研究院被迫迁往四川南溪县李庄，学社因必须依靠研究院的图书，也不得不随之迁往李庄。

在重庆中央大学作"中国传统建筑的发展及特点"系列讲座。

1941年 开始集中精力研究［宋］《营造法式》，并陆续完成法式大部分图解工作。

1942年 开始撰写《中国建筑史》。

1943年	英国大使馆文化参赞李约瑟由重庆赴李庄访问中央研究院，同时访问了营造学社。梁思成的研究工作给他留下了深刻的印象，后来他在《中国科学与文化》一书中，称梁思成为研究中国古建筑的宗师。
1943—1944年	完成《中国建筑史》及英文版中国建筑史图录 *A Pictorial History of Chinese Architecture*。
1944年	任教育部战区文物保存委员会副主任。 为政府及盟军（美军）编制敌占区文物建筑名单，并在军用地图上标明位置。同时建议美军在战争中保护日本历史文化名城京都和奈良。 梁思成致信清华大学校长梅贻琦，建议创立建筑系。
1945年	10月 在《大公报》发表《市镇的体系秩序》一文，提出"住者有其房""一人一床"的社会思想；希望今后各大学增设建筑系与市镇计划系；指出"安居乐业"是城市规划的最高目的。
1946年	清华大学建筑系成立，梁思成任系主任直至1972年逝世。 10月 赴美国考察战后美国现代建筑教育。 应美国耶鲁大学邀请，以客座教授身份讲授"中国艺术史"，包括建筑与雕塑两部分。梁思成作为第一位中国人将自己民族的优秀建筑文化系统地展示于世界学术界。 中国营造学社停止工作，与清华大学合办中国建筑研究所。
1947年	2月 中国政府派梁思成担任联合国大厦设计建筑师顾问团中国代表。 4月 美国普林斯顿大学邀请他担任"远东文化与社会"国际研讨会的领导工作。他作了两个学术报告，在这次学术报告中将四川大足的石刻介绍给国际学术界。

接受美国普林斯顿大学荣誉文学博士学位。

7月　参观 Cran brook，访问建筑大师沙里宁及其子，讨论建筑教育问题。

参观 Taliesen，访问弗兰克·劳埃德·赖特讨论建筑理论。

7月　由美国回国，并带回了大量有关建筑及城市规划的新书，如 *Space Time and Architecture*、*Canour City Survive* 及抽象图案的教学挂图 *Elements of Design* 等，将当时国际上建筑的新理论和建筑教育的新观点有选择地引入清华建筑系的教学中，决心要办一个国际第一流的建筑系。

12月　与陈梦家、邓以蛰联名致信梅贻琦校长，题为"设立艺术史研究室计划书"，建议清华大学设立艺术史系及研究室。

同年著《大美百科全书》"中国建筑与艺术"条目。

1948年

3月　当选为南京国民政府中央研究院院士。

4月　发表《北京文物必须整理与保存》，由北京文物整理委员会印发。

7月　在清华、北大、燕京、师院等校教授抗议枪杀东北学生宣言上签名。

9月　赴南京参加中央研究院创建20周年庆典和第一次全体院士会议。

9月　通过清华大学函呈教育部，息准将建筑系改称营建学系，并将新设之市镇计划学、建筑学两组课程表备案。

12月　应解放军之邀，绘制北京古建筑地图，以备攻城时保护文物之用。

同年，建筑系与社会系、哲学系合办了清华文物馆，任馆长。

1949年

2—3月　应解放军之邀，组织营建系教师莫宗江、罗哲文、朱畅中、汪国喻、胡允敬、张昌龄等编制《全国重要建筑文物简目》，以备南下作战时保护文物之用。

6月 《全国重要建筑文物简目》由华北高等教育委员会图书文物处印行，册后附北京文物整理委员会编制的《古建筑保护须知》，发给各路解放军。

5月 正式参加首都规划工作。担任北京市人民政府都市计划委员会委员、中国人民政治协商会议会场——怀仁堂的建筑师、中直修建处顾问等职。在筹建中直修建处过程中函请多位知名建筑师来京工作，如吴景祥、陈占祥、张傅、戴念慈、严星华、沈奎绪、刘江仲等。这些专家后来都成为各建设部门的骨干，为国家建设作出了卓越的贡献。

8月 当选北京市各界代表会议代表。被聘为中国人民政治协商会议筹委会"国旗国徽初选委员会"顾问。组织营建系师生设计国徽方案。

9月 当选中国人民政治协商会议特邀代表，参加在中南海怀仁堂举行的中国人民政治协商会议第一届全体会议。根据政协对原国旗方案修改的意见，修订绘制国旗标准图样。

12月 当选北京市人民政府委员、北京市各界人民代表会议协商委员会副主席。

1950年

1月 任北京市都市计划委员会副主任委员。

2月 与陈占祥共同提出《关于中央人民政府行政中心区位置的建议》，建议将中心区设在北京古城的西郊，自费刊印，报送有关领导审阅。

4月，就中南海新建宿舍问题，致信朱德。

5月 在《新建设》杂志第二卷第六期发表《关于北京城墙存废问题的讨论》。

6月 组织并领导清华大学营建系教师设计国徽。全国政协国徽审查小组确定清华大学营建系设计的国徽方案中选，政协大会表决通过了该方案。著《苏联百科全书》"中国建筑与建筑师"条目。

10月 病中致信彭真、聂荣臻、张友渔、吴晗、薛子正，呼吁早日确定中央政府行政区方位，防止建设中的散乱现象，并就都市计划委员会的职能等提出建议。

1951年 2月　在《人民日报》上发表《伟大祖国建筑传统与遗产》。

4月　在《新观察》杂志第二卷第七、第八期上发表《北京——都市计划的无比杰作》。

7月　与林徽因为《城市计划大纲》作序。

8月　与林徽因合写《苏联卫国战争被毁地区之重建》一书之《译者的体会》。

就长安街规划问题和建设工作的计划性问题致信周恩来。

就人民英雄纪念碑设计问题致信彭真。

夏，在梁思成的大力提倡下，北京农业大学园艺系与清华大学营建系合作，创办了我国高等教育中第一个园林专业。

10月　倡议成立中国建筑工程学会筹备委员会，任主任委员。

1952年 科普出版社出版梁思成著《人民首都的市政建设》。

设计任弼时墓。

5月　龙门联合书局出版林徽因、梁思成译《苏联卫国战争被毁地区之重建》一书。

9月　在《新观察》杂志第十六期发表《祖国的建筑传统与当前的建设问题》。

12月　审议文化部文物局罗哲文等提出的八达岭长城修缮方案，提出：一、修长城要保存古意，不要全部换成新砖新石，不要用洋灰。有些残的地方，只要不危及游人的安全，就不必全修齐，"故垒斜阳"更觉有味儿。

二、长城脚下不能种高大乔木，以免影响观看长城的雄姿，树木近了、高了对长城的保护也不利。

担任人民英雄纪念碑建筑设计主持人。

1953年 年初，与陈占祥提出保留北京团城方案。

2—5月　随中国科学院访苏代表团访问苏联。

3月　根据中共北京市委的指示，按照政府行政中心设在旧城的原则，组织草拟甲、乙两个规划方案。

7月　致信有关领导，反对拆除东四、西四牌楼。

10月　在中国建筑学会第一次会员代表大会上，当选第一届理事会副理事长，并作《建筑艺术中社会主义现实主义的问题》专题报告。

同年，加入中国民主同盟。

1954年

3月　任中国人民慰问志愿军代表团副团长，访问朝鲜。

6月　直接找周恩来呼吁保护北海团城，周恩来考察北海团城，决定在北海大桥的改建工程中，道路拐弯，保留团城。

创办新中国建筑学科的第一个学术性刊物——《建筑学报》，任主编。在《建筑学报》第一期发表《中国建筑的特征》一文。

9月　当选第一届全国人民代表大会代表。

12月　应苏联专家之请，扶病作中国古建筑系列报告。

梁思成《祖国的建筑》一书，由中华全国科学普及协会出版。

《中国建筑史》油印本内部发行，署名"梁思成旧稿"。

1955年

2月　建筑工程部召开全国建筑工作者设计及施工会议，批判"形式主义""复古主义"和"铺张浪费"的设计思想。之后，各地建筑学会分会都进行了建筑思想学习，各报陆续"揭发"近几年来基本建设中的浪费情况和建筑设计中导致浪费的"复古主义""形式主义"问题。梁思成被指为"资产阶级唯美主义的复古主义建筑思想"的代表，受到批判。

担任武汉长江大桥技术顾问委员会委员。

4月1日　妻林徽因病逝。

6月　当选首批中国科学院技术科学部学部委员。

同年，担任国家科委建筑组副组长。

1956年

2月　就"复古主义""形式主义"问题,在全国政协会议上作检讨,题为《永远一步也不再离开我们的党》。

3月　参加中国"十二年科学远景规划"工作。出席第一次全国基本建设会议。

6—7月　任中国建筑学会代表团副团长,访问波兰。

9—10月　出席在柏林召开的民主国家建协主席、书记、秘书长会议,并访问苏联莫斯科,参观苏联建筑科学院等机构。

10月　中国科学院与清华大学合办建筑历史与理论研究室,任研究室主任。1958年,研究室并入建筑工程部建筑科学研究院建筑理论及历史研究室,任研究室主任。

1957年

2月　在中国建筑学会第二次会员代表大会上,当选副理事长。

与郑振铎、罗哲文同赴明十三陵长陵查看祾恩殿被雷击起火情况,建议为古建筑加设避雷针。此提议经周恩来批准,通报全国执行。

7月　出席上海建筑学会成立大会,应邀作学术报告。

同年,　在报刊上发表《整风一个月的体会》。

1958年

3月上旬　出席在捷克斯洛伐克布拉格召开的国际建协城市规划委员会的报告人会议,承担草拟亚洲各国城市规划情况报告的任务。

6月下旬　参加全国城市规划工作座谈会和中国建筑学会在青岛市举行的"城市规划与建筑"会议,作《青岛市生活居住区规划与建筑》学术报告。

7月　担任中国建筑学会代表团副团长,出席在莫斯科举行的国际建协第五次大会,代表亚洲作《关于东亚各国1945年至1957年城市的建设和改建》报告。

8—9月　担任中国建筑学会代表团副团长,访问捷克斯洛伐克。

1959年

1月　加入中国共产党。

5月　出席在斯德哥尔摩召开的世界和平理事会特别会议。

5—6月　参加中国建筑学会和中国土木工程学会在杭州召开的工作会议及建筑工程部与中国建筑学会在上海召开的住宅建筑标准及建筑艺术问题座谈会。

建筑科学研究院建筑理论及历史研究室组织《中国建筑史》编辑委员会，梁思成参加了编委会的领导工作。

1960年

4月　出席在上海举行的中国科学院第三次学部委员会扩大会议，讨论科学理论研究规划问题。

8月　当选全国文学艺术界联合会第三届委员会委员。

1961年

7月　在《建筑学报》第7期发表《建筑创作中的几个问题》；在《人民日报》发表《建筑和建筑的艺术》；在《新清华》报发表《谈"博"而"精"》。

随文化部代表团赴内蒙古自治区考察。

10月　赴蓟县考察独乐寺。

12月　参加在广东湛江召开的中国建筑学会第三次会员代表大会，当选学会副理事长。

1962年

1月　在广西南宁作学术报告，题为《从小处着手》；调查广西容县真武阁。

2—3月　参加国家科委在广州召开的全国科学工作会议，听周恩来、陈毅报告。会议期间，梁思成撰写调查报告《广西容县真武阁的"杠杆结构"》。会议后，梁思成受周恩来与陈毅的鼓励，重新开始进行《营造法式》的研究工作。

5—9月　在《人民日报》上陆续发表《拙匠随笔》系列科普文章。

6月17日　与林洙结婚。

1963年

3月　赴河北赵县考察赵州桥修缮工程，在文化部古建所专家座谈会上，呼吁保护赵县陀罗尼经幢，维修正定开元寺钟楼。

6月　考察扬州鉴真大和尚纪念堂建设地址，设计"鉴真纪念堂"。为扬州市政协作古建筑维修报告，提出"整旧如旧"的观点。

7月　担任全国科技普及协会北京分会副会长。

9—11月　任中国建筑师代表团副团长，出席在古巴哈瓦那举行的国际建协第七次大会、世界青年建筑师会见大会及在墨西哥举行的国际建协第八次代表会议。应巴西建协邀请访问巴西。

1964年

4月　与林洙赴蓟县联系重新测绘独乐寺事宜，并考察独乐寺建筑。

6月　在《人民中国》杂志第六期著文回忆幼年在日本东京的生活。

12月—1965年1月　参加第三届全国人大第一次会议，当选为第三届全国人民代表大会常务委员。

1965年

主持审定《中国古代建筑史》最后稿。

7月　担任中国建筑师代表团副团长，出席在法国巴黎召开的国际建协第八次大会和第九次代表会议。

1966年

与莫宗江赴蓟县，同有关部门研讨独乐寺观音阁的保护问题。

3月　在陕西延安举行的中国建筑学会第四次会员代表大会上，当选副理事长。

完成《营造法式注释（卷上）》和《营造法式》大小木作以外部分的文字注释。

4月　接待法国建筑师代表团。

1966年6月—1967年

"文革"开始，受到冲击，被批判为"资产阶级反动学术权威""混进党内的右派""彭真死党"等，游行示众。

在康生等编造的《关于三届人大常委委员政治情况的报

1968年　告》和《关于四届全国政协常委委员政治情况的报告》中被列入"叛徒""特务""特嫌""国特""反革命修正主义分子""里通外国分子"名单。

被中央"文革"小组定为"资产阶级反动学术权威"。

11月　驻清华大学工人、解放军、毛泽东思想宣传队和"革命师生"召开批判梁思成大会。

11月17日　住入北京医院。

1969年　全年在北京医院治病并写检查。

10月　被安排就"文革"问题，接受韩素音采访。

12月　得知天安门城楼改造消息，认为"不能拆也不能改变样子"。

1970年　全年在北京医院治病并写检查。

1971年　全年在北京医院治病并写检查。

12月　病重期间，鼓励前来医院探望的陈占祥向前看，不能对祖国失去信心。

年底　北京医院发出了梁思成病危的通知，妻子林洙和女儿梁再冰陪伴身边日夜护理。

1972年　1月9日　梁思成逝世。

第七辑

《蜜蜂的寓言》
〔荷〕伯纳德·曼德维尔 / 著

《宇宙体系》
〔英〕艾萨克·牛顿 / 著

《周髀算经》
〔汉〕佚 名 / 著　赵 爽 / 注

《化学基础论》
〔法〕安托万-洛朗·拉瓦锡 / 著

《控制论》
〔美〕诺伯特·维纳 / 著

《福利经济学》
〔英〕A.C.庇古 / 著

中国古代物质文化丛书

《长物志》
〔明〕文震亨 / 撰

《园冶》
〔明〕计 成 / 撰

《香典》
〔明〕周嘉胄 / 撰
〔宋〕洪 刍　陈 敬 / 撰

《雪宧绣谱》
〔清〕沈 寿 / 口述
〔清〕张 謇 / 整理

《营造法式》
〔宋〕李 诫 / 撰

《海错图》
〔清〕聂 璜 / 著

《天工开物》
〔明〕宋应星 / 著

《髹饰录》
〔明〕黄 成 / 著　扬 明 / 注

《工程做法则例》
〔清〕工 部 / 颁布

《清式营造则例》
梁思成 / 著

《中国建筑史》
梁思成 / 著

《鲁班经》
〔明〕午 荣 / 编

"锦瑟"书系

《浮生六记》
〔清〕沈 复 / 著　刘太亨 / 译注

《老残游记》
〔清〕刘 鹗 / 著　李海洲 / 注

《影梅庵忆语》
〔清〕冒 襄 / 著　龚静染 / 译注

《生命是什么？》
〔奥〕薛定谔 / 著　何 滟 / 译

《对称》
〔德〕赫尔曼·外尔 / 著　曾 怡 / 译

《智慧树》
〔瑞〕荣 格 / 著　乌 蒙 / 译

《蒙田随笔》
〔法〕蒙 田 / 著　霍文智 / 译

《叔本华随笔》
〔德〕叔本华 / 著　衣巫虞 / 译

《尼采随笔》
〔德〕尼 采 / 著　梵 君 / 译

《乌合之众》
〔法〕古斯塔夫·勒庞 / 著　范 雅 / 译

《自卑与超越》
〔奥〕阿尔弗雷德·阿德勒 / 著　刘思慧 / 译